高等学校计算机应用规划教材

ASP 动态网站开发基础教程
(第5版)

马建红　潘丹妹　编著

清华大学出版社

北　京

内 容 简 介

本书由浅入深、循序渐进地介绍了使用 ASP 技术开发 Web 应用程序的方法。全书共 12 章：第 1 章介绍了 ASP 的基础知识；第 2 章介绍了 ASP 框架语言 HTML 的相关知识与使用；第 3 章介绍了 VBScript 脚本语言的基本语法；第 4～6 章分别介绍了 Request 对象、Response 对象、Server 对象、Application 对象和 Session 对象等 ASP 常用内建对象的使用；第 7 章和第 8 章介绍了 ASP 内置组件的使用；第 9 章介绍了 ASP 程序与数据库的连接和交互；第 10 章介绍了 RecordSet 对象的应用；第 11 章和第 12 章通过实例，介绍了创建基于 ASP 的用户管理系统和博客网站的具体方法，对前面各章所学习的知识进行了贯穿。

本书内容翔实、结构清晰、叙述流畅、可操作性强，适合作为高等院校网站开发、网页设计等课程的教材，也可作为 ASP 初学者和网站开发人员的参考书。

本书课件、实例源文件可通过 http://www.tupwk.com.cn 免费下载。

图书在版编目(CIP)数据

ASP 动态网站开发基础教程/马建红，潘丹妹　编著. —5 版. —北京：清华大学出版社，2016 (2018.1重印)
(高等学校计算机应用规划教材)
ISBN 978-7-302-43397-2

Ⅰ. ①A… Ⅱ. ①马… ②潘… Ⅲ. ①主页制作－程序设计－高等学校－教材　Ⅳ. ①TP393.092

中国版本图书馆 CIP 数据核字(2016)第 070221 号

责任编辑：王　定
封面设计：孔祥峰
版式设计：思创景点
责任校对：成凤进
责任印制：宋　林

出版发行：清华大学出版社
　　　　　网　　　址：http://www.tup.com.cn，http://www.wqbook.com
　　　　　地　　　址：北京清华大学学研大厦 A 座　　　　　　邮　　　编：100084
　　　　　社 总 机：010-62770175　　　　　　　　　　　邮　　　购：010-62786544
　　　　　投稿与读者服务：010-62776969，c-service@tup.tsinghua.edu.cn
　　　　　质 量 反 馈：010-62772015，zhiliang@tup.tsinghua.edu.cn
印 装 者：北京密云胶印厂
经　　　销：全国新华书店
开　　　本：185mm×260mm　　　印　　　张：20.5　　　字　　　数：473 千字
版　　　次：2005 年 6 月第 1 版　2016 年 4 月第 5 版　印　　　次：2018 年 1 月第 3 次印刷
印　　　数：6501～8500
定　　　价：38.00 元

产品编号：067913-01

前　　言

ASP 是美国微软公司开发的代替 CG 脚本程序的应用程序，它可以与数据库和其他程序进行交互，是一种既简单又方便的编程工具。ASP 的主要特性是能够将脚本 HTML、组件和强大的 Web 数据库访问功能结合在一起，形成一个能在服务器上运行的应用程序，并把按用户的要求专门制作的 HTML 页面发送给客户端浏览器显示。

ASP 可以用来创建与运行动态网页和 Web 应用程序。ASP 网页可以包含 HTML 标记、普通文本、脚本命令以及 COM 组件等内容。利用 ASP 不仅可以向网页中添加交互式内容，例如在线表单，而且还能够创建使用 HTML 网页作为用户界面的 Web 应用程序。

ASP 属于 ActiveX 技术中的服务器端技术，与通常在客户端实现动态页面的技术(如 Java、VBScript 等)不同，ASP 中的命令和脚本都是在服务器端解释执行的，因而网站设计者不必担心浏览器是否能执行脚本。同时，由于只是将 HTML 页面发送到浏览器执行，在浏览器中看不到 ASP 程序源代码，因此可以防止程序代码被窃取。另外，ASP 提供了简单、方便的数据库访问方法，可以使开发基于数据库驱动的 Web 应用程序更加容易。

本书针对学习 ASP 和网站开发的初中级用户而设计，采用由浅入深、循序渐进的讲述方法，在理论与实例部分安排上充分考虑到初学者的实际需求，通过大量的实用操作指导和有代表性的实例，可以使读者直观、迅速地了解 ASP 的主要功能和动态网站的制作方法。另外，读者还可以通过各章课后习题巩固书中所学的知识。

本书是集体智慧的结晶，除封面署名作者以外，参与本书编写的还有王祥仲、孙红丽、卫权岗、李玉玲、王永皎、尹辉、赵新娟、陈笑、孔祥亮等人。尽管我们在编写本书时已尽了最大努力，但由于各种条件的限制，加之作者水平有限，书中不足之处在所难免，希望读者批评指正。

本书课件、实例源文件可通过http://www.tupwk.com.cn免费下载。我们的服务邮箱是：wkservices@163.com。

编　者
2016 年 1 月

目 录

第1章 ASP的基础知识

教学目标

通过对本章的学习，读者应掌握安装和配置 IIS 服务以建立 ASP 的工作环境的方法，并对 ASP 标记有一个初步的认识。

教学重点与难点

- ASP 的技术特点
- ASP 的运行环境
- ASP 的常用内建对象
- 构建 ASP 程序开发环境

ASP(Active Server Pages)即动态服务器页面，是一种服务器端脚本执行环境，网页设计者通过该环境可以创建和运行动态、交互的 Web 应用程序。ASP 可以结合 HTML 页、脚本命令和 ActiveX 组件，共同创建动态的 Web 页和基于 Web 服务器的功能强大的应用程序。

1.1 什么是 ASP

ASP 内含于 IIS(Internet Information Server)中，是一种 Web 服务器端的开发环境。通过在普通 HTML 页面中嵌入的 ASP 脚本语言，可以产生和执行动态的、交互的、高性能的 Web 应用程序。ASP 采用脚本语言 VBScript(JScript)作为自己的开发语言。

1.1.1 ASP 的技术特点

ASP 主要为 HTML 编写人员提供了在服务器端运行脚本的环境，使 HTML 编写人员可以利用 VBScript 和 JScript 或其他第三方脚本语言创建 ASP，实现有动态内容的网页，如计数器等。ASP 有以下特点：

- 用户端只要使用可执行 HTML 代码的浏览器，即可浏览 ASP 所设计的网页内容，ASP 程序的运行与浏览器无关。
- ASP 脚本在服务器端执行，传到用户浏览器的只是 ASP 的执行结果所生成的常规 HTML 代码，这样可以保证设计者编写的程序代码不会被用户盗取。
- ASP 使用 VBScript 等简单的脚本语言，设计者可以快速完成网站应用程序的编写。

- ASP 运行在服务器端，因此，使用 ASP 建立的网站，设计者无须担心用户在浏览器上通过 Internet 访问网站时，会出现浏览器不支持 ASP 所使用的编程语言的情况。
- 无须编译，便可在服务器端直接执行。
- 使用普通的文本编辑器(例如 Windows 记事本)，即可进行 ASP 程序的设计。
- ASP 程序中包含许多基本组件和常用组件(本书后面的章节将陆续介绍)，设计者只要在服务器端安装需要的组件，就可以通过访问组件，快速、简易地建立自己的 ASP 动态网站，并且能够使用这些组件方便地完成网站上的某些特殊应用。

总之，ASP 是在服务器端开发 Web 应用的一种简单、方便的编程工具，它对标准的 HTML 文件进行了拓展，增加了一些附加特征，可以使网页在布局和功能方面都更加丰富。

1.1.2 ASP 的工作流程

当浏览器请求打开一个 ASP 页面，Web 服务器接收到请求后，将按以下流程展开工作，如图 1-1 所示。

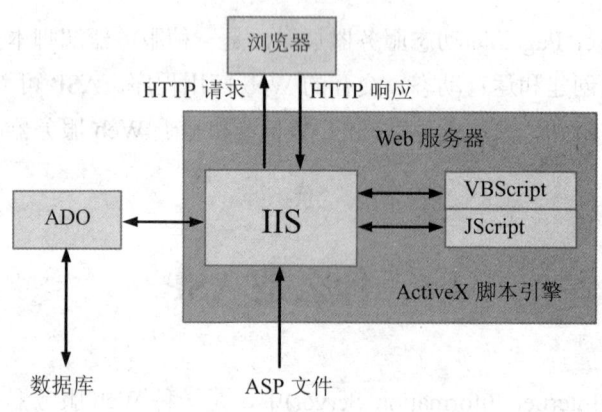

图 1-1 ASP 的工作流程

(1) 服务器读取 ASP 文件的内容，判断是否有 ASP 服务器端的代码需要执行。判断的方法有两种：一种是查看 ASP 代码中特有的<% %>脚本标记；另一种是查看 ASP 代码是否被指定要运行在服务器端，如：

```
<script runat="server">
```

(2) 假如有要运行的 ASP 代码，服务器会将这些代码挑出来逐行进行解释；假如没有要运行的 ASP 代码，它仅简单地通知 IIS 这种情况。

(3) 服务器在解释运行脚本后，将脚本的执行结果与静态 HTML 代码进行合并，形成一个最终的网页页面。

(4) 服务器把网页发送给客户端浏览器。

注意:

由于脚本在服务器端而不是在客户端运行,传送到浏览器上的 Web 页是在 Web 服务器端生成的,所以不必担心浏览器能否处理脚本。由于只有脚本的结果返回到浏览器,所以服务器端脚本不易复制,用户看不到正在浏览页面的脚本命令。

1.1.3　ASP 的工作原理

通过客户端浏览器请求 ASP 程序的过程和访问普通 HTML 页面的过程不同,用户可以清楚地了解 ASP 的工作原理。

对 HTML 页面的访问一般用户都比较了解:首先是将 HTML 文件的 Internet 地址输入至客户端浏览器地址栏,浏览器会将网页请求发送到 Web 服务器;Web 服务器收到请求后,通过扩展名.html 或者.htm 判断 HTML 文件的请求,然后将相应的 HTML 文件从服务器磁盘中取出并返回到客户端浏览器;在客户端,浏览器对 HTML 文件解释后并将其显示,用户所看到的网页效果就是这个结果。

ASP 的工作原理是:当用户申请一个.asp 文件时,Web 服务器响应该请求,并调用服务器上的 ASP 解释器,解释被申请的文件,生成相对简单的页面返回给客户端浏览器。此类生成的页面是纯 HTML 文件,所以一般浏览器都能够浏览 ASP 网页,而实际上当用户申请浏览.asp 文件时,文件并不直接返回给浏览器。

1.1.4　ASP 的运行环境

ASP 是一种服务器端的脚本语言,它只能在服务器环境下才能正常运行,而服务器环境的配置要求也很简单,只需在 Windows 操作系统添加和安装 IIS 组件即可。ASP 对客户端没有任何特殊的要求,只要有一个普通的浏览器即可。

注意:

借助于第三方开发商提供的服务器扩展程序,设计者也可以在 UNIX、Linux 和 Apache 上执行 ASP 程序。任何一种 Web 服务器,只需内嵌 ASP 解释程序,就可以支持 ASP 编写的动态网页。

1.1.5　ASP 的常用内建对象

ASP 主要有 6 个常用的内建对象,这些内建对象提供了许多方法和属性,大大方便了设计者编写 Web 应用程序。下面简单介绍 ASP 的内建对象。

- Request 对象:读取用户信息。用于取得任何由 HTTP 请求传递过来的信息,包括使用 POST 和 GET 传递的参数,以及从服务器和客户端认证所传递的 Cookie 等。

- Response 对象：传送信息给用户。可以使用它的方法输出信息到浏览器，或将使用者转移到另一个 URL，并可以控制内容形态和设定 Cookie 值。
- Server 对象：控制 ASP 的执行环境，提供存取 Web 服务器的方法与属性。
- Session 对象：存储用户对话框的相关信息。此对象仅适用于一个用户，可以用它记录该用户的一些信息，并为每一个用户保留一个 SessionID。
- Application 对象：用于为应用程序所有用户设置属性，并且传递信息给用户。
- ObjectContext 对象：提供在页面内进行事务处理的功能。

注意：

使用 ASP 内建对象，可以获得浏览器传递过来的信息，向浏览器输出信息，记录单一用户，创建全体用户操作量，以及创建组件等。在本书后面的章节中将具体介绍 ASP 各内建对象的使用方法。

1.2 安装与架设 IIS

ASP 程序是运行于网络服务器端的一种应用程序，要想正常运行 ASP 程序，需要建立 ASP 的运行环境。常用的支持 ASP 的网络服务器有 PWS(Personal Web Server)和 IIS(Internet Information Server)。因为应用 PWS 的 Windows 95/98 操作系统目前已经被淘汰，下面将重点介绍在 Windows 7 操作系统中安装、配置 IIS 以及设置虚拟目录和创建网站的方法。

1.2.1 IIS 的安装

IIS 是 Windows 操作系统自带的组件。用户可以参考下面的实例，在 Windows 7 操作系统中安装 IIS。

【例 1-1】在 Windows 7 操作系统中安装 IIS 服务。

(1) 选择"开始"|"控制面板"命令，在打开的"控制面板"窗口中双击"程序和功能"图标，打开"程序和功能"窗口，如图 1-2 所示。

(2) 在"程序和功能"窗口中单击"打开或关闭 Windows 功能"按钮，打开"Windows 功能"窗口。

(3) 在"Windows 功能"窗口中选择"Internet 信息服务"选项，如图 1-3 所示，然后单击"确定"按钮。

(4) 此时，Windows 系统将开始更改功能，稍等片刻后，返回"控制面板"窗口，双击"管理工具"选项，如图 1-4 所示。

(5) 在打开的"管理工具"窗口中双击"Internet 信息服务(IIS)管理器"图标，即可对安装的 IIS 进行设置，如图 1-5 所示。

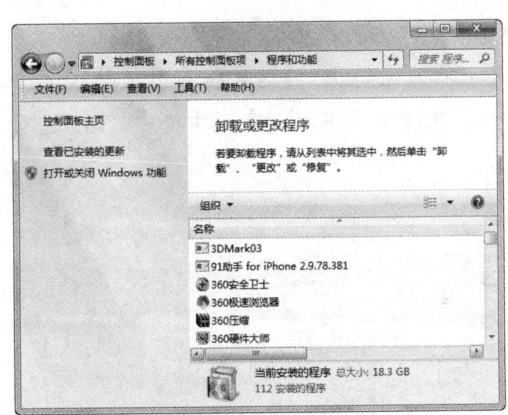

图 1-2   "程序和功能"窗口

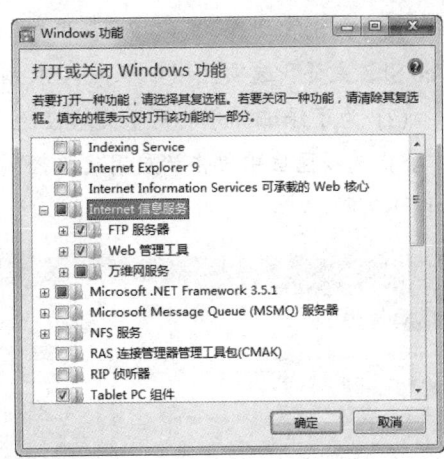

图 1-3   "Windows 功能"窗口

图 1-4   "管理工具"选项

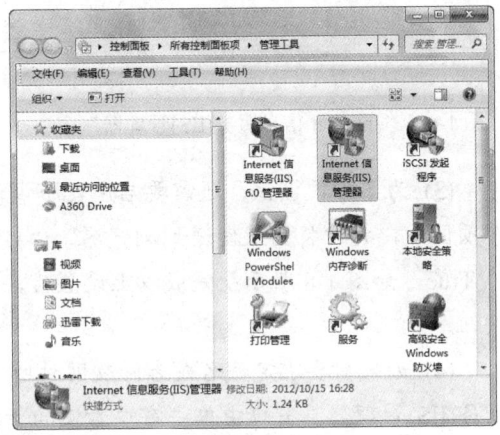

图 1-5   "管理工具"窗口

注意:

IIS 服务提供各种 Internet 服务,如 FTP 文件传输、发送电子邮件的 SMTP 和网页浏览的网站服务等。当用户使用 IIS 支持 ASP 网站开发时,所有的网页都必须放在 IIS 配置界面中"网站"服务功能下的目录中。在用户通过浏览器浏览特定网页时,IIS 会根据其指定的网址取出对应的文件,并在解析后由 Internet 传送至用户计算机的浏览器中。

1.2.2 IIS 的架设

在系统中成功安装 IIS 后,用户可以通过 IIS 配置管理主界面架设 ASP 网站,具体步骤如下例所示。

【例 1-2】在 Windows 7 操作系统中使用 IIS 架设一个 ASP 站点。

(1) 继续【例 1-1】的操作,双击"Internet 信息服务(IIS)管理器"图标,在打开的"Internet

信息服务(IIS)管理器"窗口中,展开"网站"节点,选中 Default Web Site 网站,并在"Default Web Site 主页"选项区域中双击 ASP 图标,如图 1-6 所示。

(2) 为了保证部分使用了父路径的 ASP 程序可以正常地运行,这里将启用父路径选项,在 ASP 选项区域中单击"启用父路径"下拉按钮,在弹出的下拉列表框中选中 True 选项,如图 1-7 所示。

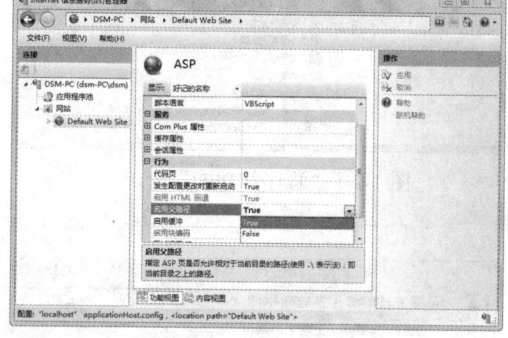

图 1-6　"Internet 信息服务(IIS)管理器"窗口

图 1-7　启用父路径

(3) 为了方便调试,还需要启用几个调试选项。在 ASP 选项区域中展开"调试属性"选项区域,将"将错误发送到浏览器""启用服务器端调试"和"启用客户端调试"设置为 True,如图 1-8 所示。完成以上设置后,在窗口右侧的"操作"列表框中单击"应用"按钮。

(4) 如果需要绑定域名或者修改网站所用端口,可以在如图 1-6 所示的"Internet 信息服务(IIS)管理器"窗口中单击窗口右侧的"绑定..."按钮,打开"网站绑定"对话框,如图 1-9 所示。

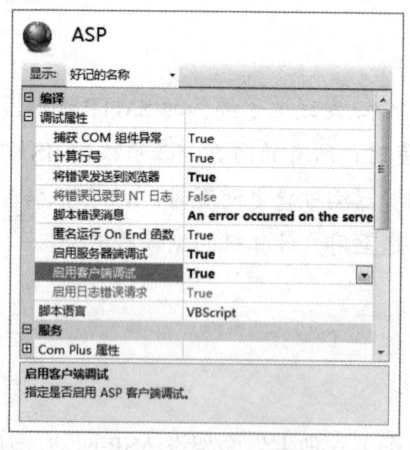

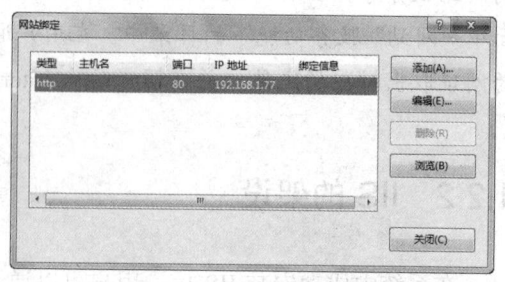

图 1-8　启用调试选项

图 1-9　"网站绑定"对话框

(5) 在"网站绑定"对话框中单击"编辑"按钮,打开"编辑网站绑定"对话框,在"IP 地址"文本框中设置计算机在局域网中的 IP 地址(若只有一台计算机,可以不必设置),

在"端口"文本框中修改网站所用端口，如图 1-10 所示。

　　(6) 网站的物理路径模式为 C:\inetpub\wwwroot，如需要修改，可以在如图 1-6 所示的窗口中单击右侧的"高级设置…"按钮，打开"高级设置"对话框进行设置，如图 1-11 所示。

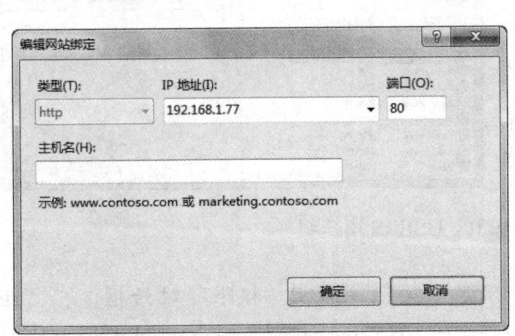

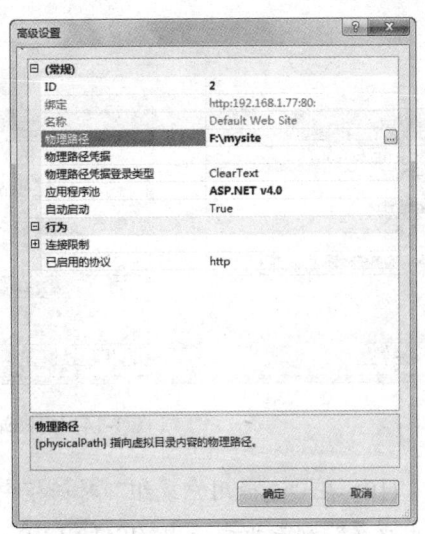

图 1-10　"编辑网站绑定"对话框　　　　　　　　图 1-11　"高级设置"对话框

　　(7) 在如图 1-6 所示"Internet 信息服务(IIS)管理器"窗口中单击右侧的"编辑权限"按钮，在打开的"属性"对话框中选中"安全"选项卡，如图 1-12 所示。

　　(8) 在"安全"选项卡中单击"编辑"按钮，在打开的"权限"对话框中单击"添加"按钮，如图 1-13 所示，

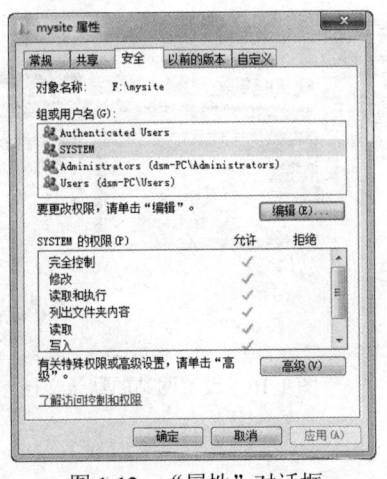

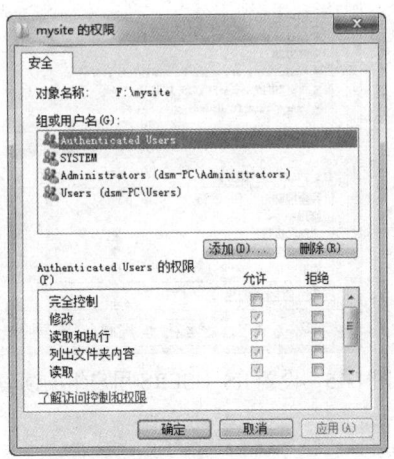

图 1-12　"属性"对话框　　　　　　　　　　　图 1-13　"权限"对话框

　　(9) 在打开的"选择用户或组"对话框中单击"高级"按钮，在打开的对话框中单击"立即查找"按钮，然后在"搜索结果"列表框中选中 IIS_USERS 选项，并单击"确定"按钮，为网站目录增加 IIS_USERS 用户组，如图 1-14 所示。

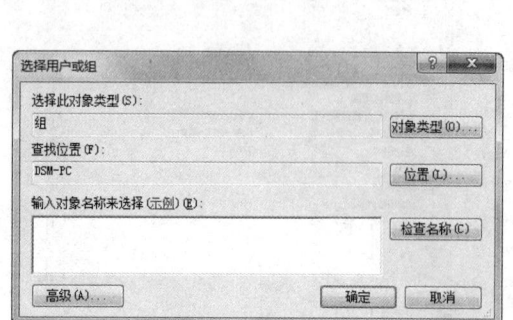
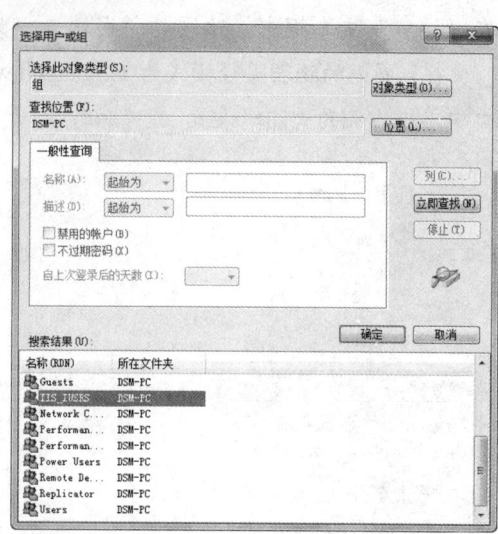

图 1-14　为网站目录增加 IIS_USERS 用户组

(10) 在"选择用户或组"对话框中单击"确定"按钮,返回"权限"对话框,在"组或用户名"列表框中选中 IIS_USERS 选项,然后在"IIS_USERS 的权限"列表框中增加 IIS_USERS 组的读写权限,如图 1-15 所示。

(11) 在如图 1-6 所示"Internet 信息服务(IIS)管理器"窗口中双击"默认文档"图标,在打开窗口的右侧单击"添加"按钮,设置网站的默认文档为 index.asp,如图 1-16 所示。

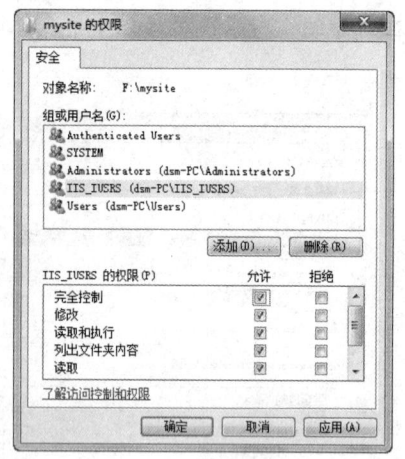
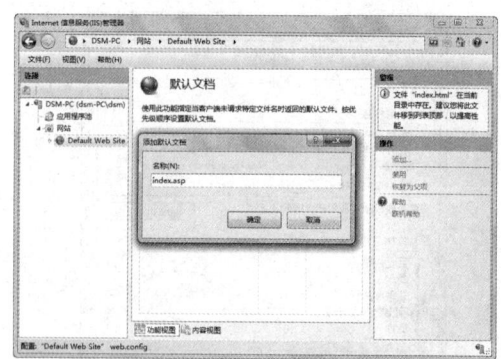

图 1-15　设置 IIS_USERS 用户组的读写权限　　　　图 1-16　设置网站的默认文档

1.2.3　设置虚拟目录

虚拟目录指的是 Web 服务器上的一些文件夹,这些文件夹并不一定要求被包含在主目录中,但是为了方便用户的访问和 Web 服务器的管理,用户可以通过创建虚拟目录将这些文件夹与主目录相关联,使得它们就好像位于主目录中一样。

【例 1-3】在网站服务器主目录中设置一个名称为 home 的虚拟目录。

(1) 在如图 1-6 所示"Internet 信息服务(IIS)管理器"窗口中右击默认网站名称,在弹出的快捷菜单中选择"添加虚拟目录"命令,如图 1-17 所示。

(2) 打开"添加虚拟目录"对话框,在"别名"文本框中输入 home,在"物理路径"文本框中输入虚拟目录对应的物理路径,如图 1-18 所示,然后单击"确定"按钮。

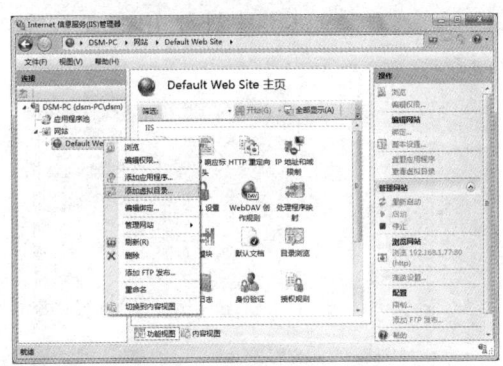

图 1-17 添加虚拟目录

图 1-18 "添加虚拟目录"对话框

(3) 完成以上操作后,home 文件夹将以节点的形式显示在站点中。右击虚拟目录名称,在弹出的快捷菜单中选择"转换为应用程序"命令,如图 1-19 所示。

(4) 在打开的"添加应用程序"对话框中单击"确定"按钮,即可创建虚拟目录,如图 1-20 所示。

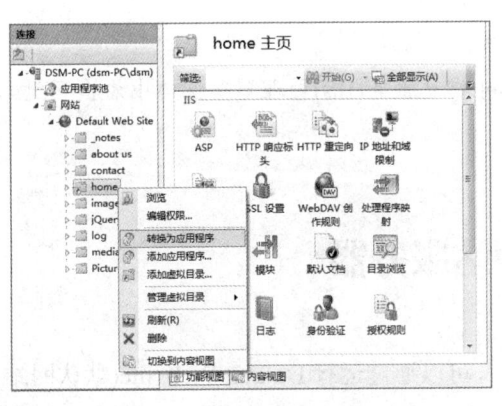

图 1-19 "转换为应用程序"命令

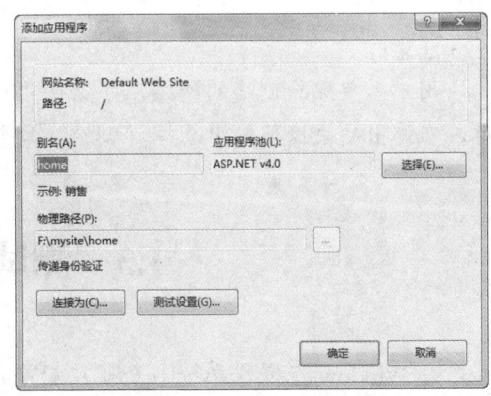

图 1-20 "添加应用程序"对话框

注意:

用户若要删除在站点中设置的虚拟目录,可以打开"Internet 信息服务(IIS)管理器"窗口,然后右击虚拟目录名称,在弹出的快捷菜单中选择"删除"命令。

1.2.4 创建网站

在 Windows 7 操作系统环境的 IIS 中,用户可以创建多个网站,从而对不同的应用程序进行有效管理。

【例 1-4】在"Internet 信息服务(IIS)管理器"窗口中创建一个名为 mysite 的网站。

(1) 打开"Internet 信息服务(IIS)管理器"窗口后,在窗口左侧的"连接"列表框中选中"网站"选项,在窗口右侧单击"添加网站"按钮,如图 1-21 所示。

(2) 打开"添加网站"对话框,在"网站名称"文本框中输入 mysite,在"物理路径"文本框中输入网站的路径,在"IP 地址"文本框和"端口"文本框中进行 IP 地址和端口的设置,如图 1-22 所示,然后单击"确定"按钮即可。

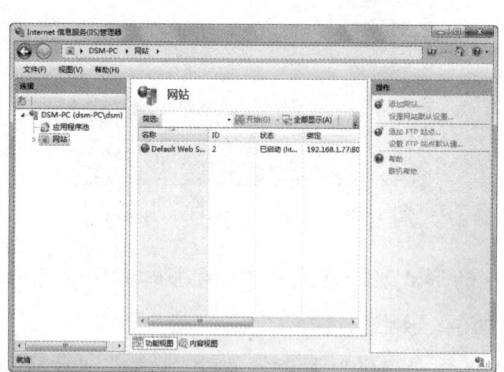

图 1-21   "Internet 信息服务(IIS)管理器"窗口

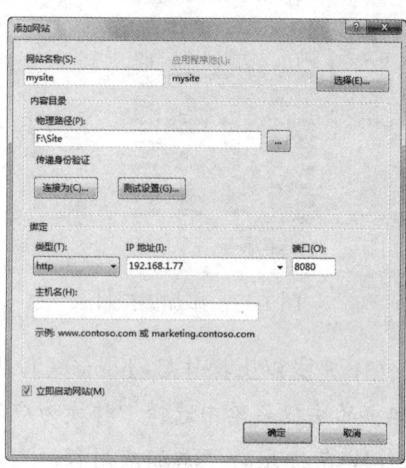

图 1-22   "添加网站"对话框

注意:

用户若要删除创建的网站,可以在"Internet 信息服务(IIS)管理器"窗口中右击网站名称,在弹出的快捷菜单中选择"删除"命令。

1.3 测试网站服务器

在 Windows 7 操作系统中安装并配置 IIS 后,可以通过运行 Default Web Site(默认网站)下的默认文档对网站服务器进行测试。

【例 1-5】测试【例 1-2】架设的 ASP 站点。

(1) 将 C:\inetpub\wwwroot 文件中的 iisstart.htm 和 welcome.png 文件复制到【例 1-2】架设网站的物理路径 F:\mysite 中,并将 iisstart.htm 文件重命名为 index.asp。

(2) 打开"Internet 信息服务(IIS)管理器"窗口,在"网站"节点下选中 Default Web Site 站点,然后在窗口右侧单击"浏览 192.168.1.77:80(http)"按钮,如图 1-23 所示。

(3) 此时,将在浏览器中打开如图 1-24 所示的 index.asp 网页。

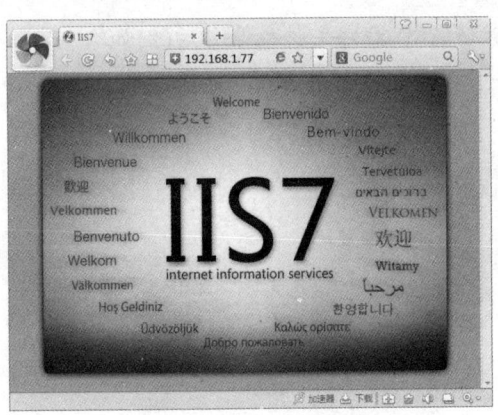

图 1-23　浏览 Default Web Site 站点　　　　　　　图 1-24　测试网站服务器

1.4　ASP 程序的编写、保存、调试与运行

ASP 实际上是将标准的 HTML 文件扩展了一些附加特征，它像标准的 HTML 文件一样包含 HTML 语句并且最终在浏览器上解释并显示。ASP 文件的后缀为.asp，其中包含实现动态功能的 VBScript 或 JScript 语句，如果去掉那些 VBScript 或 JScript 语句，它和标准的 HTML 文件没有任何区别。

本节将以【例 1-2】架设的 ASP 站点为基础，通过几个简单的实例，介绍编写、保存、调试与运行 ASP 网页文件的方法。

1.4.1　编写与保存 ASP 文件

在 ASP 程序中，脚本通过分隔符将文本和 HTML 标记区分开来。ASP 用分隔符<%和%>来包括脚本命令。在一个 ASP 文件中一般包含 HTML 标记、VBScript 或 JScript 语言的程序代码以及 ASP 语法。

【例 1-6】使用 Windows 系统自带的"记事本"工具，编写一个查看系统时间的 ASP 程序和一个控制字体在网页中大小的 ASP 程序，并将两个程序文件保存至【例 1-2】所架设的 ASP 网站主目录中。

(1) 启动 Windows 系统自带的"记事本"工具，然后输入以下代码：

```
<Html>
  <Body>
    你访问本页面的时间是<%=Time()%>！
  </Body>
</Html>
```

(2) 选择"文件"｜"另存为"命令，打开"另存为"对话框，在"文件名"文本框中输入 ASP 程序文件的名称后(例如输入 test-1.asp)，选中【例 1-2】建立的 ASP 站点目录 F:\mysite，然后单击"保存"按钮。

(3) 选择"文件"|"新建"命令，新建一个记事本文档，然后输入以下代码：

```
<Html>
<Body>
    <%For I=1 To 6%>
    <Font Size="<%=I%>">使用 ASP 语句控制文字大小</Font><Br>
    <%Next%>
</Body>
</Html>
```

(4) 选择"文件"|"另存为"命令，打开"另存为"对话框，在"文件名"文本框中输入 ASP 程序文件的名称后(例如输入 test-2.asp)，选中【例 1-2】建立的 ASP 站点目录 F:\mysite，然后单击"保存"按钮。

用户在编写 ASP 程序时，应要注意以下事项。

- 在 ASP 程序中，字母不分大小写。用户要根据自己的习惯，自由选择代码的输入形式。
- 在 ASP 程序中，<%和%>符号的位置是相对随便的，可以和 ASP 语句放在一行，也可以单独成为一行。例如，下面 3 种写法效果都是一样的。

第一种：

```
<%For I=1 To 6%>
```

第二种：

```
<%
For I=1 To 6
%>
```

第三种：

```
<%For I=1 To 6
%>
```

- ASP 语句必须分行写，不能将多条 ASP 语句写在一行里，也不能将一条 ASP 语句写在多行里。例如，下面的两个例子都是错误的。

例一：

```
<% a=2 b=3 %>
```

例二：

```
<%
a=
```

```
2
%>
```

- 如果一条 ASP 语句过长，需要换行时可采用两种方法。一种方法是不用 Enter 键换行，而是直接书写，使之自动换行；另一种方法是用 Enter 键将该语句分成多行，只是必须在每行末尾(最后一行除外)加一个下划线，如下面的例子：

```
<%if time <#12:00# and time>=#00:00:00# then
 strGreeting="欢迎来访！这里是我们最新制作的网站_
早上好！欢迎你在参观后提出宝贵的意见" %>
```

- 在 ASP 程序中，使用 REM 或 "'" 符号标记注释语句，运行时 ASP 不执行注释语句。在代码中添加注释主要是为了方便自己和别人阅读程序代码，如下面的例子：

```
<%
REM 这是一条注释语句！
'这是另一条注释语句！
%>
```

　　另外，在编辑 ASP 程序代码时，要养成良好的书写习惯，比如说可以为代码添加恰当的缩进。这样，以后自己和别人阅读起来都方便一些，否则代码很不容易读懂，缩进的方法可以参考本书中的代码书写样式。

1.4.2　调试与运行 ASP 程序

　　在成功利用 IIS 架设 ASP 网站，并在网站中保存了 ASP 程序文件后，可以使用 Internet Explorer(IE)查看网站主目录中的文件，一方面测试网站的架设是否成功，另一方面调试与运行 ASP 程序。

　　【例 1-7】以【例 1-2】架设的 ASP 网站为基础，在 Internet Explorer 中运行【例 1-6】创建的 ASP 程序文件 test-1.asp 与 test-2.asp，并观察 ASP 文件在浏览器端运行的情况。

　　(1) 在浏览器地址栏中输入 http://192.168.1.77/test-1.asp，按 Enter 键，即可运行【例 1-6】编写的 ASP 程序 test-1.asp，如图 1-25 所示。

　　(2) 在浏览器地址栏中输入 http://192.168.1.77/test-2.asp 后，按 Enter 键，即可运行【例 1-6】编写的 ASP 程序 test-2.asp，如图 1-26 所示。

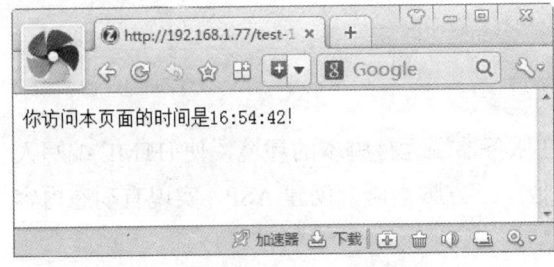

图 1-25　test-1.asp 运行结果

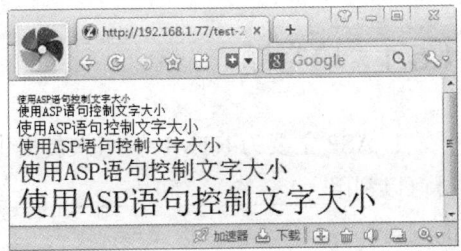

图 1-26　test-2.asp 运行结果

(3) 右击浏览器主窗口，在弹出的快捷菜单中选择“查看源文件”命令，在浏览器端显示 test-2.asp 程序的源代码如下，如图 1-27 所示。

```
<Html>
<Body>
   <Font Size="1">使用 ASP 语句控制文字大小</Font><Br>
   <Font Size="2">使用 ASP 语句控制文字大小</Font><Br>
   <Font Size="3">使用 ASP 语句控制文字大小</Font><Br>
   <Font Size="4">使用 ASP 语句控制文字大小</Font><Br>
   <Font Size="5">使用 ASP 语句控制文字大小</Font><Br>
   <Font Size="6">使用 ASP 语句控制文字大小</Font><Br>
</Body>
</Html>
```

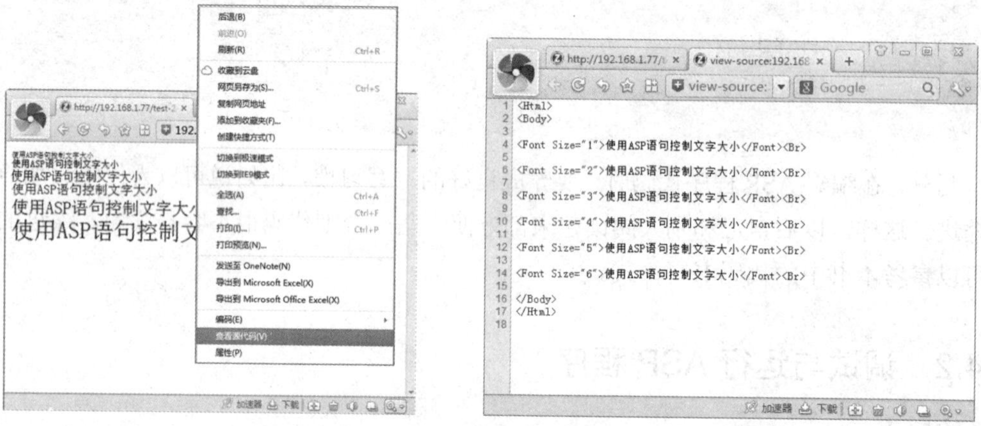

图 1-27　查看 test-2.asp 网页源代码

通过以上代码可以看出，发送到客户端的文件是经过解释的，将其与【例1-6】中步骤(3)输入的代码相比较会发现，程序代码已经被转化为标准的 HTML 标记。这样，通过客户端浏览 ASP 网页，用户将无法查看或复制设计者编写的 ASP 程序，从而保证了 ASP 程序的安全性。

1.5　习　　题

1.5.1　填空题

1. ASP 主要为 HTML 编写人员提供了在服务器端运行脚本的环境，使 HTML 编写人员可以利用__________和__________或其他第三方脚本语言创建 ASP，实现有动态内容的网页。

2. ASP 程序的脚本不是在客户端运行的，传送到浏览器上的 Web 页是在__________

上生成的。

3. IIS 允许在一台计算机上创建多个 Web 站点，这些站点可以共同使用一个 IP 地址同时提供信息发布服务。它的实现方法是为不同网站指定一个不同的_____来加以区分。

4. ASP 文件的后缀为_____。

5. ASP 用分隔符_____包括脚本命令。

1.5.2　选择题

1. ASP 文件的扩展名是(　　)。

　A. .htm　　　　　　　B. .txt　　　　　　　C. .doc　　　　　　　D. .asp

2. 当前的 Web 程序开发中通常采用(　　)模式。

　A. C/S　　　　　　　B. B/S　　　　　　　C. B/B　　　　　　　D. C/C

3. ASP 脚本代码是在(　　)中执行的。

　A. 客户端　　　　　　　　　　　　　B. 第一次在客户端，以后在服务器端

　C. 服务器端　　　　　　　　　　　　D. 第一次在服务器端，以后在客户端

1.5.3　问答题

1. 名词解释：静态网页、动态网页、服务器端、客户端、URL。

2. 结合 URL 知识简述静态网页和动态网页的工作原理。

3. 在 IIS 中，设置虚拟目录和创建网站的主要区别是什么？

4. 如何解决"用户访问网站权限不足"的问题？

5. ASP 的全称是什么？ASP 有哪些优点？

1.5.4　操作题

1. 根据当前计算机的实际情况架设一个名为 Test 的 ASP 站点，如图 1-28 所示。

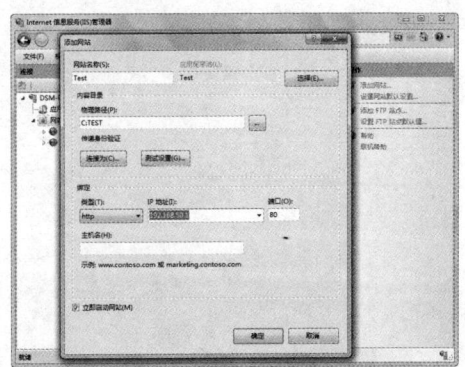

图 1-28　假设 ASP 站点

2. 以第 1 题架设的 ASP 站点为基础，创建并运行一个.asp 文件，在页面上显示来访日期和当前系统时间，如图 1-29 所示。

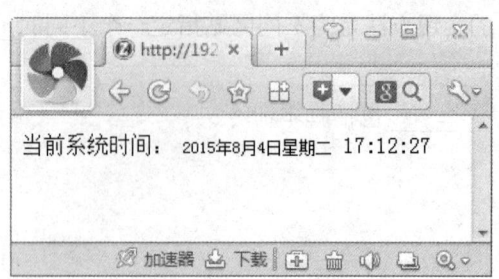

图 1-29　显示来访日期和当前系统时间

3. 在 IIS 上的默认站点上设置虚拟目录，并进行测试。

4. 在 IIS 上通过更改端口号创建网站，并进行测试。

第2章　网页制作基础

教学目标

通过对本章的学习，读者应了解和掌握 HTML 的各种标记和语法，并能够使用 HTML 设计简单的静态网页。

教学重点与难点

- HTML 文档的结构
- 创建并设置网页
- 在网页中插入各类元素

HTML(Hyper Text Mark-up Language)即超文本标记语言，是制作 ASP 网页的基础。HTML 标记是 HTML 的核心与基础，用于修饰、设置 HTML 文件的内容及格式。

一个 HTML 文件中包含了所有将显示在网页上的文字信息，其中也包括对浏览器的一些指示，如文字应放置在何处、显示模式如何等。如果还有一些图片、动画、声音或任何其他形式的资源，HTML 文件也会告诉浏览器到哪里去查找它们，以及它们将放置在网页中的什么位置。

2.1　网页的基础知识

Internet 是从 Interconnected Networks 延伸而来的，是跨国界的网络。Internet 把世界各地数以千万计的计算机和传输线路连接在一起构成一个网络，通过它可以交换信息、共享资源，并以此为基础实现各种计算机通信应用项目。在 Internet 中，网页是它的重要组成部分，本节将主要介绍一些与网页相关的名词和概念。

2.1.1　万维网

WWW(World Wide Web)即环球信息网，也可以称为 Web，中文名字为"万维网"。用户在使用浏览器访问 Web 的过程中，无须关心一些技术性的细节即可得到丰富的信息资料。WWW 是 Internet 上发展最快和目前使用最广泛的一种服务之一。

简单地说，WWW 是漫游 Internet 的工具，它把 Internet 上不同地点的相关信息聚集起来，通过 WWW 浏览器(如 IE)检索，无论用户所需的信息(文字、图片、动画、声音等)在什么地方，只要浏览器为用户检索到之后，就可以将这些信息"提取"到用户的计算机屏幕上。

ASP 动态网站开发基础教程(第 5 版)

2.1.2 超文本传输协议

HTTP(HyperText Transfer Protocol)即超文本传输协议，它是 WWW 服务器上使用的最主要协议。通过这一跨平台的通信协议，在 WWW 任何平台上的计算机都可以阅读远方服务器(Server)上的同一文件。

HTTP 协议经常用来在网络上传送 Web 页。当用户以 http://开始一个超链接的名字时，就是告诉浏览器去访问使用 HTTP 协议的 Web 页。HTTP 协议不仅能保证正确传输超文本文档，还可以确定传输文档中的哪部分，以及哪部分内容首先显示。

2.1.3 统一资源定位器

URL(Uniform Resource Locator)即统一资源定位器，它使用数字和字母代表网页文件在网上的地址。URL 好比 Internet 的门牌号码，可以帮助用户在 Internet 的信息海洋中查找到所需要的资料。

Web 上所能访问的资源都有唯一的 URL。URL 包括所用的传输协议、服务器名称、文件的完整路径。例如，在浏览器的 URL 处输入 http://www.sohu.com/index.html 就可以访问搜狐网站的主页，如图 2-1 所示。

第一部分 http://表示要访问的资源类型

第二部分 www.sohu.com 为主机名   第三部分/index.html表示具体的页面文件

图 2-1 浏览器的 URL

如图 2-1 所示，URL 分为三个部分，各部分的功能如下。

- 第一部分 http://表示要访问的资源类型。在其他常见资源类型中，ftp://表示 FTP 服务器，gopher://表示 Gopher 服务器，new://表示 Newgroup 新闻组。
- 第二部分 www.sohu.com 是主机名，它说明了要访问服务器的 Internet 名称。其中，www 表示要访问的文件存放在名为 www 的服务器中，多数公司都有指定的服务器作为对外的网上站点，叫作 www；sohu 则表示了该网站的名称；.com 则指出了该网站的服务类型。
- 第三部分/index.html 表示要访问主机的哪一个页面文件，可以把它理解为该文件存放在服务器上的具体位置。

目前，常用的网站服务类型的含义如下：.com 特指事务和商务组织；.edu 表示教育机构；.gov 表示政府机关；.mil 表示军用服务；.net 表示网关，由网络主机或 Internet 服务提供商决定；.org 一般表示公共服务或非正式组织。

2.1.4　超文本标记语言

HTML 是 WWW 上通用的描述语言。HTML 语言主要是为了把存放在一台计算机中的文本或图形与另一台计算机中的文本或图形方便地联系在一起，形成有机的整体。

HTML 标记用于修饰、设置 HTML 文件的内容及格式。用户只需要输入文件内容和必要的标记，文件内容在浏览器窗口中就会按照标记定义的格式显示出来。一般情况下，HTML 标记使用下列格式：

<标记>文件内容</标记>

标记需要填写在一对尖括号"< >"内，通常是英文单词的首字母或缩写。标记一般情况下是成对出现的，结束标记是在标记的前面添加斜杠"/"。

在书写标记时，英文字母的大、小写或混合使用大小写都是允许的，如<HTML>、<html>和<Html>的作用和效果都是一样的。

标记内可以包含一些属性。标记属性可由用户设置，否则将采用默认的设置值。属性名称出现在标记的后面，并且以空格进行分隔。如果标记具有多个属性，那么不同的属性名称之间将以空格隔开。其格式如下：

<标记名字 属性1 属性2 属性3 …>

注意：

HTML 对属性名称的排列顺序没有特别的要求，用户可根据个人的爱好，在标记之后排列所需的属性名称。另外，标记的属性值需要使用双引号或单引号括起来。

2.2　HTML 文档的基本结构

HTML 文件通常由三部分组成，即起始标记、网页标题和文件主体。其中，文件主体是 HTML 文件的主要部分与核心内容，它包括文件所有的实际内容与绝大多数的标记符号。

在 HTML 文件中，有一些固定的标记要放在每一个 HTML 文件里。HTML 文件的总体结构如下所示：

```
<Html>
    <Head>
    网页的标题及属性
    </Head>
    <Body>
    文件主体
```

```
        </Body>
    </Html>
```

本节将以以上代码结构为例，介绍 HTML 文档的基本结构。

2.2.1　添加起始标记

<Html>标记位于 HTML 文档的最前面，用于标识 HTML 文档的开始；而</Html>标记恰恰相反，它放在 HTML 文档的最后面，用于标识 HTML 文档的结束，两个标记必须一起使用。通过对这一对特殊标记符号的读取，浏览器才可以判断目前正在打开的是网页文件，而不是其他类型的文件。

<Html>标记的起始和结束符号都是可选的，但用户应该养成在文件中使用<Html>标记的习惯，每次编写 HTML 文件之前都应该首先在网页内添加<Html>…</Html>标记对，然后再在标记对之间加入网页的内容。

2.2.2　设置网页标题

<Head>…</Head>标记对构成 HTML 文档的开头部分，在此标记对之间可以使用<Title>…</Title>、<Script>…</Script>等标记对。这些标记对都是描述 HTML 文档相关信息的标记对，<Head>…</Head>标记对之间的内容不会在浏览器的窗口内显示出来，两个标记必须一起使用。

下面将介绍几种常用的网页标题标记，包括<Title>标记、<Base>标记、<Link>标记以及<Meta>标记等。

1. <Title>标记

<Title>和</Title>标记标识 HTML 文件的标题，是对文件内容的概括。一个好的标题应该能使读者从中判断出该文件的大概内容。文件的标题一般不会显示在文本窗口中，而以窗口的名称显示在标题栏中。<Title>…</Title>标记对只能放在<Head>…</Head>标记对之间。例如：

```
<Title>我的网页</Title>
```

2. <Base>标记

<Base>标记用于设定超链接的基准路径。使用这个标记，可以大大简化网页内超链接的编写。用户不必为每个超链接输入完整的路径，而只需要指定它相对于<Base>标记所指定的基准地址的相对路径即可。该标记包含参数 href，用于指明基准路径。其用法如下：

```
<Base href="URL">
```

3. <Link>标记

<Link>标记表示超链接，在 HTML 文件的<Head>标记中可以出现任意数目的<Link>标记。它也包含参数 href。<Link>标记可以定义含有链接标记的文件与 URL 中定义的文件之间的关系。

<Link>标记通常用来显示作者身份、相关检索及术语、旧的或更新的版本、文件等级、相关资源等。rel 参数用来定义 HTML 文件及 URL 之间的关系，rev 参数用来定义 URL 和 HTML 文件之间的关系。该标记用法如下：

```
<Link rev="RELATIONSHIP"rel="RELATIONSHIP" href="URL">
```

4. <Meta>标记

<Meta>标记用来指明与文件内容相关的信息。每一个该标记指明一个名称或数值对。如果多个<Meta>标记使用了相同的名称，其内容便会合并成一个用逗号隔开的列表，也就是和该名称相关的值。<Meta>标记的主要属性如下。

- http-equiv：把标记放到 HTTP 头域之中。HTTP 服务器可使用该信息处理文件，特别是它可在对这个文件请求的响应中包含一个头域。标题名取自 http-equiv 属性值，而标题值则取自 content 属性值。
- name：指明名称或数值对的名称。如果没有，则由 http-equiv 给出名称。
- content：指明名称或数值对的值，一般为 text/html。
- charset：指明网页所使用的基本字符集，一般为 GB 2312，即标准简体中文。

<Meta>标记的一般用法如下：

```
<Meta http-equiv="Content-Type" content="text/html; charset=GB2312">
```

2.2.3　输入文件主体

<Body>…</Body>标记对之间的内容是 HTML 文档的主体部分，在此标记对之间可包含众多的标记和信息，它们所定义的文本、图像等将会在浏览器的窗口内显示出来，两个标记必须一起使用。<Body>标记中还可以设置一些属性，如表 2-1 所示。

表 2-1　<Body>标记中的属性

属　　　性	用　　　途	示　　　例
<Body Bgcolor="#rrggbb">	设置背景颜色	<Body Bgcolor="red">红色背景
<Body text="#rrggbb">	设置文本颜色	<Body text="#0000ff">蓝色文本
<Body link="#rrggbb">	设置超链接颜色	<Body link="blue">超链接为蓝
<Body vlink="#rrggbb">	设置已使用的超链接的颜色	<Body vlink="#ff0000">已使用的超链接为红色

(续表)

属　　性	用　　途	示　　例
<Body alink="#rrggbb">	设置正在被点击的超链接的颜色	<Body alink="yellow">被点击的超链接为黄色

表 2-1 中所示的各个属性可以结合使用，如<Body Bgcolor="red" Text="#0000ff">。引号内的 rrggbb 是用 6 个十六进制数表示的 RGB(即红、绿、蓝 3 色的组合)颜色，如#ff0000 对应的是红色。

此外，还可以使用 HTML 语言所给定的常量名表示颜色，如 Black(黑)、White(白)、Green(绿)、Maroon(褐红)、Olive(橄榄)、Navy(深蓝)、Purple(紫)、Gray(灰)、Yellow(黄)、Lime(浅绿)、Aqua(蓝绿)、Fuchsia(紫红)、Silver(银)、Red(红)、Blue(蓝)和 Teal(青)。如<Body Text="Blue">表示<Body>…</Body>标记对中的文本使用蓝色显示在浏览器窗口内。

2.2.4　HTML 文档中的注释

注释标记用来在 HTML 源文件中插入注释，注释会被浏览器忽略不显示。用户可以使用注释解释代码，例如<!—这是一条注释信息-->。这些注释信息可在以后编辑代码的时候，给用户提供必要的帮助和提示。

【例 2-1】通过使用基本标记创建网页。

(1) 启动 Windows 系统自带的记事本工具后，输入如图 2-2 所示的代码。

```
<!—注释：这是一个具有基本标记的 HTML 网页-->
<Html>
    <Head>
        <Title>显示在浏览器最上边蓝色条中的文本</Title>
    </Head>
    <Body Bgcolor="Teal" text="red">
        <P>深青色背景、红色文本</P>
    </Body>
</Html>
```

(2) 选择"文件" | "另存为"命令，打开"另存为"对话框，将以上代码保存为扩展名为.html(或.htm)的 HTML 文件，例如 test-3.html。

(3) 双击 test-3.html 文件用浏览器将其打开，文档运行后的效果将如图 2-3 所示。

注意：

在注释标记中，左括号"<"后面需要添加一个感叹号，而右括号则无须添加。

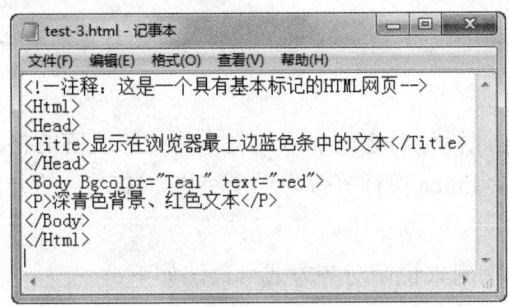

图 2-2　在记事本中输入代码

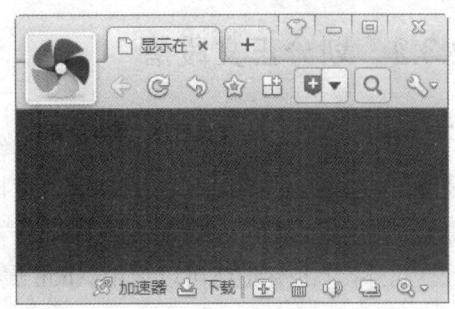

图 2-3　网页效果

2.3　编辑 HTML 网页正文

正文是网页的核心内容，可使用 HTML 语言在网页内对正文进行划分段落、插入标题、修改字体、设置字号等操作。另外，HTML 还允许对正文应用不同的字形和效果。

2.3.1　输入网页标题

一般文章都有标题、副标题、章和节等结构，HTML 中也提供了相应的标题标记<Hn>，其中 n 为标题的等级。HTML 提供 6 个等级的标题，n 越小，标题字号就越大。例如以下代码：

```
<H1>一级标题</H1>
<H2>二级标题</H2>
<P>这是一行没有设置标题格式的正文文本</P>
<H5>五级标题</H5>
<H6>六级标题</H6>
```

用记事本工具编写以上代码并运行后的效果如图 2-4 所示。

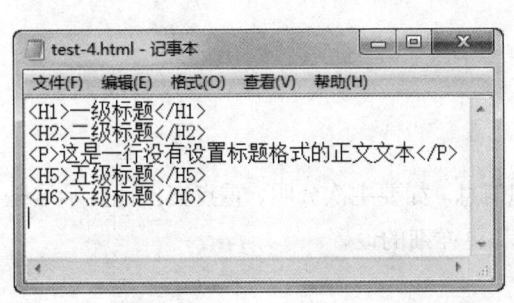

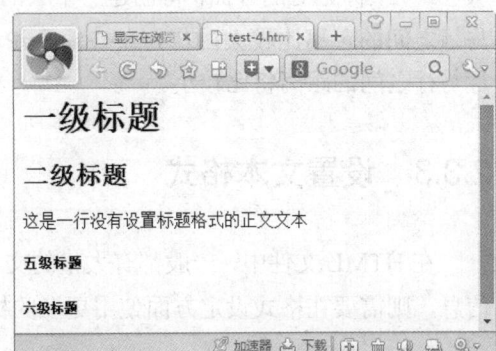

图 2-4　设置网页标题格式

2.3.2　划分正文段落

　　<P>…</P>标记对用来创建一个段落，在此标记对之间加入的文本将按照段落的格式显示在浏览器窗口中。HTML 将多个空格以及 Enter 换行等效为一个空格，HTML 的分段完全依赖于分段标记<P>。

　　此外，<P>标记还可以使用 Align 属性，它用来说明对齐方式，语法如下：

```
<P Align="对齐方式"></P>
```

　　以上语法中，Align 的值可以是 Left(左对齐)、Center(居中)和 Right(右对齐)3 个值中的任何一个。例如以下代码：

```
<P Align="Left">第一段文字左对齐。</P>
<P Align="Center">第二段文字居中对齐。</P>
<P Align="Right">第三段文字右对齐。</P>
<P >上面的三段文字被 P 标记设置了段落格式。</P>
```

　　用记事本工具编写以上代码并运行后的效果如图 2-5 所示。

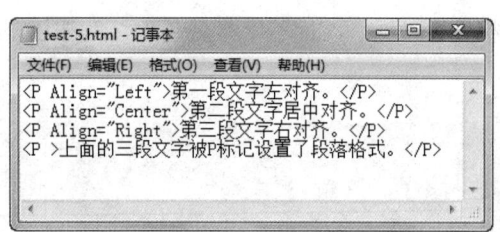
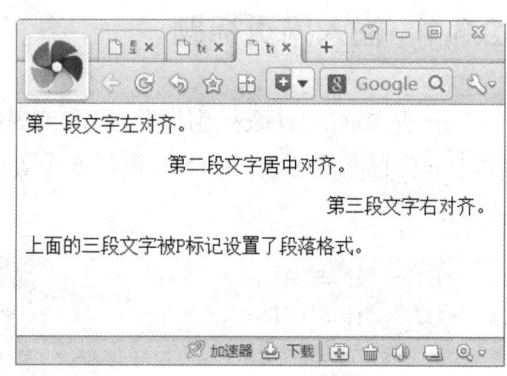

图 2-5　设置正文段落格式

　　另外，利用
标记可以在正文段落中创建一个 Enter 换行。如果
标记处在<P>…</P>标记对的外面，将创建一个大的 Enter 换行，即
标记前面和后面的文本的行与行之间的距离比较大；若处在<P>…</P>标记对的中间，则
标记前面和后面文本的行与行之间的距离将比较小。

2.3.3　设置文本格式

　　在 HTML 文件中，一般都有大量的文本和信息。如要主次分明、重点突出地显示这些信息，则需要在格式设定方面使用更多的标记和更详细的设置。

1. 设置字体和字号

　　<Font>…</Font>标记对用来设置文字字体，它的 Face 属性指定浏览器所显示文本的

字体类别，而 Size 和 Color 属性则可以对输出文本的字体大小、颜色进行随意的改变。

在使用 Font 标记的 Face 属性设置文本字体时，可指定一个字体列表，如果浏览器不支持第一种字体，就会依次使用第二种、第三种等后续字体显示网页内容。例如以下代码：

```
<Font Face="宋体,仿宋体,隶书">我要显示的汉字</Font>
```

Size 属性用来改变字体的大小，而 Color 属性则用来改变文本的颜色，颜色的取值是十六进制 RGB 颜色码或 HTML 语言给定的颜色常量名。

2. 黑体、斜体和下画线

除了正常的字体外，还可以为文本设置粗体、斜体和下画线等字形。HTML 对这些标记出现的次序没有特别的要求。

- <B>…</B>标记对：用来使文本以黑体字的形式输出。
- <I>…</I>标记对：用来使文本以斜体字的形式输出。
- <U>…</U>标记对：用来使文本以加下画线的形式输出。

3. 强调及加重等效果

下面的标记对用于设置文本的强调、加重等效果，其用法和前面的标记一样，差别在于输出的文本字体不太一样。

- <Tt>…</Tt>标记对：用来输出打字机风格字体的文本。
- <Cite>…</Cite>标记对：用来输出引用方式的文本(通常是斜体)。
- <Em>…</Em>标记对：用来输出需要强调的文本(通常是斜体加粗体)。
- <Strong>…</Strong>标记对：用来输出加强显示效果的文本(通常也是斜体加粗体)。

【例 2-2】给网页中的文字设置不同的字体，创建网页效果。

(1) 启动 Windows 系统自带的记事本工具后，输入如图 2-6 所示的代码。

```
<Body text="blue">
    <H1>最大的标题</H1>
    <H3>使用 h3 的标题</H3>
    <H6>最大的标题</H6>
    <P><B>黑体字文本</B> </P>
    <P><I>斜体字文本</I> </P>
    <P><U>下加一划线文本</U> </P>
    <P><Tt>打字机风格的文本</Tt></P>
    <P><Cite>引用方式的文本</Cite></P>
    <P><Em>强调的文本</Em></P>
    <P><Strong>加重的文本</Strong></P>
    <P><font Size="+1" Color="red">Size 取值"+1"、Color 取值"red"时的文本</font></P>
```

(2) 选择"文件"|"另存为"命令，打开"另存为"对话框，将以上代码保存为一个扩展名为.html(或.htm)的 HTML 文件，例如 test-6.html。

(3) 双击 test-6.html 文件用浏览器将其打开，文档运行后的效果将如图 2-7 所示。

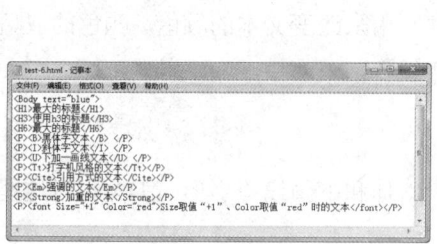

图 2-6　输入代码

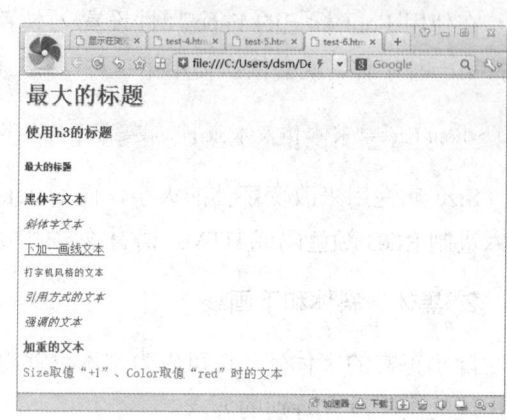

图 2-7　网页文本格式效果

2.4　建立超链接

超链接一般可分为外部链接(External Link)与内部链接(Internal Link)。单击外部链接时，浏览器窗口将显示其他文档的内容；单击内部链接时，访问者将看到网页的其他部分并显示在当前浏览器窗口中。另外，HTML 还可以创建指向邮件地址的超链接，单击该超链接之后便可通过电子邮件软件给指定的地址发送邮件。

2.4.1　创建外部链接

一个超链接通常由以下 3 部分构成。

(1) 超链接标记对<A>…</A>，表示这是一个超链接。

(2) 属性 Href 及其值，定义了超链接所指的目标。

(3) 在超链接中显示在网页上作为链接的文字。

HTML 中超链接文本的代码格式如下：

```
<A Href="URL">
```

单击网页外部链接时，可在访问者的浏览器窗口打开、跟踪其他文档。文档可能保存在其他站点内，也可能保存在当前站点内，为了便于区分这两种情况，可将指向其他站点文档的超链接称为 URL 链接，而将指向同一站点内文档的超链接称为本地链接。

创建 URL 链接时，需要给出 URL 链接的完整网址，例如下面的代码就是在网页中添加一个"清华大学出版社第五事业部"的超链接：

```
<A Href="http://www.tupwk.com.cn">清华大学出版社第五事业部</A>
```

在一台计算机上对不同文件进行链接称为本地链接，常用相对路径或绝对路径表示一个文件。假如超链接的目标位于当前 HTML 文档所在文件夹的子文件夹中，则可直接使用相对路径地址指向该目标。例如：

<A Href="bbs\login.html">登录 BBS</A>

若使用绝对路径地址指向目标，则可表示为：

<A Href="/c:\myweb\bbs\login.html">登录 BBS</A>

注意：

"/" 表示当前路径地址为绝对路径。假如超链接的目标位于当前 HTML 文档所在文件夹的上层文件夹中，则路径使用 "../" 来指向上层文件夹。

此外，<A Href="">>/A>还具有 Target 属性，此属性用来指明浏览时的目标框架，该属性的各项值的用法与含义如表 2-2 所示。

表 2-2　Target 属性的取值与用途

属　性	用　途
Target="框架名称"	只运用于框架网页中，若设定则目标网页将显示在"框架名称"的框架中，框架名称是事先由框架标记命名的
Target="_blank" 或 Target="new"	将超链接目标的内容打开在新的浏览器窗口中
Target="_parent"	将超链接目标的内容作为上一个页面
Target="_self"	将超链接目标的内容显示在当前窗口中(默认值)
Target="_top"	将框架中超链接目标的内容显示在没有框架的窗口中(即除去了框架)

如果不使用 Target 属性，当浏览者单击了超链接之后将在原来的浏览器窗口中浏览新的 HTML 文档。若 Target 的值等于_blank，单击超链接后将会打开一个新的浏览器窗口来浏览新的 HTML 文档，如下面代码所示：

<A Href="http://www.163.com"　Target="_blank">网易网站</A>

2.4.2　创建内部链接

所谓内部链接，就是网页中的书签。在内容较多的网页内建立内部链接时，它的链接目标不是其他文档，而是网页内的其他位置。在使用内部链接之前，需要在网页内确定书签的位置，并使用<A>标记的 Name 属性为书签命名。内部链接的一般格式为：

<A Name="书签名称">书签内容</A>

以上格式中"书签名称"是代表"书签内容"的字符串，用户可使用简短、有意义的

字符串代替网页文本。为了使 Web 浏览器易于区分"书签名称"与文档内容，"书签名称"前面需要添加#符号。例如，先定义一个标签 A，然后找到"标签 A"这个标签，就可编写如下代码：

```
<A name="标签 A">书签内容</A>
<A Href="#标签 A">单击此处将使浏览器跳到"标签 A"处</A>
```

2.4.3　创建邮件链接

邮件链接可使访问者在浏览页面时，只需要单击电子邮件链接就能够打开默认的邮件编辑软件，向指定的地址发送邮件。电子邮件链接的应用格式如下：

```
<A Href="mailto:E-mail 地址">邮件链接文本</A>
```

以上格式中"E-mail 地址"是用户在 Internet 上的电子邮件地址，而"邮件链接文本"就是访问者单击的文本。

注意：

访问者单击电子邮件链接时，将打开默认的电子邮件编辑软件。例如，使用 Office 系列的 Outlook Express 作为默认的邮件编辑器时，单击电子邮件链接时将打开 Outlook Express 窗口，"收件人"一栏将出现该邮件地址。

2.5　在 HTML 网页中插入图片

制作 ASP 网页时，常需要在页面上添加一些图片，因为有时"一图胜千言"。HTML 语言提供了<Img>标记来处理图像的输出。本节将介绍在网页内插入图像文件、设置图像链接的方法，以及通过 HTML 标记的运用改变图像的显示尺寸与对齐方式等。

2.5.1　插入网页图片

HTML 采用的图像格式有 GIF、JPG 和 PNG 三种。在网页中插入图像时，需要使用 HTML 的<Img>标记。其使用格式如下：

```
<Img Src="Picname">
```

以上格式中，Src 是 Source(源)英文的缩写，Picname 是希望在网页内显示的图像的 URL。在网页内创建图像链接与文本链接的区别并不大，也需要使用<A>标记，并指明超链接目标的 URL，唯一的区别就是在</A >标记符号之前要使用<Img>标记。图像链接的标记格式如下：

```
<A Href="URL"><Img Src="Picname"></A>
```

以上格式中，URL 是超链接目标的 URL，Picname 是图像文件的 URL。在网页内插入图像链接时，浏览器窗口的图像周围将出现黑色边框，如果用户不希望出现该边框，可在<Img>标记符号内添加<Border=0>。

2.5.2　设置图片格式与布局

默认情况下，将图像插入到网页文件之后，它与网页中的文本是垂直居下对齐的，并且文本出现在图像的右侧。要对图像进一步设置，需要了解更多的属性设置方法，如表 2-3 所示。

表 2-3　图像的属性及其用途

属　性	用　途
<Img Src=" ">	图片来源
<Img Width=" " Height=" ">	图片大小，此宽度及高度一般采用像素作单位。通常设为图片的真实大小，以免失真，若需要改变图片大小最好使用专用的图像编辑工具
<Img Hspace=" " Vspace=" ">	设定图片边沿空白，以免文字或其他图片贴近。Hspace 用于设定图片左、右的空间，Vspace 用于设定图片上、下的空间，高度采用像素作单位
Border=" "	图片边框厚度
Align="top"	调整图片旁边文字的位置，可选值有 top、middle、bottom、left、right，默认值为 bottom
Alt=" "	用以描述该图形的文字，若使用的浏览器不能显示该图片时，这些文字将会代替图片被显示；若浏览器显示了该图片，当鼠标移至图片上时该文字也会显示
Lowsrc=" "	设定先显示低解析度的图片。若在网页中加入的是一张很大的图片，用户浏览时可能需要很长的下载时间。而设置一张低解析度的图片后，它会先被显示以免浏览者失去兴趣，通常采用原图的黑白版本作为低解析度图片

【例 2-3】利用 Windows 自带的记事本工具，创建包含多张图片的网页。

(1) 新建一个文件夹，并将素材文件 0137.jpg、0525.jpg、0659.jpg、0218.jpg 和 0211.jpg，如图 2-8 所示，复制到该文件夹中。

(2) 启动 Windows 系统自带的记事本工具后，输入以下代码：

```
<Img Src="0137.jpg" > 普通插入的图片。</p>
<Img Src="0218.jpg" Align="Right" > 设定了靠右对齐的图片。</p>
<Img Src="0525.jpg" Alt="这是一张火车图片" hspace=10 vspace=20> 设定了上下左右空白位置
    及描述说明的图片。</p>
```

```
<Img Src="0659.jpg"    Border=4 Align="Middle"> 设定图片中间对齐，边框厚度为 4。</p>
<Img Src="0211.jpg" Width=80 Height=50 > 缩小了的图片。</p>
```

(3) 选择"文件"|"另存为"命令，打开"另存为"对话框，将以上代码保存为一个扩展名为.html(或.htm)的 HTML 文件(例如 test-7.html)，并将其与素材文件放在一个文件夹中。

(4) 双击 test-7.html 文件用浏览器将其打开，文档运行后的效果将如图 2-9 所示。

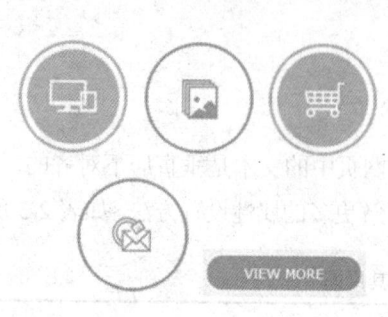

图 2-8　素材图片

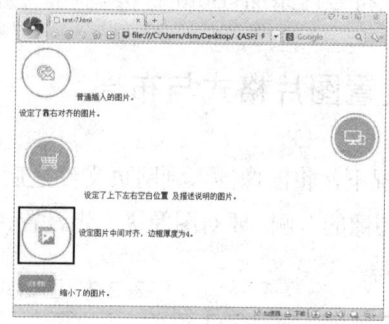

图 2-9　网页中图片的效果

2.5.3　在网页中加入水平线

使用<Hr>标记可以在网页中插入一条水平线，它的使用方式如下：

```
<Hr Align=对齐方式  Width=x%,Size=n,Noshade>
```

<Hr>标记具有 Size、Color、Width、Align 和 Noshade 属性，各属性的含义如下。
- Size 属性：用于设置水平线的厚度，默认单位是像素。
- Width 属性：用于设置水平线的宽度，默认单位是像素，也可使用占浏览器窗口的百分比来设定。
- Color 属性：用于设置水平线的颜色。
- Align 属性：用于设置水平线的对齐方式。
- Noshade 属性：不用赋值，直接加入即可使用，它用来加入一条没有阴影的水平线(不加入此属性，水平线将有阴影)。

【例 2-4】利用 Windows 自带的记事本工具，创建包含各种水平线的网页。

(1) 启动 Windows 系统自带的记事本工具后，输入如图 2-10 所示的代码。

```
直接插入的水平线<Hr>
宽度为屏幕一半，居中对齐的水平线<Hr Align=Middle Width=50%>
宽度为 300 像素，靠右对齐的水平线<Hr Align=Right Width=300>
厚度为 5 像素的蓝色水平线<Hr Width=50% Size=5 Color="#0000FF">
厚度为 10 像素的无阴影水平实线<Hr Width=50% Size=10 Noshade>
```

(2) 选择"文件"|"另存为"命令，打开"另存为"对话框，将以上代码保存为一个扩展名为.html(或.htm)的 HTML 文件，例如 test-8.html。

(3) 双击 test-8.html 文件用浏览器将其打开，文档运行后的效果将如图 2-11 所示。

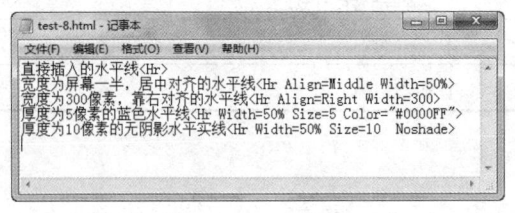

图 2-10　输入代码

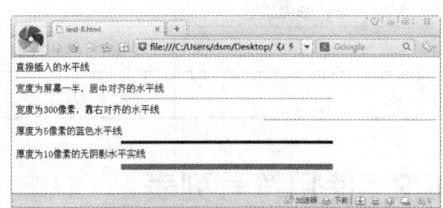

图 2-11　网页中水平线的效果

2.6　在 HTML 网页中使用列表

使用列表能够有效地表达出具有并列、排序关系的网页内容，为访问者阅读网页提供方便。HTML 为用户提供了编号列表、符号列表与自定义列表 3 种形式。通过上述列表的相互嵌套，还可以进一步丰富列表的表现方式。

2.6.1　使用编号列表

当网页中的某些内容存在排序关系时，可以使用编号列表，以表明这些内容是有前后顺序的。编号列表的应用格式如下：

```
<Ol>
<Li>编号列表
…
</Ol>
```

在编号列表的开始与结束处，需要使用<Ol>…</Ol>标记对(Ol 是 Ordered List 英文的缩写)，它用于定义编号列表的作用范围。在编号列表内容之前必须添加<Li>列表项标记(它是列表选项 List Item 英文的缩写)，以便与其他列表相区别。

编号列表支持 Type 属性，属性值与编号类型的对应关系如表 2-4 所示。默认情况下，编号总是从该类型的第 1 个数值或字母开始的，通过 Type 属性可以设置编号列表不同的起始序号。

表 2-4　<Li>标记的 Type 属性设置

Type 属性	编号显示方式
A	英文大写字母，如 A、B、C 等
a	英文小写字母，如 a、b、c 等
I	罗马大写字母，如Ⅰ、Ⅱ、Ⅲ等

(续表)

Type 属性	编号显示方式
i	罗马小写字母，如 i、ii、iii等
L	阿拉伯字母，如1、2、3 等

2.6.2　使用符号列表

当网页内容出现并列选项时，可采用符号列表。它的标记是<Ul>(它是 Unordered List 英文的缩写)，在每一列表项的开始处需要使用<Li>标记以示区别。符号列表的使用格式如下：

```
<Ul>
<Li>符号列表
…
</Ul>
```

默认情况下，符号列表的项目符号是圆点，改变 Type 属性的赋值时，可以更换项目符号的形式，用户可在 Disc(圆点)、Circle(圆圈)、Square(方块)中选择满意的项目符号。将 Type 属性值添加到<Ul>标记内，所有的列表项目都采用相同的符号项目；将 Type 属性值添加到<Li>标记内，它只能改变当前列表的项目符号，通过这种方法可为列表内的项目设置不同的项目符号。

2.6.3　自定义列表

当网页内出现新词汇、术语时，为了给访问者一个明确的提示，需要对它们进行定义和说明，此时用户可以使用自定义列表(Definition List)。自定义列表标记<Dl>是由一系列的词语标记<Dt>和定义标记<Dd>组成，通常<Dt>标记与<Dd>标记成对出现在网页文件内，词语的定义内容以首行缩进的方式显示在浏览器窗口中。

自定义列表的应用格式如下：

```
<Dl>
<Dt>第 1 条词语<Dd>定义内容
<Dt>第 2 条词语<Dd>定义内容
…
</Dl>
```

2.6.4　定义嵌套列表

HTML 不仅允许用户使用单独的列表，还能够把不同类型的列表相互嵌套。嵌套的级数不受限制，这样就形成复合列表，它意味着第一个列表的内容还未结束时，另一列表就可以开始。例如，在自定义列表内，使用编号列表说明具有层次感的列表选项，使用符号列表说明具有并列关系的列表选项。

【例 2-5】利用 Windows 自带的记事本工具，创建包含各种列表的网页。

(1) 启动 Windows 系统自带的记事本工具后，输入如图 2-12 所示的代码。

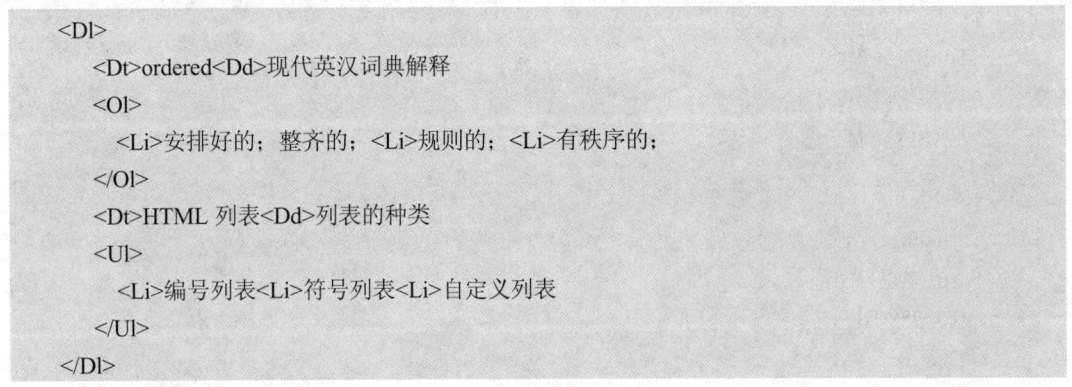

```
<Dl>
    <Dt>ordered<Dd>现代英汉词典解释
    <Ol>
        <Li>安排好的；整齐的；<Li>规则的；<Li>有秩序的；
    </Ol>
    <Dt>HTML 列表<Dd>列表的种类
    <Ul>
        <Li>编号列表<Li>符号列表<Li>自定义列表
    </Ul>
</Dl>
```

(2) 选择"文件"|"另存为"命令，打开"另存为"对话框，将以上代码保存为一个扩展名为.html(或.htm)的 HTML 文件，例如 test-9.html。

(3) 双击 test-9.html 文件用浏览器将其打开，文档运行后的效果如图 2-13 所示。

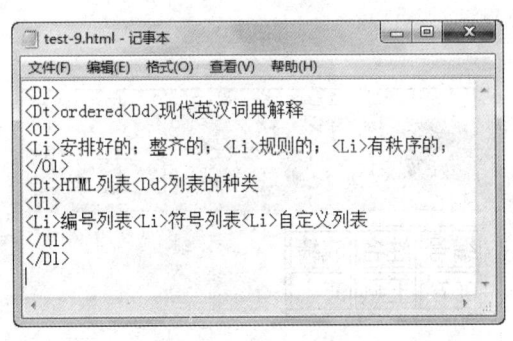

图 2-12　输入代码

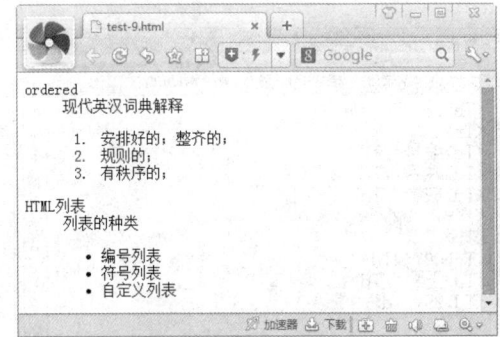

图 2-13　网页中列表的效果

2.7　在 HTML 网页中使用表格

表格对于制作网页是很重要的，现在很多网页都是使用多重表格。主要是因为表格不但可以固定文本或图像的输出，而且还可以任意地设置背景和前景颜色。

2.7.1　认识表格标记

一个表格由<Table>标记开始，</Table>标记结束，表格的内容由<Tr>标记和<Td>标记定义。<Tr>标记说明表格的一个行，表格有多少行就有多少个<Tr>标记；<Td>标记则设定一个单元格来填充表格。

【例 2-6】利用 Windows 自带的记事本工具，创建包含简单表格的网页效果。

(1) 启动 Windows 系统自带的记事本工具后，输入如图 2-14 所示的代码。

```
<Table Border=1>
 <Tr>
  <Td>编号</Td>
  <Td>姓名</Td>
  <Td>成绩</Td>
 </Tr>
 <Tr>
  <Td>007</Td>
  <Td>王燕</Td>
  <Td>95</Td>
 </Tr>
</Table>
```

(2) 选择"文件"|"另存为"命令，打开"另存为"对话框，将以上代码保存为一个扩展名为.html(或.htm)的 HTML 文件，例如 test-10.html。

(3) 双击 test-10.html 文件用浏览器将其打开，文档运行后的效果如图 2-15 所示。

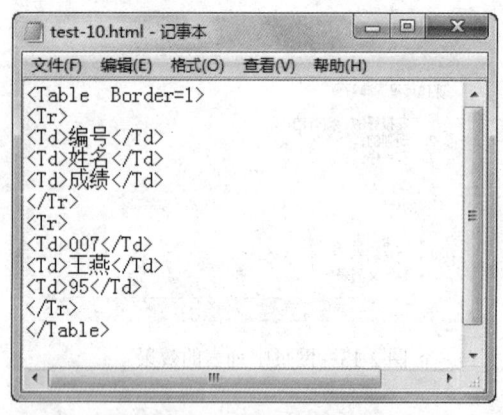

图 2-14　输入代码

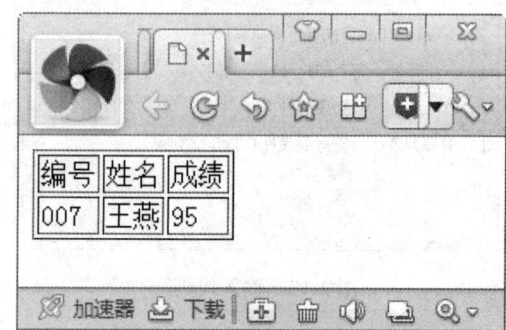

图 2-15　网页中表格的效果

2.7.2　设置表格的整体属性

<Table>…</Table>标记对用来创建一个表格，其属性如表 2-5 所示。

表 2-5　表格的属性

属　　性	用　　途
<Table Bgcolor="">	设置表格的背景色

（续表）

属 性	用 途
\<Table Border=""\>	设置表格边框的宽度，若不设置此属性，则边框宽度默认为 0
\<Table BorderColor=""\>	设置表格边框的颜色
\<Table BorderColorlight=""\>	设置表格边框明亮部分的颜色(当 Border 的值大于等于 1 时才有用)
\<Table BorderColordark=""\>	设置表格边框阴影部分的颜色(当 Border 的值大于等于 1 时才有用)
\<Table Cellspacing=""\>	设置表格单元格与单元格之间的空间大小
\<Table Cellpadding=""\>	设置表格单元格边框与其内部内容之间的空间大小
\<Table Width=""\>	设置整个表格的宽度，单位用绝对像素值或总宽度的百分比

注意：

\<Table\>…\</Table\>标记对的各个属性可以结合使用。有关宽度、大小的单位用绝对像素值，而有关颜色的属性使用十六进制 RGB 颜色码或 HTML 语言给定的颜色常量名。

2.7.3 设置表格的单行属性

\<Tr\>…\</Tr\>标记对用来创建表格中的一行，表格有多少行就有多少对\<Tr\>标记。\<Tr\>标记具有表 2-6 所示的属性。

表 2-6 表格行的属性

属 性	用 途
\<Tr Align=""\>	设置表格行的对齐方式(水平)，可选值为 left、center、right
\<Tr vAlign=""\>	设置表格行的对齐方式(垂直)，可选值为 top、middle、bottom
\<Tr Bgcolor=""\>	设置表格行的底色
\<Tr BorderColor=""\>	设置表格行的边框颜色
\<Tr BorderColorlight=""\>	设置表格行的边框明亮部分的颜色
\<Tr BorderColordark=""\>	设置表格行的边框阴影部分的颜色

【例 2-7】通过对表格行的属性进行设置，创建一个包含 2 行 2 列表格的网页。

(1) 启动 Windows 系统自带的记事本工具后，输入如图 2-16 所示的代码。

```
<Table Width="85%" Height="85%" Border="1" Cellspacing="5" BorderColor="black">
    <Tr BorderColor="#0000FF" Align="Right">
      <Td>第一行边界线为蓝色</Td><Td>第一行靠右对齐</Td>
    </Tr>
    <Tr BorderColorlight="#CF0000" BorderColordark="#00FF00" vAlign="bottom">
      <Td>第二行向光边框为绿色背光边框为红色</Td><Td>第二行靠底对齐</Td>
    </Tr>
</Table>
```

(2) 选择"文件"|"另存为"命令，打开"另存为"对话框，将以上代码保存为一个

扩展名为.html(或.htm)的 HTML 文件，例如 test-11.html。

(3) 双击 test-11.html 文件用浏览器将其打开，文档运行后的效果如图 2-17 所示。

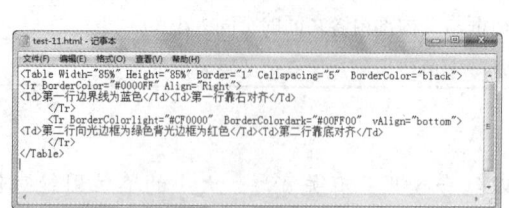

图 2-16　输入代码

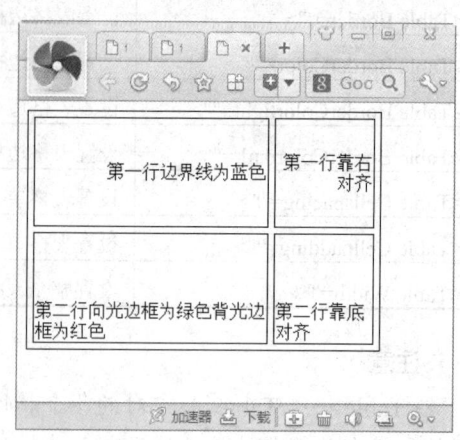

图 2-17　网页效果

2.7.4　设置表格单元格属性

下面将介绍在 HTML 网页文档中设置表格单元格属性的方法,包括设置普通单元格属性、设置标题单元格属性以及设置表格总标题等。

1. 设置普通单元格属性

<Td>…</Td>标记对用来设置表格中的一个单元格的内容及格式，单元格中可以包含文本、图像、列表、段落、表单、水平线、表格等。<Td>标记具有属性，如表 2-7 所示。

表 2-7　单元格的属性

属　　性	用　　途
<Td Width="">	设置单元格的宽度，接受绝对值(如 80)及相对值(如 80%)
<Td Height="">	设置单元格的高度
<Td Colspan="">	设置单元格的向右合并的单元格数
<Td Rowspan="">	设置单元格的向下合并的单元格数
<Td Align="">	设置单元格的对齐方式(水平)，可选值为 left、center、right
<Td vAlign="">	设置单元格的对齐方式(垂直)，可选值为 top、middle、bottom
<Td Bgcolor="">	设置单元格的底色
<Td BorderColor="">	设置单元格的边框颜色
<Td BorderColorlight="">	设置单元格的边框明亮部分的颜色
<Td BorderColordark="">	设置单元格的边框阴影部分的颜色
<Td Background="">	设置单元格的背景图片，与 Bgcolor 任用其一

2. 设置标题单元格属性

<Th>标记与<Td>标记同样是标记一个单元格，唯一不同的是<Th>标记所标记的单元格中的文字以粗体出现，通常用于表格中的标题栏。用它取代<Td>标记的位置就可以了，其属性设定请参考<Td>标记。为<Td>标记所标识的文字加上粗体标记也能达到同样效果。

3. 设置表格总标题

<Caption>标记的作用是为表格加上一个标题，如同在表格上方加一个没有格线的通栏行，通常用来存放表格标题。

可使用<Caption Align=" " >属性设置表格标题行相对于表格的对齐方式(水平)，可选值为 left、center、right、top、middle 与 bottom。若 Align="bottom"，标题行便会出现在表格的下方，而与<Caption>标记语句在<Table>标记中的位置无关。

【例 2-8】通过对单元格的属性进行设置，创建一个包含 4 行 3 列表格的网页。

(1) 启动 Windows 系统自带的记事本工具后，输入如图 2-18 所示的代码。

```
<Table Width="350" Border="1" Cellspacing="0" Cellpadding="2" Align="center" Bgcolor="#FFC4E1"
    BorderColor="#0000FF">
    <Caption>格式单词与其含义</Caption>
    <Tr Align="center">
        <Td colspan="3">横向通栏示例</Td>
    </Tr>
    <Tr Align="center">
        <Td rowspan="3">纵向通栏示例</Td>
        <Th>格式单词</Th><Th>含义</Th>
    </Tr>
    <Tr Align="center">
        <Td>Width</Td><Td>宽度</Td>
    </Tr>
    <Tr Align="center">
        <Td>Height</Td><Td>高度</Td>
    </Tr>
</Table>
```

(2) 选择"文件" | "另存为"命令，打开"另存为"对话框，将以上代码保存为一个扩展名为.html(或.htm)的 HTML 文件，例如 test-12.html。

(3) 双击 test-12.html 文件用浏览器将其打开，文档运行后的效果如图 2-19 所示。

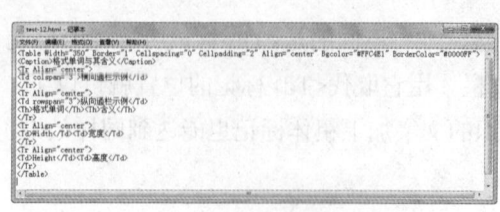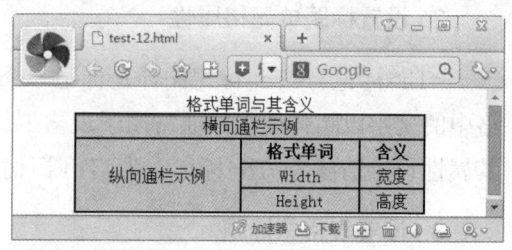

图 2-18　输入表格　　　　　　　　　　图 2-19　网页中表格的效果

2.8　在 HTML 网页中使用表单

表单在 Web 网页中用来供访问者填写信息,从而使管理员能获得访问者信息,使网页具有交互功能。表单设计在一个 HTML 文档中,当用户填写完信息后做提交(Submit)操作,于是表单的内容就从客户端的浏览器传送到服务器上,经过服务器上的 ASP 或 PHP 等处理程序处理后,再将用户所需信息传送回客户端的浏览器,这样网页就具有了交互性。本节将从最基本的表单元素开始,介绍如何使用 HTML 的表单标记来设置表单。

2.8.1　认识表单的基本结构

网页内的表单由表单标记<Form>定义,使用<Form>标记意味着表单的开始,而</Form>标记符号则意味着表单的结束。由于表单通常用于收集站点访问者的信息,因此在表单的内部必须出现输入标记<Input>,用于收集表单数据。另外,还可将表单数据发送给站点管理员,或者清除表单的内容,重新输入表单。表单标记的基本结构如下所示:

```
<Form Action=URL Method=get|post
...
<Input Type=Submit>
<Input Type=reset>
</Form>
```

表单标记<Form>最重要的属性就是 Action 和 Method,其中,Action 属性用于指定表单处理程序的 URL,例如<form action="login.asp">,当用户提交表单时,服务器将执行该 HTML 文件所在文件夹中名为 login.asp 的 ASP 程序;Method 属性用于定义处理站点访问者提供数据的方法,可取值为 get 方式与 post 方式的其中一个。

- get 方式:在 get 方式下,处理程序从当前 HTML 文档中获取数据,然而这种方式传送的数据量是有所限制的,一般限制在 1KB 以下。
- post 方式:post 方式与 get 方式相反,在 post 方式下,当前 HTML 文档把数据传送给处理程序,传送的数据量要比使用 get 方式大得多。

2.8.2　设定用户输入区域

表单是一个能够包含多种不同表单元素的区域。表单元素能够让用户在表单中输入信息，有文本框、密码框、下拉菜单、单选框、复选框等。

最常用的表单输入标记是<Input>标记，它用来定义一个用户输入区，用户可在其中输入信息。<Input Type="">标记提供了 8 种类型的输入区域，由 Type 属性决定区域类型，如表 2-8 所示。

表 2-8　表单的各项组成元素

Type 属性取值	输入区域类型	输入区域示例
<Input Type="Text" Size="" Maxlength="">	单行文本输入区域。Size 与 Maxlength 属性用来定义文本框的大小与可输入的最大字符数	姓名：
<Input Type="Submit">	将表单内容提交给服务器的按钮	提交查询内容
<Input Type="Reset">	将表单内容全部清除，重新填写的按钮	重置
<Input Type="Checkbox" Checked>	一个复选框，Checked 属性用来设置该复选框在默认情况下是否被选中	请选择你的爱好 ☑ 音乐 ☑ 体育 ☑ 文学
<Input Type="Hidden">	隐藏区域，用户不能在其中输入，它常用来预设某些要传送的信息	
<Input Type="Image" Src="URL">	使用图像代替 Submit 按钮，图像的源文件名由 Src 属性指定。用户单击后，表单中的信息和单击位置的 x、y 坐标一起传送给服务器	
<Input Type="Password">	输入密码的区域，当用户输入密码时，区域内会显示"*"号	请输入密码：
<Input Type="Radio" Checked>	单选按钮类型，Checked 属性用来设置该单选框默认情况下是否被选中	请输入性别： ○ 男 ○ 女

以上 8 种类型的输入区域有一个公共的属性 Name，此属性为每一个输入区域设置一个名字，一个输入区域对应一个名字，服务器就是通过调用某一输入区域的名字的 Value 属性来获得该区域的数据，而 Value 属性是另一个公共属性，它可用来指定输入区域的默认值。

2.8.3　设定列表框

列表框是用于确定选项内容的另一种方式，它包括下拉列表框和滚动列表框两种，在下拉列表框内，只能选择其中的一个选项；在滚动列表框内，则可以选择其中的多项内容。表单的列表框是由<Select>和<Option>两个标记来定义的，它的使用格式如下：

```
<Select Name= "name">
<Option
</Select>
```

<Select>标记具有 Multiple、Name 和 Size 等属性。Multiple 属性无须赋值，直接加入标记中即可使用，加入此属性后列表框即可多选；Name 属性用于确定列表的名称；Size 属性用来设置列表的高度，默认值为 1。

<Option>标记用来指定列表框中的一个选项，它放在<Select>…</Select>标记对之间。此标记具有 Selected 和 Value 属性，Selected 属性用来指定默认的选项，Value 属性用来给<Option>标记指定的那一个选项赋值，这个值是要传送到服务器上的，服务器正是通过调用<Select>区域的名字的 Value 属性来获得该区域选中的数据项的。

【例 2-9】创建一个包含列表框的表单网页。

(1) 启动 Windows 系统自带的记事本工具后，输入如图 2-20 所示的代码。

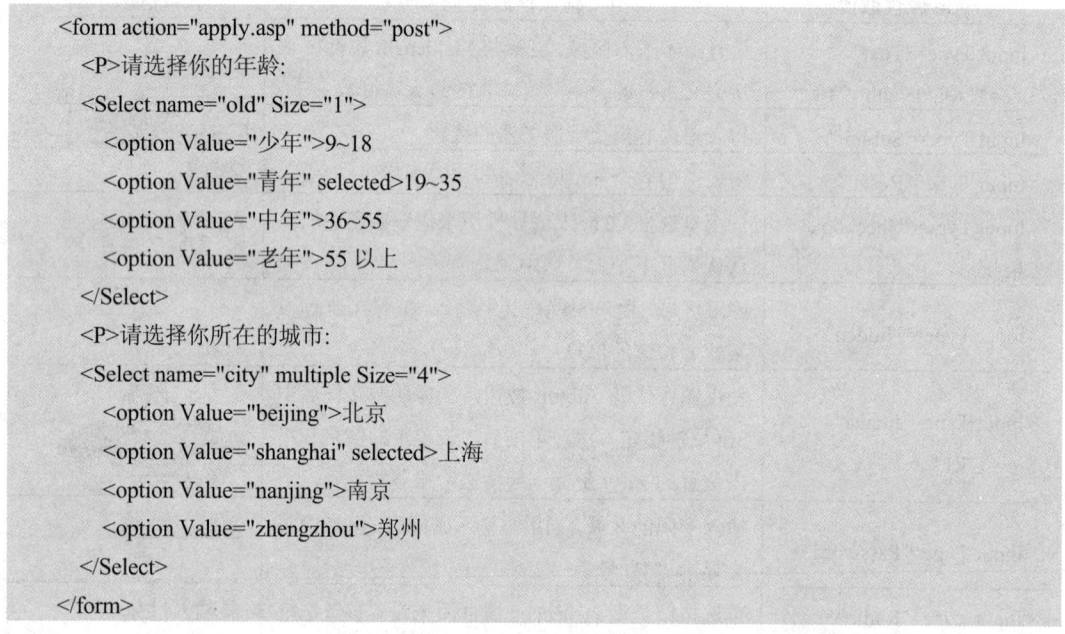

```
<form action="apply.asp" method="post">
    <P>请选择你的年龄：
    <Select name="old" Size="1">
        <option Value="少年">9~18
        <option Value="青年" selected>19~35
        <option Value="中年">36~55
        <option Value="老年">55 以上
    </Select>
    <P>请选择你所在的城市：
    <Select name="city" multiple Size="4">
        <option Value="beijing">北京
        <option Value="shanghai" selected>上海
        <option Value="nanjing">南京
        <option Value="zhengzhou">郑州
    </Select>
</form>
```

(2) 选择"文件"|"另存为"命令，打开"另存为"对话框，将以上代码保存为一个扩展名为.html(或.htm)的 HTML 文件，例如 test-13.html。

(3) 双击 test-13.html 文件用浏览器将其打开，文档运行后的效果将如图 2-21 所示。

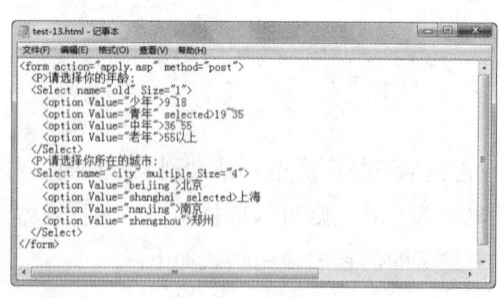

图 2-20　输入代码

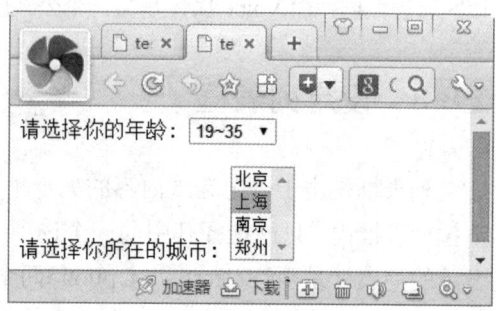

图 2-21　网页中表单的效果

2.8.4　设定文本框与文件选项

<Textarea>…</Textarea>标记对用来创建一个可以输入多行文本的文本框，此标记对用于<Form>…</Form>标记对之间。<Textarea>标记对具有 Name、Cols 和 Rows 属性。Cols和 Rows 属性分别用来设置文本框的列数和行数，这里列与行是以字符数为单位的。

如果在表单内填写的内容太多，例如个人工作经历等，为了方便访问者填写，可在表单内添加文件选项。

在表单内添加文件选项时，用户可使用<Form>标记的 Enctype 属性，以指定文件的数据类型，使用该属性还需要将<Input>标记的 Type 属性设置为 File。

【例 2-10】创建一个包含文本框与文件选项的表单网页。

(1) 启动 Windows 系统自带的记事本工具后，输入如图 2-22 所示的代码。

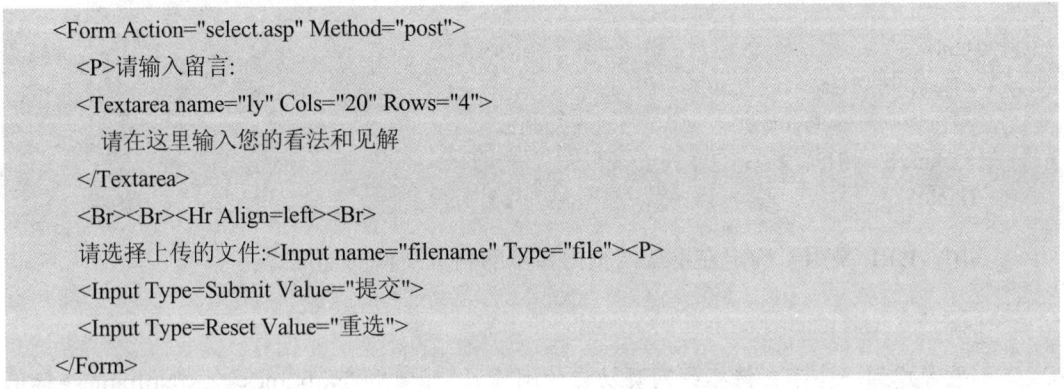

```
<Form Action="select.asp" Method="post">
    <P>请输入留言:
    <Textarea name="ly" Cols="20" Rows="4">
        请在这里输入您的看法和见解
    </Textarea>
    <Br><Br><Hr Align=left><Br>
    请选择上传的文件:<Input name="filename" Type="file"><P>
    <Input Type=Submit Value="提交">
    <Input Type=Reset Value="重选">
</Form>
```

(2) 选择"文件"|"另存为"命令，打开"另存为"对话框，将以上代码保存为一个扩展名为.html(或.htm)的 HTML 文件，例如 test-14.html。

(3) 双击 test-14.html 文件用浏览器将其打开，文档运行后的效果如图 2-23 所示。

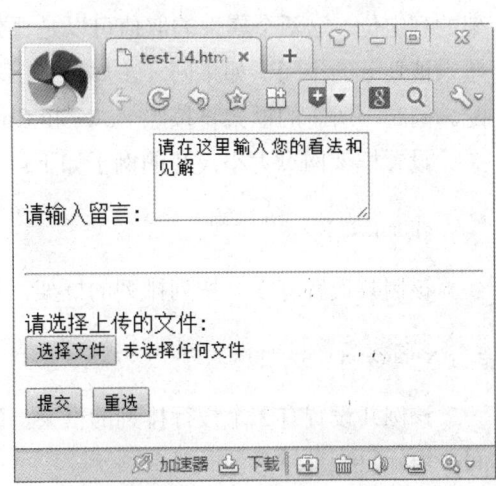

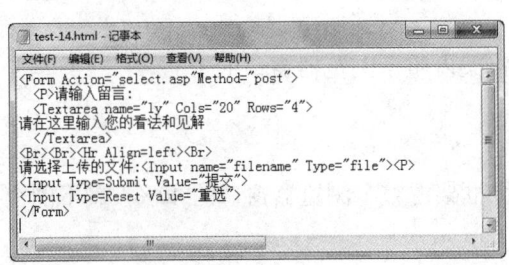

图 2-22　输入代码　　　　　　　　　　　　　图 2-23　网页中表单的效果

2.9　在 HTML 网页中使用框架

　　框架网页把浏览器窗口切割成几个独立的部分，打开的链接目标文件只占用浏览器窗口的某个区域，该区域就是框架网页的目标框架。框架网页的出现，使得访问者在浏览器窗口中可同时观察多个网页。

2.9.1　认识框架标记

　　设计框架网页时，<Frame>标记和<Frameset>标记用于定义框架网页的结构。由于框架网页的出现，从根本上改变了 HTML 文档的传统结构，因此在出现<Frameset>标记的文档中，将不再使用<Body>标记，包含框架网页的 HTML 文档的基本结构如下。

```
<Html>
  <Head>…</Head>
  <Frameset>…</Frameset>
  <Frame Src="URL">
</Html>
```

　　其中，URL 是用于确定在框架网页内显示的网页文件的地址。

　　注意：
　　如果考虑到一些不支持框架网页功能的浏览器，可使用<Noframes>…</Noframes>标记对，把此标记对放在<Frameset>…</Frameset>标记对之间。

　　在网页内添加框架网页，就意味着对浏览器窗口进行纵向与横向的划分。Rows 用来规定主文档中各个横向划分的框架的行定位，而 Cols 用来规定主文档中各个纵向划分的框架的列定位。这两个属性的取值可以是百分数、绝对像素值或星号"*"，其中星号代表那些未被划分的空间，如果同一个属性中出现多个星号，则将剩下的未被说明的空间平均分配。同时，所有的框架将按照 Rows 和 Cols 的值从左到右，然后从上到下排列。

　　设置框架网页大小尺寸的例子如下：

```
<Frameset Rows="*,*,*">
```

　　该例共设置有 3 个按列排列的框架，每个框架占整个浏览器窗口的 1/3。

```
<Frameset Cols="40%,*,*">
```

　　该例共设置有 3 个按行排列的框架，第一个框架占整个浏览器窗口的 40%，剩下的空间平均分配给另外两个框架。

```
<Frameset Rows="40%,*" Cols="50%,*,200">
```

该例共设置有 6 个框架，先是在第一行中从左到右排列 3 个框架，然后在第二行中从左到右再排列 3 个框架，即两行三列，所占空间依据 Rows 和 Cols 属性的值，其中 200 表示的意思为 200 像素。

注意：

使用<Frameset>标记时，Rows 和 Cols 这两个属性至少必须选择一个，否则浏览器只显示第一个定义的框架。如果要固定框架的结构大小，不允许用户在浏览时拖动改变框架的大小，可在 HTML 代码中添加一句<Frame NoreSize>。

2.9.2　确定框架目标

在框架网页内单击超链接之后，链接目标就会出现在目标框架内。在确定目标框架之前，应该为它命名，通过框架网页的名称来确定目标框架的位置，框架网页的名称应该注意区分大小写。内容相同、大小写不同的框架网页名称将被认为是不同的框架网页。确定目标框架网页的通用格式如下：

```
<Frame Name="框架网页名称">
<A Href=URL, Target="框架网页名称">
```

对于一些特殊的框架网页，HTML 已经预先为其设置了名称，这些常用的特殊框架网页包括以下几类。

- black：空白框架网页。单击链接文本之后，将打开一个新的浏览器窗口，并显示链接目标。
- self：将链接指向当前框架网页。单击链接文本之后，链接目标将在链接文本所在的框架网页内出现，并且链接文本窗口将被刷新。
- parent：将链接指向父框架网页。如果没有父框架网页，那么它就指向自己。父框架、子框架网页是根据网页的结构关系设置的。
- top：指向整个浏览器窗口本身，它是打开网页时首先看到的浏览器窗口。

2.9.3　设置框架网页的外观

框架网页外观是由框架网页的边框、间距、颜色、页边距、滚动条等组成的。默认情况下，HTML 提供了一系列的默认值，分别对上述选项进行设置。根据应用框架网页的背景、场合的不同，用户可以自定义框架网页的外观。

通过设置 FrameBorder 属性，可以自定义边框是否出现。设置框架网页边框的应用格式如下：

```
<Frame FrameBorder=Yes|No>
```

　　其中，Yes 表示在浏览器窗口显示框架网页边框；如果选择 No，框架网页边框将消失。类似地，将 FrameBorder 属性设置为 0 时，框架网页边框也将消失，但设置任何大于 0 的数值时，框架网页边框都会出现，并且宽度是一致的。

　　框架网页间距是指框架网页之间的空白区域，框架网页的内容不会出现在该区域。使用<Frameset>标记的 Framespacing 属性可以设置不同的框架网页间距，当需要将浏览器框架网页内所有的框架网页间距设置为 50 像素时，可在网页文件内添加下列语句：

```
<Framest Cols="10%,*" Framespacing=50>
```

　　每个框架网页都相当于一个独立的网页，因此可对网页的页边距进行设置。<Frame>标记的 MarginLength 和 MarginHeight 属性分别用于设置页边距的宽度和高度。

注意：

　　当框架网页的内容超过框架网页的大小尺寸时，可以使用滚动条拖动的方式观察整个网页的内容。用户可通过<Frame>标记的 Scrolling 属性决定是否允许滚动条出现在浏览器窗口，用户可将 Yes、No、Auto 赋值给 Scrolling 属性。默认情况下，系统将给 Scrolling 属性赋值为 Auto，这样可根据框架网页内容的多少，决定是否在浏览器窗口内出现滚动条。

　　【例 2-11】创建一个包含框架的网页。

　　(1) 启动 Windows 系统自带的记事本工具后，输入如图 2-24 所示的代码。

```
<Frameset Cols=20%,*>
    <Frame Src="http://www.edu.cn">
    <Frameset Rows=40%,*>
        <Frame Src="http://www.pku.edu.cn">
        <Frame Src="http://www.tsinghua.edu.cn">
    </Frameset>
</Frameset>
```

　　(2) 选择"文件"|"另存为"命令，打开"另存为"对话框，将以上代码保存为一个扩展名为.html(或.htm)的 HTML 文件，例如 test-15.html。

　　(3) 双击 test-15.html 文件用浏览器将其打开，文档运行后的效果将如图 2-25 所示。

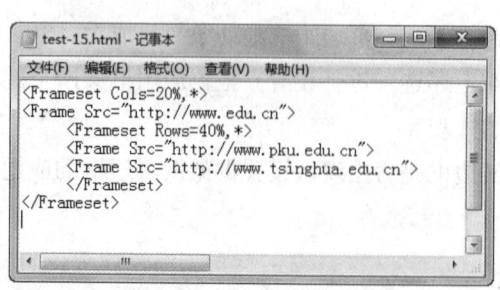

图 2-24　输入代码

图 2-25　框架网页效果

2.10　在 HTML 网页中使用 CSS

CSS(Cascading Style Sheets)即叠层样式表是 W3C 协会为弥补 HTML 在显示属性设定上的不足而制定的一套扩展样式标准。CSS 标准中重新定义了 HTML 中原来的文字显示样式，增加了一些新概念，如类、层等，可以对文字重叠、定位等。所谓"层叠"，实际上就是将显示样式独立于显示的内容，进行分类管理，如分为字体样式、颜色样式等，需要使用样式的 HTML 文件进行套用。

2.10.1　CSS 的特点

为了使用户更好地了解 CSS，下面介绍 CSS 的特点。

- 将显示格式和文档结构分离：HTML 定义文档的结构和各要素的功能，而 CSS 将定义格式的部分和定义结构的部分分离，能够对页面的布局进行灵活控制。
- 对 HTML 处理样式的最好补充：HTML 对页面布局上的控制很有限，如精确定位、行间距或者字间距等；CSS 可以控制页面中的每一个元素，从而实现精确定义，CSS 控制页面布局的能力逐步增强。
- 体积更小，加快网页下载速度：样式表是简单的文本，文本不需要图像，不需要执行程序，不需要插件，这样 CSS 就可以减少图像用量、表格标签及其他加大 HTML 体积的代码，从而减少文件尺寸，加快网页的下载速度。
- 实现动态更新，减少工作量：定义样式表，可以将站点上的所有网页指向一个独立的 CSS 文件，只要修改 CSS 文件的内容，整个站点相关文件的文本就会随之更新，减轻了工作负担。

注意：

样式可以内嵌在 HTML 文件中，也允许定义为一个独立的 CSS 样式文件，这样可以把显示的内容和显示样式定义分离。一个独立的样式表可以用于多个 HTML 文件，为整个 Web 站点定义一致的外观。更改 CSS 的内容，与之相链接文件的文本将自动更新。

2.10.2　定义 CSS 样式

CSS 样式中主要包含 3 种选择符，分别为标记选择符、类选择符和 ID 选择符。下面将根据这 3 种选择符介绍定义 CSS 样式的方法。

1. 标记选择符

标记选择符就是 HTML 的标记符，如 BODY、TABLE、P、A 等。如果在 CSS 中定义了标记使用的样式，那么在整个网页中，该标记的属性都将应用定义中的设置。语法如下：

```
tag{property:value}
```

例如，设置表格的单元格内的文字大小为 9pt，颜色为红色的 CSS 代码如下：

```
td{font-size: 9pt; color: red;}
```

CSS 可以在一条语句中定义多个标记选择符。例如，将单元格内的文字和段落文本设置为蓝色的 CSS 代码如下：

```
td,p{color: blue;}
```

2. 类选择符

如果在页面中不需要一种标记遵循同一种样式或者需要不同的标记遵循相同的样式，利用类选择符和标记的 class 属性就可以做到这两点。类选择符在 CSS 中有两种定义格式。

格式 1 的语法如下：

```
Tag.Classname{property:value}
```

这种格式的类选择符所定义的样式只能用在特定的标记上。例如，针对<p>标记定义一个类 blue 样式，即只有 class 属性为 blue 的<p>标记才遵循此样式中的定义，代码如下：

```
<head>
  <style type="text/css" >
        p.blue{background-color:#0000FF;}
  </style>
</head>
<body>
  <p class="blue">本段文字的背景颜色为#0000FF(蓝色)</p>
  <p>本段文字无背景颜色</p>
</body>
```

格式 2 的语法如下：

```
.Classname{property:value}
```

这种格式的类选择符可以使用不同的标记遵循相同的样式，只要将标记的 class 属性值设置为类名就可以了。例如，定义类 text，这相当于将文件定义为*.text(即标记是通配符表示的，匹配所有标记)，该样式将应用于<h2>标记和<font>标记，代码如下：

```
<head>
  <style type="text/css" >
        .text{font-family: "宋体"; font-size:12pt; color:red;}
  </style>
</head>
<body>
  <h2 class="text">荷塘月色</h2>
```

```
    <font class="text">荷塘月色，凤凰传奇</font>
</body>
```

3. ID 选择符

ID 选择符用于定义一个元素的独有样式。ID 选择符的用法是在 HTML 标记的 ID 属性中引用 CSS 样式。语法如下：

```
#IDname{property:value}
```

例如，定义#text 样式，引用该样式的<p>标记内的文本字体为"黑体"，代码如下：

```
<head>
  <style type="text/css" >
      #text{font-family: "黑体";}
  </style>
</head>
<body>
    <p id="text">网页文字</font>
</body>
```

2.10.3　引用 CSS 样式的方法

引用 CSS 样式的方法有 4 种，分别为链接到外部的样式表、引入外部的样式表、<style>标记嵌入样式和内联样式。

1. 链接到外部的样式表

如果多个 HTML 文件要共享样式表，可以将样式表定义为一个独立的 CSS 样式文件。HTML 文件在头部用<link>标记链接到 CSS 样式文件。

例如，<head>标记内用<link>标记链接 CSS 样式文件 style.css，代码如下：

```
<link rel="stylesheet" href="style.css" type="text/css">
```

2. 引入外部的样式表

这种方式是在 HTML 文件的头部<style>…</style>标记对之间，通过@import 声明引入外部样式表。格式如下：

```
<style>
  @import URL("外部样式表文件名称");
  …
</style>
```

例如，通过@import 声明引入外部样式表，代码如下：

```
<style>
    @import URL("style1.css");
    @import URL{"http://www.tkpbccd.com/css/style2.css"};
</style>
```

引入外部样式表的使用方法与链接到外部样式表很相似，都是将样式定义保存为单独文件。两者的本质区别是：引入方式在浏览器下载 HTML 文件时将样式文件的全部内容复制到@import 关键字位置，以替换该关键字；而链接到外部的样式表方式仅在 HTML 文件需要引用 CSS 样式文件中的某个样式时，浏览器才链接该样式文件，读取需要的内容并进行替换。

3. <style>标记嵌入样式

在 HTML 文件的头部<style>…</style>标记对内可以定义 CSS 样式。例如，对 P 标记定义段落文字大小为 16pt，代码如下：

```
<head>
<style type="text/css" >
<!--
P{font-size:16pt;}
</style>
-->
```

<style>标记的 type 属性用于指明样式的类别，其默认值为 text/css。<style>标记内定义的前后加上<!—和-->注释符的作用是，使不支持 CSS 的浏览器忽略样式表的定义。<style>标记内定义的样式的作用范围是在本 HTML 文件内。

4. 内联样式

这种方法是在 HTML 标记中，将定义的样式规则作为标记 style 属性的属性值。样式定义的作用范围仅限于此标记范围之内。

一个内联样式的应用如下：

```
<table style="font-family:"宋体" ; font-size:12pt; background-color:yellow">
```

以上代码表明在此<table>标记中的内容将应用 syle 属性内的设置。

要在一个 HTML 文件中使用内联样式，必须在该文件的头部对整个文件进行单独的样式表语言声明，具体如下：

```
<meta http-equiv="Content-Type" content="text/css">
```

内联样式主要应用于样式，仅适用于单个页面元素的情况。它将样式和要展示的内容混在一起，自然会失去一些样式表的优点，所以建议用户尽量少用这种方式。

2.11　HTML5 结构简介

HTML5 是下一代的 HTML，本节将主要介绍 HTML5 新增的主体结构元素和非主体结构元素。

2.11.1　HTML5 的主体结构元素

在 HTML5 中，为了使文档的结构更加清晰明确，追加了几个页眉、页脚、内容区块等文档结构相关联的结构元素。

1. article 元素

article 元素代表文档、页面或应用程序中独立的、完整的、可以独自被外部引用的内容。它可以使一篇博客或报刊中的文章、一篇帖子、一段用户评论或独立的插件，或其他任何独立的内容。

除了内容部分，一个 article 元素通常有它自己的标题(通常放在一个 header 元素里面)，有时还有自己的脚注。下面以博客为例看一段 article 元素的代码示例：

```
<article>
    <header>
        <h1>编程百科全书</h1>
        <p>发表日期：<time pubdate="pubdate">2016/11/11</time></p>
    </header>
    <p><b>编程百科全书</b>，由数百位程序员…("编程百科"文章正文)</p>
    <footer>
        <p><small>著作权归***所有。</small></p>
    </footer>
</article>
```

运行以上代码后的效果如图 2-26 所示。

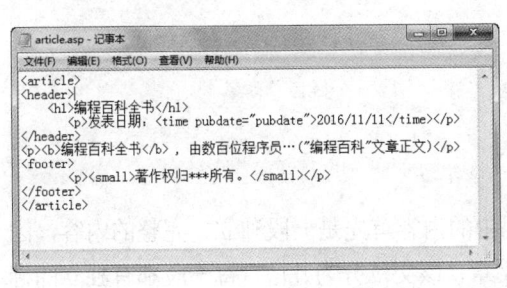
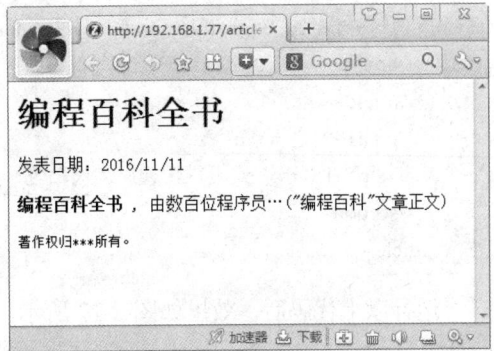

图 2-26　article 元素的实例运行效果

　　以上实例是一个讲解编程百科的博客文章，在 header 元素中嵌入了文章的标题部分，在这部分中，文章的标题"编程百科全书"被嵌在 h1 元素中，文章的发表日期嵌在 p 元素中；在标题下部的 p 元素中，嵌入了一大段博客文章的正文；在结尾处的 footer 元素中，嵌入了文章的著作权，作为脚注。整个实例的内容相对比较独立、完整，因此，对这部分内容使用了 article 元素。

　　另外，article 元素是可以嵌套使用的，内层的内容在原则上需要与外层的内容相关联。例如，在一篇博客文章中，针对该文章的评论就可以使用嵌套 article 元素的方式，用来呈现评论的 article 元素被包含在表示整体内容的 article 元素里面。

2. section 元素

　　section 元素代表文档或应用程序中一般性的"段"或者"节"。"段"在这里的上下文中，指的是对内容按照主题的分组，通常还附带标题，例如书本的章节、带标签页的对话框的每个标签页、一篇论文的编节号。网站的主页也可以分为不同的节，比如介绍、新闻列表和联系信息。一个 section 元素通常由内容及其标题组成。但 stction 元素并非一个普通的容器元素，当一个容器需要被直接定义样式或通过脚本定义行为时，通常使用 div 而非 section 元素。

　　section 元素的作用是对页面上的内容进行分块，或者对文章进行分段，但是应注意不能与 article 混淆，因为 article 有其完整、独立的内容。

　　下面将介绍 article 元素与 section 元素结合使用的两个实例，帮助用户更好地理解 article 元素与 section 元素的区别。

　　实例 1——带有 section 元素的 article 元素实例，代码如下：

```
<article>
    <h1>铁海棠</h1>
    <p><b>铁海棠</b>，多肉植物……</p>
    <section>
        <h2>红花铁海棠</h2>
        <p>学名：Euphorbia milii var.splendens (Bojer ex Hook.) Ursch & Leandri Accepted…</p>
    </section>
    <section>
        <h2>浅黄铁海棠</h2>
        <p>学名：Euphorbiamilii f. lutea Leandri…</p>
    </article>
    <article>
        <h1>虹之玉</h1>
        <p>虹之玉，景天科景天属多肉植物…</p>
    </section>
</article>
```

　　运行以上代码后，效果如图 2-27 所示。代码中的内容首先是一段独立、完整的内容，因此使用 article 元素。该内容是一篇关于铁海棠的文章，该文章分为几段，每一段都有独立的标题，因此使用两个 section 元素。这里需要注释的是，对文章的分段工作也是使用 section 元素完成的。

实例 2——包含 article 元素的 section 元素实例，代码如下：

```
<section>
    <h1>常春藤</h1>
    <article >
        <h2>化学成分</h2>
        <p>茎含鞣质(12.01%)、树脂。叶含常春藤甙、肌醇、胡萝卜素、糖类；还含鞣质 29.4%…</p>
    </article>
    <article >
        <h2>药理作用</h2>
        <p>同属植物苏联产常春藤有镇静作用。另一种常春藤则含皂碱体,对真菌生长有抑制作用…</p>
    </article>
    <article >
        <h2>植物文化</h2>
        <p>常春藤- 结合的爱，忠实，友谊，情感…</p>
    </article>
</section>
```

运行以上代码后，效果如图 2-28 所示。该代码比实例 1 复杂了一些，首先，它是一篇文章中的一段，因此最初没有使用 article 元素。但是在这一段中有几块独立的内容，因此，嵌入了几个独立的 article 元素。

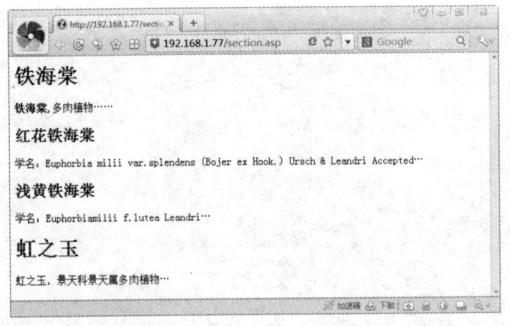

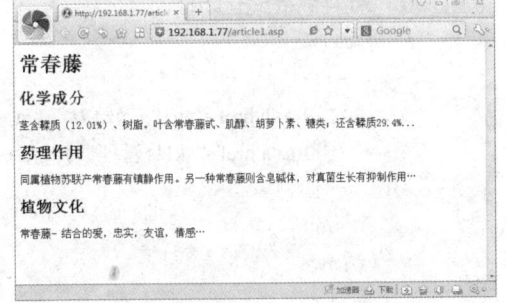

图 2-27　带有 section 元素的 article 元素实例　　　　图 2-28　包含 article 元素的 section 元素实例

注意：

在 HTML5 中，article 元素可以看成一种特殊种类的 section 元素，它比 section 元素更强调独立性，即 section 元素强调分段或分块，而 article 元素强调独立性。总结来说，如果一块内容相对比较独立、完整的时候，应使用 article 元素，但是如果用户想将一块内容分成几段的时候，应该使用 section 元素。另外，需要注意的是，在 HTML5 中，div 元素编程了一种容器，当使用 CSS 样式的时候，可以对这个容器进行一个总体 CSS 样式的套用。

3. nav 元素

nav 元素用来构建导航。导航定义为一个页面中(例如，一篇文章顶端的一个目录，它可以链接到同一页面的锚点)或一个站点内的链接。但是，并不是链接的每一个集合都是一个 nav，只需要将主要的、基本的链接组放进 nav 元素即可。例如，在页脚中通常会有一组链接，包括服务条款、版权声明、联系方式等，对于这些 footer 元素就足够放置了。一个页面中可以拥有多个 nav 元素，作为页面整体或不同部分的导航。

　　nav 元素的内容可能是链接的一个列表，标记为一个无序的列表，或者是一个有序的列表，这里需要注意的是 nav 元素是一个包装器，它不会替代 ol 或 ul 元素，但是会包围它。通过这种方式，不理解该元素的浏览器将会看到列表元素和列表项，并且它们的行为正常。

　　下面一段代码介绍 nav 实例的使用。在这个实例中，一个页面由几部分组成，每个部分都带有链接，但只将最主要的链接放入 nav 元素中。

```html
<body>
  <h1>虹之玉</h1>
  <nav>
    <ul>
      <li><a href="/">形态特征</a></li>
      <li><a href="/mr">生长习性</a></li>
      …更多…
    </ul>
  </nav>
  <article>
    <header>
      <h1>栽培技术</h1>
      <nav>
        <ul>
          <li><a href="#g1">繁殖方法</a></li>
          <li><a href="#kf">管理养护</a></li>
          …更多…
        </ul>
      </nav>
    </header>
    <section id="rum">
      <h1>参考资料-《园林》杂志</h1>
      <p>兑宝峰 . 《园林》：八千代与虹之玉 ：《园林》杂志社</p>
    </section>
    <section id="kf">
      <h1>参考资料-《中学生物学》</h1>
      <p>《中学生物学》编写组 . 《中学生物学》：虹之玉</p>
    </section>
    …更多…
    <footer>
      <p>
        <a href"?edut">编辑</a>
        <a href"?delete">删除</a>
```

```
                    <a href"?rename">重命名</a>
            </p>
        </footer>
    </article>
    <footer>
        <p><small>版权所有,百科网络</small></p>
    </footer>
</body>
```

运行代码,效果如图 2-29 所示。在代码中,第一个 nav 元素用于页面的导航,将页面跳转到其他页面上(跳转到网站主页或开发文档目录页面);第二个 nav 元素放置在 article 元素中,用作这篇文章中组成部分的页内导航。

 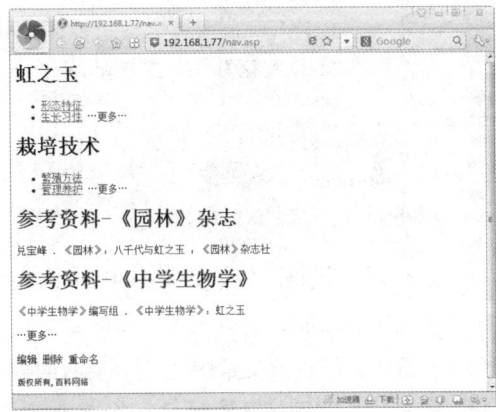

图 2-29　nav 元素实例

注意:

在 HTML5 中不要用 menu 元素代替 nav 元素,因为 menu 元素是用在一系列发出命令的菜单上的,是一种交互性的元素,或者更确切地说是使用在 Web 应用程序中的。

4. aside 元素

aside 元素表示由与 aside 元素周围的内容无关的内容所组成的一个页面的一节,也可以认为该内容与 aside 周围的内容是分开独立的,这样的节往往在印刷排版中用边栏表示。该元素可以用于摘录引用或边栏之类的排版效果,可用于广告、一组导航元素,或者用于认为应该与页面的主内容区分开来的其他内容。

aside 元素主要有以下两种使用方法。

方法 1: 被包含在 aside 元素中,作为主要内容的附属信息部分,其中的内容可以是与当前文章有关的信息、名词解释等。下面是一个在文章内部的 aside 元素实例。

```
<body>
    <header>
        <h1>观花植物</h1>
    </header>
    <article>
        <h1><strong>概述</strong></h1>
        <p>…guān huā zhí wù 观花植物…</p>
        <aside>
            <!—因为这个 aside 元素被放置在一个 article 元素内部，所以分析器将这个 aside 元素的内
                容理解成是和 article 元素的内容相关联的。-->
            <h1>注释</h1>
            <dl>
            <dt>词条标签，植物</dt>
            <dd>以观花为主的植物。其花色艳丽，花朵硕大，花形奇异，并具香气。</dd>
            <dl>
            <dt>注释</dt>
            <dd>以观花为主的植物</dd>
            </dl>
        </aside>
    </article>
</body>
```

运行以上代码，效果如图 2-30 所示。在实例代码中，网页的标题放在 header 元素中，在 header 元素的后面将所有关于文章的部分放在一个 article 元素中，将文章的正文部分放在了一个 p 元素中，但是该文章中还有一个名词解释的附属部分，用来解释该文章中的一些名词。因此，在 p 元素的下部又放置了一个 aside 元素，用来存放名词解释部分的内容。

方法 2： 在 article 元素之外使用，可以作为页面或站点全局的附属信息部分。最典型的形式是侧边栏，其中的内容可以是文章列表或广告单元等。下面是一个侧边栏的友情链接的实例。

```
<aside>
    <nav>
    <h2>搜索引擎列表</h2>
    <ul>
        <li><a href="http=baidu.com">百度搜索</a></li>
        <li><a href="http=google.com">谷歌搜索</a></li>
        <li><a href="http=http://www.sogou.com/">搜狗搜索引擎</a></li>
    </ul>
    </nav>
</aside>
```

运行以上代码，效果如图 2-31 所示。

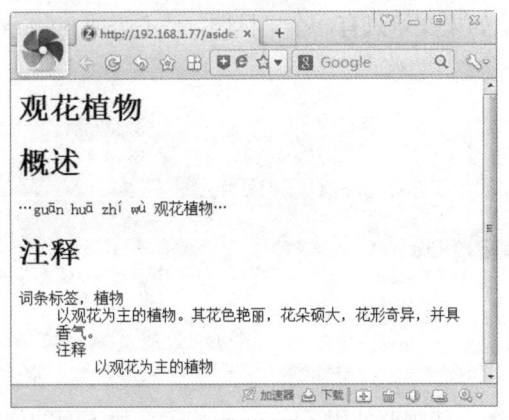

图 2-30　在文章内部的 aside 元素

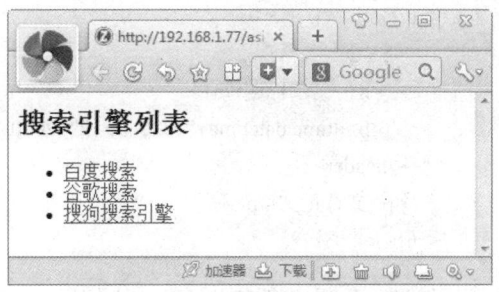

图 2-31　用 aside 元素实现的侧边栏

2.11.2　HTML5 的非主体结构元素

除了上面介绍的几个主要的结构元素以外，HTML5 内还增加了一些表示逻辑结构或附加信息的非主体结构元素。下面将分别进行介绍。

1. header 元素

header 元素是一种具有引导和导航作用的结构元素，通常用来放置整个页面或页面内的一个内容区块的标题，但也可以包含其内容，例如搜索表单或 Logo 图片。

整个页面的标题应放在页面的开头，用户可以使用以下形式编写页面的标题：

```
<header><h1>页面标题</h1></header>
```

这里需要强调的是，一个网页内并未限制 header 元素的个数，可以拥有多个，也可以为每个内容区块加一个 header 元素，代码如下：

```
<header>
    <h1>页面标题</h1>
</header>
<article>
    <header>
        <h1>文章标题</h1>
    </header>
    <p>文章正文</p>
</article>
```

在 HTML5 中，一个 header 元素通常包括至少一个 heading 元素(h1～h6)，也可以包括 hgroup、table、form、nav 元素。

2. hgroup 元素

hgroup 元素是将标题及其子标题进行分组的元素。hgroup 元素通常会将 h1～h6 元素进行分组，如一个内容区块的标题及其子标题算一组。如果文章只有一个主标题，是不需要 hgroup 元素的，如下面的代码所示：

```
<article>
    <header>
        <h1>文章标题</h1>
        <p><time datetime="2020-12-12">2020 年 12 月 12 日</p>
    </header>
    <p>文章正文</p>
</article>
```

但是，如果文章有主标题，主标题下有子标题，就需要使用 hgroup 元素了，如下面的代码所示：

```
<article>
    <header>
        <hgroup>
            <h1>文章主标题</h1>
        </hgroup>
        <p><time datetime="2020-12-12">2020 年 12 月 12 日</p>
    </header>
    <p>文章正文</p>
</article>
```

3. footer 元素

footer 元素可以作为其上层父级内容区块或是一个根区块的脚注。footer 元素通常包括其相关区块的脚注信息，例如作者、相关阅读链接及版权信息等。

在 HTML5 之前，使用以下方式编写页脚：

```
<div id="footer">
    <ul>
        <li>版权信息</li>
        <li>站点地图</li>
        <li>联系方式</li>
    </ul>
</div>
```

在 HTML5 之后，这种方式不再使用，而是使用更加语义化的 footer 元素来替代，代码如下：

```
<footer>
    <ul>
        <li>版权信息</li>
        <li>站点地图</li>
```

```
    <li>联系方式</li>
  </ul>
</footer>
```

与 header 元素一样，一个页面中也没有对 footer 元素限制个数。同时，可以为 article 元素或 section 元素添加 footer，如下面的两个实例所示。

在 article 元素中添加 footer 元素的实例：

```
<article>
  文章内容
  <footer>
    文章脚注
  </footer>
</article>
```

在 section 元素中添加 footer 元素的实例：

```
<section>
  分段内容
  <footer>
    分段内容的脚注
  </footer>
</section>
```

4. address 元素

address 元素用于当前的 article 或文档的作者的详细联系方式，但不是用于邮政地址的一个通用性元素，联络方式可以是 e-mail 地址、邮政地址或者任何其他形式。例如，在下面的代码中，展示了一些博客中某篇文章评论者的名字及其在博客中的网址链接。

```
<address>
  <a href=http://blog.sina.com.cn/miaofa178>178</a>
</address>
```

2.12　习　　题

2.12.1　填空题

1. HTML 网页文件的标记是＿＿＿＿＿＿＿，网页文件的主体标记是＿＿＿＿＿＿＿，标记页面标题的标记是＿＿＿＿＿＿＿。
2. 创建一个 HTML 文档的开始标记符是＿＿＿＿＿＿＿，结束标记符是＿＿＿＿＿＿＿。
3. 实现网页交互性的核心技术是＿＿＿＿＿＿＿。

4. 为图片添加简要说明文字的属性是_____。

5. 表格单元格垂直所用的属性是_____，单元格横向合并所用的属性是_____。

6. 请写出在 HTML 网页中设定表格边框厚度的属性_____，设定表格单元格之间宽度的属性_____，设定表格内容与单元格线之间距离的属性_____。

2.12.2 选择题

1. 下面不是文本标签属性的是(   )。

    A. size   B. align   C. color   D. face

2. 下面电子邮件链接正确的是(   )。

    A. xxx.com.cn   B. xxx@.net   C. xxx@com   D. xxx@xxx.com

3. 下列选项中可以在新窗口打开网页文档的是(   )。

    A. _self   B. _blank   C. _top   D. _parent

4. 常用的网页图像格式有(   )。

    A. gif 和 tiff   B. tiff 和 jpg   C. gif 和 jpg   D. tiff 和 png

2.12.3 问答题

1. 什么是 URL？请简述 URL 的基本格式。

2. 制作 HTML 网页需要哪些软件？

3. 简述如何在 HTML 网页中插入图片并设置图片格式。

2.12.4 操作题

1. 使用<font>标记设置页面中的文本字体为"宋体"，字号为 12pt，颜色为"绿色"，并设置文本从页面的右侧向左侧滚动。

2. 使用 HTML5 新增的主题结构元素与新增的非主体结构元素，制作一个网页，并在页面中实现一个导航功能，左侧为公告栏，底部为版权声明。

第3章 VBScript 脚本语言

教学目标

通过对本章的学习，读者应掌握 VBScript 语言中常量、变量与数组等基本概念，并能够熟练使用流程控制语句编制一些小程序，完成一些简单的应用。

教学重点与难点

- VBScript 语言概述
- VBScript 中的变量
- VBScript 中的运算符
- 条件语句
- 赋值语句

本章将介绍 ASP 脚本编程语言中的一种——VBScript。VBScript 是专业编程语言 Visual Basic 的子集。使用 VBScript 可以实现很多动态交互功能，诸如在将数据发送到服务器之前先进行处理和校验，创建新的 Web 内容，甚至编写完全在客户端运行的应用程序，如计算器和游戏使用程序、扩展客户端的功能等。

3.1 VBScript 语言概述

VBScript 是 ASP 默认的脚本编程语言。为 Web 页面增加 VBScript 脚本，可以实现一些既实用又方便的操作。下面将介绍 VBScript 语言的特点以及在 HTML 与 ASP 中的应用，帮助用户初步了解 VBScript 语言的概念。

3.1.1 认识 VBScript 语言

VBScript 可以用来完成重复性的 Windows 操作系统任务。在 Windows 操作系统中，VBScript 可以在 Windows Script Host 的范围内运行。Windows 操作系统可以自动辨认与执行*.VBS 和*.WSF 文件格式。此外，Internet Explorer 可以执行 HTA 和 CHM 文件格式。VBScript 语言有以下几个特点。

- 以对象为基础：VBScript 有别于 Visual Basic 或 Visual C++ 程序语言的对象导向 (Object-Oriented)，它以对象为基础(Object-Based)。对象基础语言不仅支持对象的属性与成员函数，而且可以用来编写动作并反映出对象相关的时间。

- 易学易用：用户若了解 Visual Basic 或 Visual Basic for Applications，就会很快熟悉 VBScript。即使没有学过 Visual Basic，只要学会 VBScript，就可以使用所有 Visual Basic 语言进行程序设计。
- 其他应用程序和浏览器中的 VBScript：开发人员在产品中可以免费使用 VBScript 源程序。微软公司为 32 位 Windows API、16 位 Windows API 和 Macintosh 提供 VBScript 的二进制实现程序。VBScript 与 Web 浏览器集成在一起，可以在其他应用程序中作为 Web 通用脚本语言使用。

3.1.2　VBScript 代码编写格式

在网页设计过程中，使用 VBScript 语言一般是在 HTML 文件中嵌入 VBScript 脚本，从而扩展 HTML 的功能，获得单凭 HTML 语言无法实现的网页效果。

script 元素用于将 VBScript 代码添加至 HTML 页面中，例如以下代码：

```
<html>
    <head>
        <title>Hello from VBScript！</title>
        <script Language="VBScript" RunAt="Server">
        sub show()
                Response.Write("Hello from VBScript！")
        End sub
        </script>
    </head>
    <body>
    <%
        Call show()
    %>
    </body>
</html>
```

以上程序中 VBScript 代码的开始和结束部分都有<script>标记。其中，Language 属性用于指定程序所使用的脚本语言(由于浏览器能够使用多种脚本语言，因此必须在此指定使用的脚本语言)。将代码保存后(例如保存为 test1.asp)，然后将其复制到本书第 1 章创建的 ASP 网站主目录中并运行，将可以在浏览器中显示如图 3-1 所示的效果。

注意：

script 元素块可以出现在 HTML 页面代码的任何地方(<body>或<head>部分)。但是设计者最好将所有的一般目标脚本代码放在<head>中，以便使所有脚本代码集中放置。这样可以确保在<body>部分调用代码之前所有脚本代码都被读取并解码。

以上规则的一个例外情况是，在窗口中提供内部代码以响应窗口中对象的事件。例如：

```
<html>
    <head>
        <title>Hello from VBScript! </title>
    </head>
    <body>
        <form name="form1">
        <input type="Button" name="Button1" value="单击">
        <script for="Button1" event="onClick" Language="VBScript">
            MsgBox"已单击按钮！"
        </script>
        </form>
    </body>
</html>
```

将以上代码保存(文件名为 test2.asp)并运行后，用户在打开的浏览器窗口中单击"确定"按钮后，将弹出如图 3-2 所示的提示对话框。

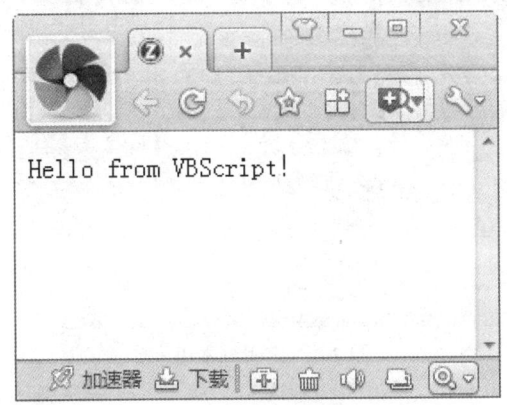

图 3-1　test1.asp 运行结果

图 3-2　test2.asp 运行结果

注意：

大部分脚本代码在 sub 或 function 过程(本书后面的章节将介绍)中，仅在其他代码要调用它时执行。但是，用户也可以将 VBScript 代码放在过程以外的 script 中。

3.1.3　在 ASP 中使用 VBScript

ASP 是一套服务器端的对象模型，其本身并不是一种脚本语言，但它却为嵌入 HTML 页面中的脚本语言提供了运行环境。在 ASP 程序中常用的脚本语言有 VBScript 和 JScript 等语言，系统默认的语言为 VBScript 语言。

VBScript 语言是 ASP 默认的主脚本语言，它用于处理在分节符 "<%" 与 "%>" 内部的命令。本节将介绍通过 IIS 指定 ASP 脚本语言以及在 ASP 程序中如何声明与使用 VBScript 语言的方法。

1. 通过 IIS 指定 ASP 默认脚本语言

在 Windows 系统中，用户可以通过 IIS 指定默认使用的脚本语言，只要是<%和%>之间的代码，ASP 在解释时会认为它使用的是默认脚本语言。下面介绍在 Windows 7 系统中指定 ASP 默认脚本语言的方法。

【例 3-1】在 Windows 7 系统中，通过 "Internet 信息服务(IIS)管理器" 窗口设定 ASP 的默认脚本语言为 VBScript。

(1) 选择 "开始" | "运行" 命令，打开 "运行" 对话框，输入 inetmgr 命令并按下 Enter 键。

(2) 系统打开 IIS 的管理工具 "Internet 信息服务(IIS)管理器" 窗口，展开 "网站" 节点后，选中需要设置的网站，然后在窗口中间的列表框中双击 ASP 图标，如图 3-3 所示。

(3) 在显示的 ASP 选项区域中展开 "调试属性" 节点，然后在 "脚本语言" 文本框中输入 VBScript，然后在窗口右侧的列表框中单击 "应用" 按钮，如图 3-4 所示。

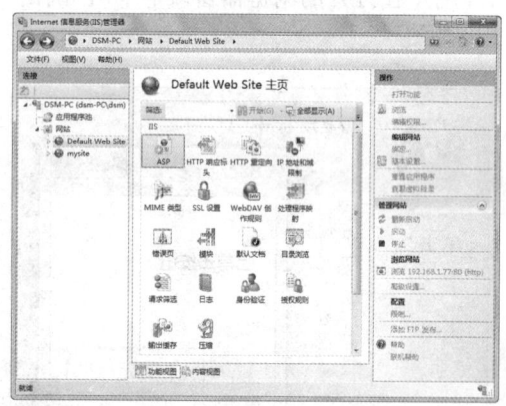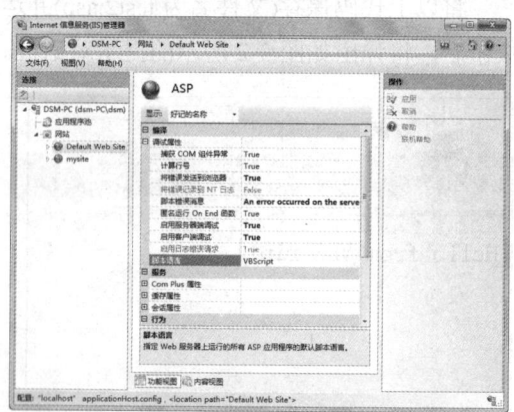

图 3-3　"Internet 信息服务(IIS)管理器" 窗口　　　　　　图 3-4　声明脚本语言

注意:

不同版本的 Windows 操作系统配置 IIS 的具体步骤并不完全相同，但配置方法却大致类似，用户可以参考本例所介绍的方法，在其他 Windows 操作系统中指定 ASP 脚本语言。

2. 在 ASP 文件中进行脚本语言声明

若用户需要在某一单个页面指定使用 VBScript 脚本语言，可在文件初始部分用一条声明语句进行指定。需要特别注意的是，该语句一定要放在所有语句之前，如下例所示:

```
<%@Language=VBScript %>
<Html><Head>
…
</Html></Head>
```

通常，VBScript 脚本是不区分大小写的，例如用户可以在 ASP 程序中使用 Response 或 response。

3.2　VBScript 中的变量

变量是任何编程语言的基础，它可以作为应用程序中临时的存储空间，以实现对数据的各种操作。例如，用户可以创建一个名称为 UserName 的变量来存储每次用户登录时的账号。每个变量在内存中都被分配了一段空间，但是变量的标识并不是通过它的内存地址实现的，而是通过变量名。在 VBScript 中，只有一个基本数据类型，即变量(Variant)，而且 VBScript 的变量也是不区分大小写的。

3.2.1　简单变量的声明

声明变量有显式声明和隐式声明两种方式。

显式声明要用到 Dim 语句、Public 语句和 Private 语句。例如：

```
<% Dim strUserName %>
```

声明多个变量时，可使用逗号分隔变量。

隐式声明变量没有声明变量语句，而直接使用变量名。VBScript 在使用变量时，就会自动创建该变量。例如：

```
<% dtmToay =Now() %>
当前日期和时间是<% =dtmToday %>
```

3.2.2　数组变量的声明

数组变量是一类具有相同名字但有不同下标值的变量，简称数组。数组中的每个元素都用唯一的下标来识别。例如 intAge(9)中，intAge 是数组名，9 是下标。

数组变量的声明同简单变量相同，唯一的区别是声明数组变量时变量名后面带有括号，下例声明了一个包含 20 个元素的一维数组：

```
Dim lngSum (19)
```

数组的下标是从 0 开始的，数组元素的数目总是括号中显示的数目加 1，所以上面这个数组变量实际上包含 20 个元素。下面的代码可以对上面定义的数组进行赋值：

```
lngSum (0)=1
lngSum (1)=2
lngSum (2)=3
...
lngSum (19)=20
```

　　具有两个或多个下标的数组称为二维数组或多维数组。声明多维数组时用逗号分隔括号中每个下标，如下面的代码就声明了一个 5 行 8 列的二维数组：

```
Dim intCounters(4,7)
```

　　如果事先不知道数组的大小，可声明一个动态数组。动态数组可以在运行脚本时根据实际的需要，使用 ReDim 来调整数组的维数和每一维的大小。例如：

```
Dim curRevenue ()
ReDim curRevenue (25)
…
ReDim curRevenue (9,11)
```

　　注意：

　　重新调整动态数组大小的次数是没有任何限制的，但是，存储在数组中的当前值都会全部丢失，VBScript 重新将数组元素的值全部置为空。如果希望改变数组大小的同时而又不丢失数组中的数据，则要在 ReDim 语句中带上 Preserve 关键字，如<% ReDim Preserve curRevenue (9,11) %>。但仍要注意的是，将数组的大小调小时，仍将会丢失被删除元素的数据。

3.2.3　变量的赋值

　　变量的赋值比较简单。一般情况下，变量在表达式的左边，要赋的值在表达式的右边。变量的赋值方式可以采用以下方式：

- "="号赋值。例如给变量 count 赋值 100，如下：

```
count = 100
```

- 直接使用函数返回值。例如：

```
A=GetValue(b,c)
```

- 复制对象的赋值。该赋值方式需要使用 Set，例如：

```
Set re = Server.CreateObject("ADODB.RecordSet")
```

　　以上为简单变量的赋值。用户在为数组变量赋值时，可以对每一个数组元素分别赋值，例如，在给 3 个元素的一维数组变量 Array(2)赋值时，可以表示如下：

```
Array(0) = "ID"
Array(1) = "Name"
Array(2) = "Sex"
```

　　采用同样的方法可以对其他高维数组变量赋值。

3.2.4　变量的命名约定

给变量起名称时，一定要遵循 VBScript 的标准命名规则。变量命名必须遵循以下几个
方面：

- 第一个字符必须是字母。
- 不能包含句点。
- 长度不能超过 255 个字符。
- 在声明的作用域内必须唯一。
- 名字不能和关键字同名。

VBScript 不区分变量名称的大小写。例如，将一个变量命令为 strUserName 和将其命
名为 STRUSERNAME 效果是一样的。另外，给变量命名时，要含义清楚，便于记忆。建
议尽量按表 3-1 所示的前缀来命名变量，以便通过变量的名称便可获知该变量的子类型。

表 3-1　用来表示子类型的名字前缀

子 类 型	前 缀	示 例	子 类 型	前 缀	示 例
Integer	int	intAge	Long	lng	lngSum
Currency	cur	curRevenue	Single	sng	sngTotal
Double	dbl	dblTolerance	Byte	byt	bytRasterData
Boolean	bln	blnMarried	String	str	strName
Date(Time)	dtm	dtmStart	Object	obj	objCurrent

3.2.5　变量的作用域与存活期

变量的作用域由声明它的位置决定。如果在过程中声明变量，则只有该过程中的代码
可访问或更改变量值，此时变量具有局部作用域，称为过程级变量。如果在过程之外声明
变量，则该变量可以被脚本中所有过程所识别，称为脚本级变量，具有脚本级作用域。

用户在开发大型 ASP 网站时，程序代码量非常庞大，网站开发过程中不可避免地会出
现相同名字的变量。此时，应使用变量的作用域，避免发生变量重名的问题。例如，在
testA.asp 中的脚本命令返回值 100 000，如图 3-5 所示。虽然以下程序中有两个名称为 X 的
变量，但是在 SetProcedureVariable 过程中定义的变量 X 为过程级变量，在此过程之外无效。

```
<%
Dim X                                    '定义脚本级变量
X=100000                                 '初始化变量
'调用 SetProcedureVariable()过程
Call SetProcedureVariable
Response.Write X                         '在网页上显示 X 的值
Sub SetProcedureVariable()               '定义 SetProcedureVariable()过程
```

```
    Dim X                                       '定义过程级变量
    X=200000
End Sub
%>
```

若用户没有声明变量，则可能会不小心改变一个脚本级变量的值。例如在 testB.asp 中，由于变量没有显式声明，以下的脚本命令将返回 200000，如图 3-6 所示。当过程调用将 X 设置为 200000 时，脚本引擎认为该过程是要修改脚本级变量。

```
<%
X=100000                                       '初始化变量
'调用 SetProcedureVariable 过程
Call SetProcedureVariable
Response.Write X                               '在网页上显示 X 的值
Sub SetProcedureVariable()                     '定义 SetProcedureVariable 过程
    X=200000
End Sub
%>
```

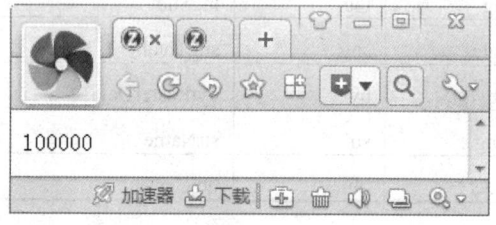
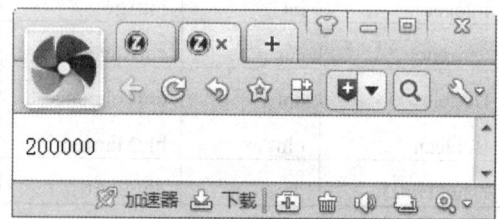

图 3-5 testA.asp 显示效果   图 3-6 testB.asp 显示效果

注意:

脚本级变量仅在单个 ASP 页中可用。要使它在单个 ASP 页之外可用，就必须为变量赋予会话 Session 或应用程序 Application 作用域。会话作用域对一个用户所请求的 ASP 应用程序中的所有页都是可用的。

变量存在的时间称为存活期。脚本级变量的存活期从被声明的那一刻起，直到脚本运行结束。对于过程级变量，其存活期仅是该过程运行的时间，该过程结束后，变量随之消失。在执行过程时，局部变量是理想的临时存储空间。可以在不同过程中使用同名的局部变量，这是因为每个局部变量只被声明它的过程识别。

3.3 VBScript 中的运算符

运算符是完成操作的一系列符号。VBScript 提供了 4 种类型的运算符，即算术运算符、关系运算符、逻辑运算符和连接运算符。将运算符和操作数连接起来，就构成了表达式。

3.3.1　算术运算符

算术运算符用于执行简单的算术运算，其语法如下：

NumExp = NumExp1 Operator NumExp2

其中，NumExp、NumExp1 和 NumExp2 均为数值表达式，Operator 为算术运算符。VBScript 中的算术运算符，如表 3-2 所示。

表 3-2　算术运算符

运　　算	运　算　符	表　达　式
加法	+	X+Y
减法	−	X−Y
乘法	*	X*Y
浮点除法	/	X/Y
整数除法	\	X\Y
指数	^	X^Y
余数	Mod	X Mod Y
正号	+	+X
负号	−	−X
字符串连接	&	X$&Y$

3.3.2　关系运算符

关系运算符用来比较两个表达式的值的大小，如大于(>)、小于(<)、大于等于(>=)、小于等于(<=)、不等于(< >)和等于(=)。关系运算的结果是逻辑值 True 或 False。关系运算可用于数值间的比较，也可用于字符串间的比较。当用于字符串间的比较时，将按 ASCII 码值的大小由左向右依次逐个字符进行比较，直到比较出结果为止。VBScript 中的关系运算符，如表 3-3 所示。

表 3-3　关系运算符

运　　算	运　算　符	表　达　式
相等	=	X=Y
不相等	<>	X<>Y
大于	>	X>Y
小于	<	X<Y
大于等于	>=	X>=Y
小于等于	<=	X<=Y
对象相等	Is	X Is Y

3.3.3 逻辑运算符

逻辑运算通常也称为布尔运算，专门用于逻辑值之间的运算。逻辑运算的各运算符及其含义，如表 3-4 所示。

表 3-4 逻辑运算符

运算符	含　义	举　　例	结　果	说　　明	优先级
Not	逻辑非	Not(3>1)	False	3 大于 1 为真，取反后为假	高
And	逻辑与	(3>1)And(2<4)	True	两个表达式的值都为真时才为真	↑
Or	逻辑或	(3>1)Or(2=4)	True	两个表达式的值有一个为真即为真	
Xor	逻辑异或	(3>1)Xor(2<4)	False	两个表达式的值有一个且只有一个为真时才为真	
Eqv	逻辑等于	(3-1) Eqv(4-2)	True	仅当两个表达式的值相同时才为真	
Imp	逻辑蕴含	(3>1)Imp(2<4)	False	仅当第一个表达式的值为真时才为真	低

注意：

逻辑运算符连接两个或多个关系式，组成一个布尔表达式。

3.3.4 连接运算符

连接运算是将两个字符表达式连接起来，生成一个新的字符串。连接运算符有+和&两个。

使用&运算符时，参与连接的两个表达式可以不全是字符串，即&运算符能强制性地将两个表达式的值作为字符串连接。例如：

```
<%
money=56
strTemp="应收金额="&money
%>
```

使用+运算符时，操作数必须是字符串。例如：

```
<%
money="56"
strTemp="应收金额="+money
%>
```

3.3.5 运算符的优先级

当一个表达式包含多个运算符时，执行运算的符号有一个固定的优先计算顺序：算术运算符>连接运算符>关系运算符>逻辑运算符。

对于同优先级的运算符，以从左到右的顺序进行计算。在表达式中，可以使用括号改变计算的优先顺序，强令表达式的某些部分优先运算。括号内的运算总是优先于括号外的运算。

注意：

算术运算符之间的优先顺序是：指数、一元减、乘除、取模和加减。逻辑运算符之间的优先顺序按表 3-4 所示从上到下逐渐降低。

3.4　VBScript 中的数据类型

VBScript 只有一种数据类型，即 Variant 类型，也叫变体类型。Variant 类型可以在不同的场合代表不同类型的数据。例如，Variant 类型用于数字时，将作为数值处理；用于字符串时，将作为字符串处理。

注意：

由于 Variant 类型是 VBScript 中唯一的数据类型，因此这也是 VBScript 中所有函数的返回值的数据类型。

大多数情况下，Variant 类型会按照最适用于其包含的数据的方式进行操作。例如：

```
Variable=2011            'VBScript 会把 Variable 当成整数对待
Variable= "2011"         'VBScript 会把 Variable 当成字符串对待
Variable=#2011-07-13#    'VBScript 会把 Variable 当成日期对待
```

VBScript 还会根据代码的上下文自动转换数据的子类型。例如：Variable_1="2012"，这里 Variable_1 被看作一个字符串来对待，而如果下面有一句 Variable_2= Variable_1+3，这时 VBScript 就会自动将 Variable_1 转换为整数变量，然后参与运算。

根据 Variant 类型所能够包含的数值信息类型的不同，可以将这种特殊的数据类型细分为多种子类型，各子类型名称及其说明如表 3-5 所示。

表 3-5　Variant 类型的子类型

子　类　型	说　　　明
Empty	声明一个变量后，如果还没有初始化，则该变量的值是 Empty。可以用 IsEmpty()函数测试变量是否已初始化。当变量为 Empty 值时，可以在表达式中使用，至于是将其作为 0 还是作为零长度的字符串处理，要根据具体的表达式来定。只要将任何值(包括 0、零长度字符串或 Null)赋予变量，Empty 值就会消失；而将关键字 Empty 赋予变量，就可以将变量恢复为 Empty 值

（续表）

子类型	说　明
Null	空值，表示不包含任何有效数据。 Null 常用于数据库应用程序，表示未知数据或丢失的数据。如果表达式中包含 Null，那么计算结果总是 Null。将 Null、值为 Null 的变量或计算结果为 Null 的表达式作为参数传给大多数函数，将使函数返回 Null。可以使用 IsNull()函数测试表达式是否不含任何有效的数据
Boolean	包含逻辑值，只有 True 或 False 这两个值
Byte	表示 0～255 之间的整数
Integer	表示 -32 768～32 767 之间的整数
Currency	表示 -922 337 203 685 477.580 8～922 337 203 685 477.580 7 之间的数。Currency 是一个精确的定点类型，适用于货币运算
Long	表示 -2 147 483 648～2 147 483 647 之间的整数
Single	单精度浮点数，负数范围为 -3.402 823E38～-1.401 298E-45，正数范围为 1.401 298E-45～3.402 823E38
Double	双精度浮点数，负数范围为 -1.797 693 134 862 32E308～-4.940 656 454 841 247E-324，正数范围为 4.940 656 454 841 247E-324～1.797 693 134 862 32E308
Date(Time)	表示日期数值，日期范围从公元 100 年 1 月 1 日到公元 9999 年 12 月 31 日。时间值从 00:00:00 到 23:59:59。 在代码中使用日期和时间值时，必须用一对#号将其括起来，如#3-6-2011 4:20:16 PM#等。AM 表示上午，PM 表示下午
String	表示字符串数值，字符串的最大长度可为 20 亿个字符
Object	引用程序所能识别的任何对象
Error	包含错误号

注意：

在使用 Variant 类型的数据子类型时，可以使用转换函数来转换数据的子类型，也可以使用 VarType()函数返回数据的 Variant 子类型。关于这些函数的详细信息，可查看 3.10 节 "VBScript 函数" 中的相关内容。

3.5　VBScript 中常量的定义

常量就是拥有固定数值的名称，常量可以代表字符串、数字等常数。常量一经声明，在程序执行期间，其值不会发生改变。

声明常量后可以在程序的任何部分使用该常量代表特定的数值，从而方便程序的编写。例如，在计算程序中常用 PI 表示 π 的近似值 3.141 592 6，这样既不容易出错，程序也更加简洁明了，在程序的其他地方就可以使用 PI 表示 π 的近似值了。例如：

```
<%
Const PI=3.1415926              '指定 PI 为常量，其值为 3.141 592 6
S=PI*R^2                        '求半径为 R 的圆的面积，并将值赋给 S
%>
```

注意：

如果要在多个 ASP 文件中使用一些相同的常量，则可以把常量定义放在单独的文件中，然后在所有使用这些常量的 ASP 文件中包含这些定义即可。

3.6　赋 值 语 句

与其他编程语言一样，VBScript 中也包含一些基本的语句。这些语句主要分为赋值语句、条件语句与循环语 3 类。其中条件语句与循环语句能够在程序中控制程序的流程，而赋值语句的作用是将一个数据赋给一个变量。在 VBScript 中，赋值语句就是一条赋值表达式，其一般形式为：

```
变量 = 表达式
```

其中，变量可以是数值变量，也可以是字符串变量。同样，表达式可以是数值型表达式或字符串表达式。变量的类型应与表达式的类型一致。例如以下代码声明一个变量，并给变量 count 赋值 10。

```
Dim count                       '定义 count 变量
count = 10                       '将 count 变量赋值 10
```

注意：

赋值语句是 VBScript 中最简单、使用最多的语句。在 VBScript 中，多个变量赋相同的值时，不能写为"变量=变量=…=表达式"的形式，应该逐个赋值。VBScript 中声明变量时不可以赋值，变量的声明和赋值是分开的，不能同时进行。

例如，以下代码(testC.asp)是一个简单的赋值语句,给一个变量赋值并显示该变量的值：

```
<body>
<%
Dim num                              '声明变量
num=100                              '初始化变量
Response.Write("<center><font size=10>")   '设置对齐方式和字体大小
Response.Write("num="&num)           '在网页上显示 num 的值
Response.Write("</font>")
```

```
    %>
  </body>
```

运行以上代码后将在网页中显示 num=100。若将代码中声明变量并给 num 赋值的代码
(第 3 句和第 4 句)改为 Dim num=100，程序运行后将提示错误。

3.7　条　件　语　句

条件语句用于判断条件是 True 或 False，并且根据判断结果来指定要运行的语句(语句
既可为单条语句，也可以是由多条语句组成的复合语句)。用户使用条件语句可以编写进行
判断和重复操作的 VBScript 代码，在 VBScript 中主要有 If…Then 语句、If…Then…Else
语句和 Select Case 语句等三类条件控制语句。

3.7.1　If…Then 语句

If…Then 语句是控制结构中最常用的一种。利用该语句可以检查条件，并基于检查的
结果执行一段程序语句。其语法格式如下：

```
If condition Then
Statement(语句块)
End If
```

当 condition 条件满足时(即 condition 值为 True 时)，将执行 Statement。例如以下代码
是一个 If…Then 语句实例：

```
<html>
…
  <script language="VBScript">
    function check()                      '定义 check()过程
      If form1.str.value="" Then          '判断输入框是否输入
      alert("请输入字符串")                '没有输入则给出提示
      End If
    End Function
  </script>
…
</html>
```

该实例要求用户在网页的文本框中输入一个字符串，当用户单击网页中的"提交"按
钮后，程序会调用 check 过程判断用户是否在文本框中输入了字符串，若没有输入则将弹
出一个提示框。

3.7.2　If…Then…Else 语句

If…Then…Else 语句是 If…Then 语句的扩展。该语句定义了两个可执行语句块：当条件为 True 时运行一个语句块，条件为 False 时运行另一语句块。其语法格式如下：

```
If condition Then
    Statement1(语句块 1)
Else
    Statement2(语句块 2)
End If
```

当 condition 条件满足时，即 condition 值为 True 时，将执行 Statement1，否则将执行 Statement2。例如以下代码为 If…Then…Else 语句的实例：

```
'If InStr()函数判断输入的字符串是否包含@字符,若包含,返回的值是@字符在字符串中第一次出现
的位置
If InStr(Request.Form("str"),"@")<=0 Then            '不包含,给出提示
    Response.Write("<script>alert('输入的字符串中不包含@字符')</script>")
Else                                                 '包含,给出提示
    Response.Write("<script>alert('输入的字符串中包含@字符')</script>")
    End If
End If
```

该实例判断输入的字符串是否包含@字符，若包含则给出包含字符的提示，反之则给出不包含字符的提示。

3.7.3　Select Case 语句

Select Case 语句是 If 语句多条件时的另一种表式，可在多个执行语句中有选择地执行其中的一个。它的优点是可使程序更简洁易读，其语法结构如下：

```
Select Case  表达式
Case  结果 1
    Statement1(语句块 1)
Case  结果 2
    Statement2(语句块 2)
…
Case  结果 n
    StatementN(语句块 N)
Case Else
    StatementN+1(语句块 N+1)
End Select
```

VBScript 首先对表达式进行运算，这个运算可以为数值运算或字符串运算，然后将运算结果依次与结果 1 到结果 n 作比较，当找到与计算结果相等的结果时就执行该语句，执行完毕后就跳出 Select Case 语句；而当运算结果与所有的结果都不相等时，就执行 Case Else 后面的执行语句 n+1。

【例 3-2】利用 Select Case 语句设计一个网页，该网页会根据用户的选择设置页面背景。

(1) 启动 Windows 系统自带的记事本工具后，输入以下代码:

```
<Html>
…
<Script Language="VBScript" >            '指定下面语句所采用的脚本语言为 VBScript
Dim strColor                             '定义一个存放颜色的变量 strColor
strColor=inputbox("请从 red、green、blue 中选择一个，并输入作为页面背景色！")
Select Case strColor
    Case "red" document.bgColor = "red"       '若 strColor 值为 red，设置页面背景为红色
    Case "green" document.bgColor = "green"   '若 strColor 值为 green，设置页面背景为绿色
    Case "blue" document.bgColor = "blue"     '如 strColor 值为 blue，设置页面背景为蓝色
    Case Else MsgBox "输入有误"                '如果不是上面 3 种颜色，则提示"输入有误"
End Select
</Script>
</Body></Html>
```

(2) 选择"文件"|"另存为"命令，打开"另存为"对话框，将以上代码保存为 test20.asp。

(3) 运行 test20.asp 后(利用本书第 1 章架设的 ASP 网站)的效果将如图 3-7 所示。

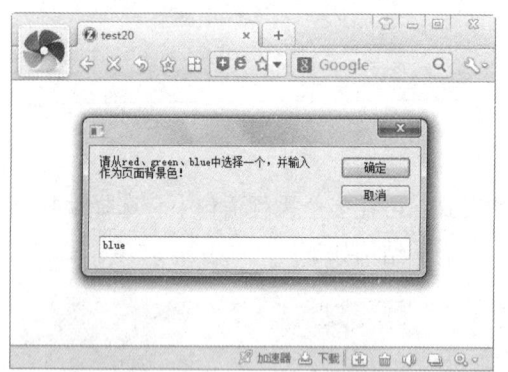

图 3-7　Select Case 语句应用实例

3.8　循　环　语　句

循环语句的作用是重复执行程序代码。循环可分为以下 3 类:

● 在条件变为"假"之前重复执行语句。

● 在条件变为"真"之前重复执行语句。

● 按照指定的次数重复执行语句。

在 VBScript 中，用户可以使用 Do…Loop 语句、While…Wend 语句、For…Next 语句、
For Each…Next 语句以及 Exit 语句等 5 种循环语句。

3.8.1　Do…Loop 语句

Do…Loop 循环是一种条件型的循环，当条件为 True 时或条件变为 True 之前，重复执
行语句块，该循环共有 3 种形式。

形式 1：

```
Do While  条件表达式
    Statement(语句块)
Loop
```

VBScript 首先检查条件表达式的值是否为 True，如果为 True 才会进入循环中执行语句。
另外，也可以对语句顺序进行一下调整，使它先进入循环执行一次后再对条件进行判断。

形式 2：

```
Do
    Statement(语句块)
Loop While  条件表达式
```

如果把 Do 循环中的 While 换为 Until，则程序的运行过程和前面类似。不同的是，只
要条件为 False 就执行循环。

形式 3：

```
Do
    Statement(语句块)
Loop Until 条件表达式
```

注意：

Do…Loop 循环语句中可以使用 Exit Do 语句强行中止循环。

【例 3-3】利用 Do…Loop 循环语句，创建一个可以显示循环语句的执行过程的程序。
(1) 启动 Windows 系统自带的记事本工具后，输入以下代码：

```
<%
intNum=1
Do While intNum<7
    Response.Write "循环语句正在执行第"&intNum&"次循环"
 Response.Write "<br>"                                 '在屏幕上输出一个回车
 intNum=intNum+1
Loop
%>
```

(2) 选择"文件"|"另存为"命令，打开"另存为"对话框，将以上代码保存为 test21.asp。

(3) 运行 test21.asp 后的结果如图 3-8 所示。

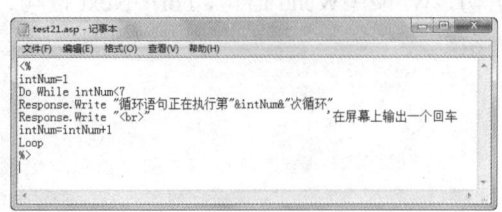

图 3-8　Do…Loop 语句应用实例

3.8.2　For Each…Next 语句

For Each…Next 循环只针对数组或对象集合中每一个元素的遍历循环。执行循环的次数不再需要指定，只要有一个元素就循环一次。其语法结构如下：

```
For Each 元素 In 集合
    Statement(语句块)
Next
```

如果不知道集合中有多少个元素，则用 For Each 循环非常方便。如下例可列举使用 HTML 表单提交的所有数值：

```
<%
For Each item In Request.Form
    Response.Write Request.Form(item)
Next
%>
```

注意：
For 循环语句中可以使用 Exit For 语句强行中止循环。

3.8.3　For…Next 语句

For…Next 循环语句是一种强制性的循环，用于将循环体运行指定的次数。在 For 循环中有一个计数器变量，每重复一次循环，该变量的值都会增加或减少。其语法结构如下：

```
For 循环变量=初始值 To 结束值 [Step 步长值]
    执行语句
Next
```

For…Next 循环语句的执行步骤如下：
(1) 将循环变量设为初始值。
(2) 测试循环变量是否大于结束值。若是，则退出循环(若步长值为负，则测试循环变量是否小于结束值)，否则执行循环中的语句。

(3) 执行语句运行完毕到 Next 语句时，VBScript 将循环变量值与步长值相加。

(4) 从 Next 语句跳转到 For 语句继续执行。

注意:

如果省略 Step 子句，那么步长的默认值是 1。

【例 3-4】利用 For…Next 循环语句，创建一个可以求出 1 到 100 之间奇数的和并予以显示的网页程序。

(1) 创建一个名称为 test22.asp 的网页，代码如下所示:

```
<%
    Dim intNum,i,intSum
    intNum=1
    intSum=0
    For I=1 To 100 Step 2
        Response.Write "循环语句正在执行第"&intNum&"遍循环"&"<br>"
        Response.Write "第"&intNum&"个欲相加的 I 值为"&i&"<br>"
        Response.Write "SUM="&intSum&"+"&i&"="&intSum+i&"<br>"
        intSum=intSum+i
        intNum=intNum+1
    Next
%>
```

(2) 运行 test22.asp 后的结果将如图 3-9 所示。

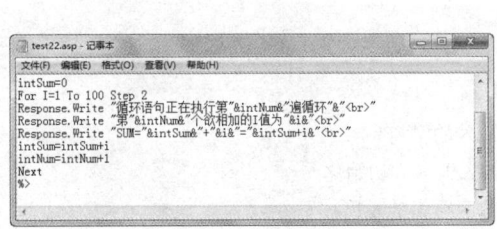
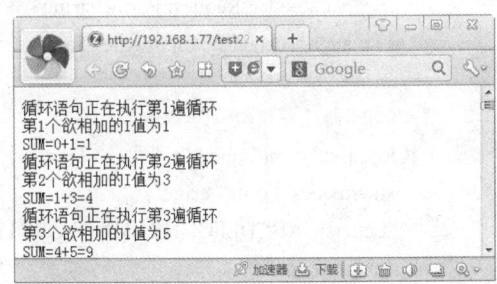

图 3-9　For…Next 语句应用实例

3.8.4　While…Wend 语句

While…Wend 语句在条件为 True 时重复操作。其语法格式如下:

```
While condition
    Statement
Wend
```

当 condition 为 True 时，执行 Statement，否则退出循环。

　　以下代码为一个 While…Wend 语句实例程序，在该程序中 While…Wend 语句循环判断输入的每一个字符是否属于 26 个英文字母，若输入存在非英文字母，则弹出提示对话框，给出相应的文字提示。

```
<%
    Function CheckLetter(str)                'str 为要检测的字符串
        CheckLetter=True                     '初始化
        Letters="ABCDEFGHIJKLMNOPQRSTUVWXYZ"     '初始化
        for i=1 to len(str)                  'len 函数返回字符串长度
            'Mid(str,i,1)返回字符串 str 第 i 个字符，UCase 函数将该字符转换为大写形式
            checkchar=UCase(Mid(str,i,1))
            If (InStr(Letters,checkchar)<=0) Then     'checkchar 在 Letters 中不存在
                CheckLetter=False
                Exit Function                '跳出 Function 过程
            End If
        Next                                 '结束 For 循环
    End Function
%>
<html>
    <head>
        <title>test23.asp</title>
    </head>
    <body>
    <form method="POST" action="test23.asp" name = form1>
        <p align="center">请输入字符串：<input type="text" name="string" size="20"
            value=<%=Request.Form("string")%>></p>
        <p align="center"><input type="submit" value="确定" name="submit"></p>
    </form>
    <%
    If Request.Form("submit")="确定" Then
        str=Request.Form("string")           '读取输入的字符串
        Letters="ABCDEFGHIJKLMNOPQRSTUVWXYZ"     '初始化
        length=Len(str)                      '输入的字符串的长度
        i=1                                  '初始化变量
        While i<length+1                     'While 循环
            'Mid(str,i,1)返回字符串 str 第 i 个字符，UCase 函数将该字符转换为大写形式
            checkchar = UCase(Mid(str,i,1))
            If (InStr(Letters,checkchar)<=0) Then  'checkchar 在 Letters 中不存在，给出提示
                Response.Write("<script>alert('输入的字符串中存在非字母')</script>")
                Response.End      '结束 ASP 文件的执行
            End If
            i=i+1
        Wend                                 '结束 While 循环
    End If
```

```
%>
</body>
```

将以上代码保存(test23.asp)并运行后的结果如图 3-10 左图所示，当在窗口的文本框中输入包含非字母的字符时(例如输入 length=Len(str))，浏览器将打开如图 3-14 右图所示对话框。

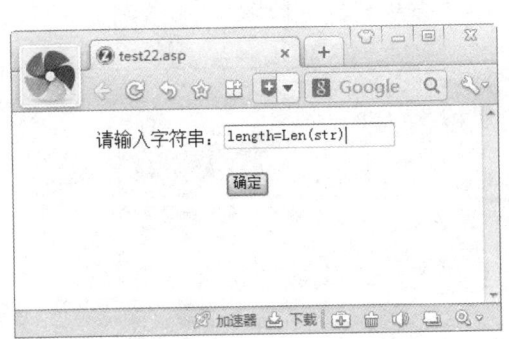

图 3-10　While…Wend 语句应用实例

注意：

While…Wend 语句是为熟悉其用法的用户提供的，由于 While…Wend 语句灵活性较差，一般用户可以使用 Do…Loop 语句代替。

3.8.5　Exit 语句

Exit 语句可以强迫程序离开 Do 循环、For 循环、Function 过程与 Sub 过程等代码段。其语法格式如下：

```
Exit Do                    '强制离开 Do 循环
Exit For                   '强制离开 For 循环
Exit Function              '强制离开 Function 过程
Exit Sub                   '强制离开 Sub 过程
```

其中，Exit Do 语句用于退出 Do…Loop 循环；Exit For 语句用于在计数器达到其终止值之前退出 For…Next 语句。因为通常只有在某些特殊情况下才要强制退出循环(例如退出死循环)，所以用户可以在 If…Then…Else 语句的 True 语句块中使用 Exit 语句(若条件为 False，循环将照常运行)。

以下代码程序在 For each 循环中，当输入的邮件地址格式错误时，使用 Response.End 语句结束当前 ASP 文件的执行，用户也可以使用 Exit 语句直接跳出 For each 循环。代码如下：

```
<html>
…
    email=Request.Form("Email")                    '读取输入的字符串
    names=Split(email,"@")
    If UBound(names)<>1 Then                        'UBound 函数返回数组的最大下标
        Response.Write("<script>alert('邮件格式错误！')</script>")  '给出提示
        Response.End                                '结束运行 ASP 程序
    End If
    For each name in names                          'For each 循环语句
        If Len(name)<=0 Then                        'Len 函数获得字符串的长度
            '字符串长度小于等于 0，则给出提示
            Response.Write("<script>alert('邮件格式错误！')</script>")
            Response.End                            '结束运行 ASP 程序
        End If
    Next
    End If
…
</html>
```

将以上代码保存(test24.asp)并执行后，结果如图 3-11 所示，若用户在浏览器窗口中的文本框内输入错误的电子邮件地址(例如 miaofa@)，将弹出提示对话框。

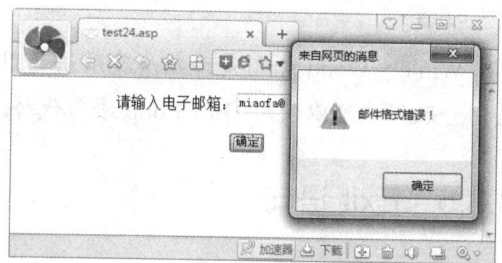

图 3-11　Exit 语句应用实例

3.9　VBScript 中的过程

过程是用来执行特定任务的独立程序代码。使用过程，可以将程序划分成一个个较小的逻辑单元，过程中的代码能够被反复调用，这样可以减少不必要的重复。可以将过程定义放在调用该过程的同一个 ASP 文件中，也可以将常用过程放在共享的文件中，并使用 #include 命令将该文件包含在调用过程的 ASP 文件中。

VBScript 根据是否返回值将过程划分为 Sub 过程(子过程)和 Function 过程(函数)两种。Sub 过程只执行程序而不返回值，因而不能用于表达式中；而 Function 函数可以将执行代码后的结果返回给请求程序。

3.9.1　Sub 过程

Sub 过程是一种可以获取参数，执行一系列语句以及可改变其参数的值的独立过程。Sub 过程可以使用参数，如调用过程传递的常数、变量或表达式，用于在调用过程和被调用过程之间传递信息。如果 Sub 过程无任何参数，则 Sub 语句必须包含空括号()。其语法结构如下：

```
Sub  子程序名(参数 1,参数 2,…)
…
End Sub
```

定义一个 Sub 过程后，就可以在程序代码中调用它。Sub 过程的调用有两种方式。一种是使用 Call 语句，它要求将所有参数包含在括号之中。其语法结构如下：

```
Call  子程序名(参数 1,参数 2,…)
```

另一种是直接使用子过程名，只需输入过程名及所有参数值，参数值之间使用逗号分隔。其语法结构如下：

```
子过程名(参数 1,参数 2,…)
```

注意：

使用 Exit Sub 语句可以立即从 Sub 过程中退出，程序继续执行调用 Sub 过程的语句之后的语句，在 Sub 过程中任意位置可以出现任意个 Exit Sub 语句。

【例 3-5】建立一个可将参数在弹出式信息对话框显示的 Sub 过程，并在程序中多次调用它。

(1) 创建一个名称为 test25.asp 的网页，代码如下所示：

```
<Script Language="VBScript" >
    Call output("第一次调用过程")
    output "再试一次调用过程"
    Sub output(strText)
      MsgBox strText
    End Sub
</Script>
```

(2) 运行 test25.asp 后的效果如图 3-12 所示。

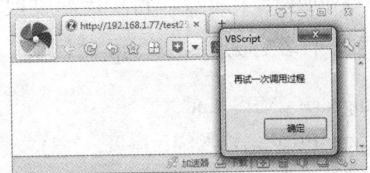

图 3-12　将参数作为信息弹出

注意:

在 Sub 过程中使用的变量分为两类: 一类是在过程内显式声明的, 另一类则不是。在过程内显式声明的变量(使用 Dim 或等效方法)总是局部变量, 对于那些没有在过程中显式声明的变量也是局部的, 除非在该过程外更高级别的位置显式地声明它们。

3.9.2　Function 过程

函数和子过程一样, 也是用来完成特定功能的独立的程序代码, 可以读取参数、执行一系列语句并改变参数的值。但函数有一个最重要的特点, 就是调用时将返回一个值。函数的语法结构如下:

```
Function  函数名(参数 1,参数 2,…)
    Statement(语句块)
    …
    函数名=表达式
    Statement(语句块)
End Function
```

与 Sub 过程类似, 其中"参数 1,参数 2,…"是指调用时传递的常数、变量或表达式, 如果无任何参数, 则 Function 语句必须使用空括号。与 Sub 过程不同的是, Function 函数通过函数名返回一个值, 这个值是在函数体中赋给函数名的, Function 返回值的数据类型是 Variant。

"函数名=表达式"用于为函数设置返回值, 该值将返回给调用的语句, 函数中至少要含有一条这样的语句。

Function 函数只有通过直接引用函数名实现函数的调用, 而且函数名必须用在变量赋值语句的右端或表达式中。调用函数时, 参数要放在一对括号中, 这样就可以将它们和表达式的其他部分分开。例如:

```
temp = Celsius(60)
```

注意:

使用 Exit Function 语句可以从 Function 过程中立即退出,程序继续执行调用 Function 过程语句之后的语句, 但执行前必须为函数赋值, 否则就会出错。在 Function 过程的任意位置可以出现任意个 Exit Function 语句。

【例 3-6】创建一个函数, 将华氏温度换算为摄氏温度。

(1) 创建一个名称为 test26.asp 的网页, 代码如下所示:

```
<Script Language="VBScript" >
    temp = InputBox("请输入华氏温度。", 1)
    MsgBox "温度为  " & Celsius(temp) & "  摄氏度。"
    Function Celsius(fDegrees)
```

```
        Celsius = (fDegrees −32) * 5 / 9
    End Function
</Script>
```

(2) 运行 test26.asp 后的结果如图 3-13 所示。

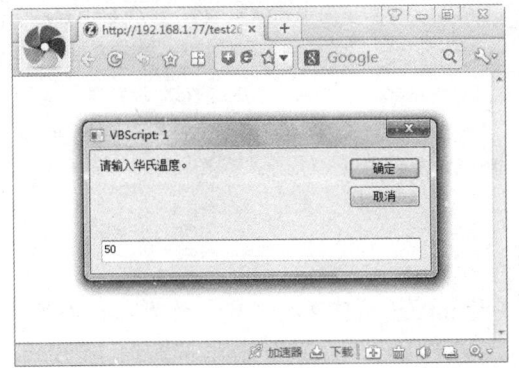

图 3-13　华氏温度换算为摄氏度

3.9.3　参数按地址传递与按值传递

默认情况下，参数按地址传递，即过程按变量的内存地址去访问实际变量的内容。这样将变量传给过程时，通过过程就可以改变变量的值。按地址传递的关键字为 ByRef。

另外，参数还可以按数值传递。按值传递参数时，传递的只是变量的副本。如果过程中改变了这个值，则所做的变动只影响副本而不会影响到变量本身。按值传送的关键字是 ByVal。

【例 3-7】建立两个分别按地址传递和按值传递的过程，比较其异同。

(1) 创建一个名称为 test27.asp 的网页，代码如下所示：

```
<%
    Sub TestByVal(ByVal X)
        X=X*33
    End Sub
    Sub TestByRef(ByRef X)
        X=X/10
    End Sub

    intNum=60
    Response.Write "原测试数值为"&intNum&"<br>"&"<br>"
    Call TestByVal(intNum)
    Response.Write "使用 ByVal 关键字，参数按值传递调用过程后，_测试变量的值为
            "&intNum&"<br>"&"<br>"
    Call TestByRef(intNum)
    Response.Write "使用 ByRef 关键字，参数按地址传递调用过程后，_测试变量的值为"&intNum
%>
```

(2) 运行 test27.asp 后的结果如图 3-14 所示。

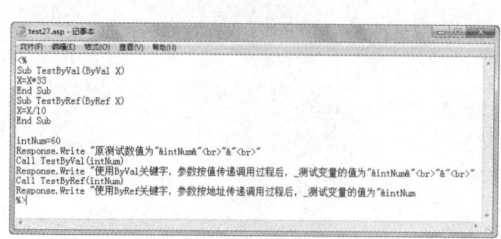 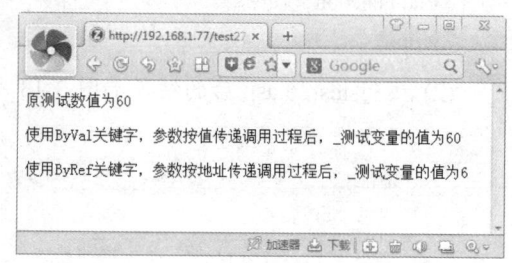

图 3-14　参数按地址传递和按值传递

注意：

从上例的运行结果可看出，按值传递后，变量 intVar 的值保持不变，仍为 60；而按地址传递后，值将变为 6。

3.9.4　数组参数

数组作为参数传递时，与普通参数有些不同。在过程中声明数组参数时，必须略去数组的长度，即设置一个动态数组。在调用语句中，只需给出要传递的数组名即可，不必包括数组的下标及圆括号。

【例 3-8】用产生随机数的方法给一个数组赋值，并调用过程来将其中的元素按从小到大的顺序排序。

(1) 创建一个名称为 test28.asp 的网页，代码如下所示：

```
<%
Sub Sort (arr(),arrnum)
    Dim I,J,intTemp
    For I=0 to arrnum
        For J=0 to arrnum
            If arr(I)>arr(J) Then
            intTemp=arr(I)
            arr(I)=arr(J)
            arr(J)=intTemp
            End If
        Next
    Next
End Sub
Dim arrTest(9),I
For I=0 to 9
    arrTest(I)=Int(Rnd()*100+1)
Next
Sort arrTest,9
```

```
    For I=0 To 9
        Response.Write arrTest(I)&"<br>"
    Next
%>
```

(2) 运行 test28.asp 后的结果，如图 3-15 所示。

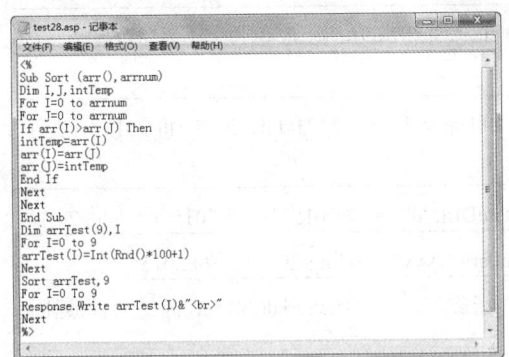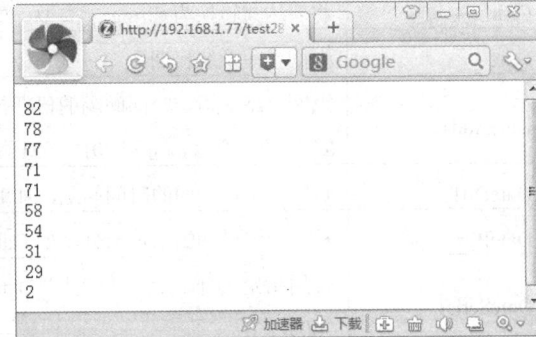

图 3-15　将参数作为信息弹出

3.10　VBScript 函 数

VBScript 把一些最常使用的功能整理起来，编制好了相应的处理程序，将它们以函数的形式提供使用。恰当地使用函数可以节省大量的时间，表 3-6 对 VBScript 提供的函数做了概括。

表 3-6　VBScript 函数概括

函　　数	说　　明
Abs	返回一个数的绝对值，如 Abs(-1)和 Abs(1)都返回 1
Array	返回一个 Variant 值，其中包含一个数组
Asc	返回与字符串的第一个字母相关的 ANSI 字符编码，如 Asc("Body")返回 66
Atn	返回一个数的反正切值。如 4*Atn(1)得到 π 的值 3.141 592 653 589 79
CBool	计算表达式的布尔值。如果表达式的值为 0，则返回 False，否则返回 True。例如，CBool(9)返回 True
CByte	将表达式转换为 Byte 子类型，如 CByte(45.678 9)返回 46
CCur	将表达式转换为 Currency 子类型，如 CCur(123.456 789)返回 123.456 8
CDate	将表达式转换为 Date 子类型，如 CDate("July 21,2015")返回 2015-7-21
CDbl	将表达式转换为 Double 子类型
Chr	返回与指定的 ASCII 字符代码相对应的字符，如 Chr(66)返回 B
CInt	将表达式转换为 Integer 子类型，如 CInt(456.78)返回 457
CLng	将表达式转换为 Long 子类型，如 CLng(123 456.78)返回 123 457

(续表)

函　　数	说　　明
Cos	返回某个角的余弦值
CreateObject	创建并返回对象实例。注意，在 ASP 中不要用该函数创建对象实例
CSng	将表达式转换为 Single 子类型
CStr	将表达式转换为 String 子类型，如 str=CStr(87.65)，则 str 值为字符串"87.65"
Date	返回当前系统日期
DateAdd	返回已添加指定时间间隔的日期，如 DateAdd("m",2,"21-July-2015")将 2015 年 7 月 21 日加两个月，得到 2015-9-21
DateDiff	返回两个日期间的时间间隔，如 DateDiff("d","21-7-2015","23-7-2015")将返回 2
DatePart	返回给定日期的指定部分，如 DatePart("yyyy","21-July-2015")返回 2015
DateSerial	使用指定的年、月、日返回 Date 子类型，如 DateSerial(2015-10,8-2,1-1)将返回 2005-5-31
DateValue	返回 Date 子类型，如 DateValue("September 11,1963")将返回 1963-9-11
Day	返回 1~31 之间的一个整数，表示某月中的一天，如 Day("July 21,2015")将返回 21
Eval	计算一个表达式的值并返回结果
Exp	返回 e(自然对数的底)的幂次方
Filter	返回下标从零开始的数组，包含基于特定过滤条件的字符串数组的子集
Int、Fix	返回数字的整数部分，Int 和 Fix 的区别在于：如果参数为负数，则 Int 返回小于或等于参数的第一个负数，而 Fix 返回大于或等于参数的第一个负整数。例如，Int(－6.4)将返回－7，而 Fix(－6.4)将返回－6
FormatCurrency	返回一个表达式，该表达式被格式化为货币值(使用系统控制面板中定义的货币符号)。例如，当系统控制面板中定义的货币符号是人民币符号时，FormatCurrency(2000)将返回￥2000.00
FormatDateTime	格式化日期和时间。例如，FormatDateTime(Now,0)返回值为 2015-7-15 11:25:45，而 FormatDateTime(Now,1)返回值为 2015 年 7 月 15 日
FormatNumber	格式化一个数值。例如，FormatNumber(1233.4567,2)返回值为带两位小数点的数 1233.46，FormatNumber(－0.1234,3,-1)返回值为－0.123(含小数点前的 0)，而 FormatNumber(－0.1234,3,0)返回值为–.123(不含小数点前的 0)
FormatPercent	格式化为以%符号结尾的百分比格式，如 FormatPercent(2/32)返回 6.25%
GetObject	访问文件中的自动化对象，并将该对象赋给对象变量。注意，在 ASP 中不要用该函数创建对象实例
Hex	返回表示十六进制数字值的字符串，如 Hex(459)返回"1CB"
Hour	返回 0~23 之间的一个整数，表示一天中的某一小时
InpuBox	显示一个输入框，提示用户输入一个数据
InStr	返回某字符串在另一个字符串中第一次出现的位置

(续表)

函　　数	说　　明
InStrRev	返回某字符串在另一个字符串中出现的从结尾计起的位置
IsArray	返回布尔值，确定一个变量是否为数组
IsDate	返回布尔值，确定表达式是否可以转换为日期
IsEmpty	返回布尔值，确定一个变量是否为空
IsNull	返回布尔值，确定一个表达式是否包含无效的数据
IsNumeric	返回布尔值，确定一个表达式是否为数字
IsObject	返回布尔值，确定一个表达式是否引用了有效的对象
Join	将数组中的多个子字符串合成一个字符串
LBound	返回数组某一维的下界
LCase	返回字符串的小写形式
Left	返回指定数目的从字符串的左边算起的字符
Len	返回字符串内字符的数目
LoadPicture	返回图片对象。可以由 LoadPicture 识别的图形格式有位图文件(.bmp)、图标文件 (.ico)、行程编码文件(.rle)、图元文件(.wmf)、增强型图元文件(.emf)、GIF 文件(.gif) 和 JPEG 文件(.jpg)
Log	返回数值的自然对数
Ltrim、Rtrim 和 Trim	截去字符串中的前导空格(Ltrim)、后续空格(Rtrim)或前导与后续空格(Trim)
Mid	从字符串中返回指定数目的字符
Minute	返回 0～59 之间的一个整数，表示一小时内的某一分钟
Month	返回 1～12 之间的一个整数，表示一年中的某月
MonthName	返回代表指定月份的字符串
MsgBox	显示一个信息对话框
Now	根据计算机系统设定的日期和时间返回当前的日期和时间值
Oct	返回表示数字八进制值的字符串，如 Oct(8)返回 10
Replace	将字符串内的子字符串替换为指定的串
RGB	返回代表 RGB 颜色值的整数
Right	从字符串右边返回指定数目的字符
Rnd	返回一个随机数
Round	返回按指定位数进行四舍五入的数值，如 Round(3.141 59,2)返回 3.14
ScriptEngine	返回一个代表当前使用的脚本程序语言的字符串
Second	返回 0～59 之间的一个整数，表示一分钟内的某一秒
Sgn	返回表示数字符号的整数，如 Sgn(2)返回 1, Sgn(0)返回 0, Sgn(-3)返回-1
Sin	返回一个角度的正弦值
Space	返回由指定数目的空格组成的字符串

(续表)

函　　数	说　　明
Split	返回基于 0 的一维数组，其中包含指定数目的子字符串
Sqr	返回数值的平方根
StrComp	比较两个字符串，并返回比较结果
String	返回指定长度的、重复字符组成的字符串，如 String(3, "B")返回"BBB"
StrReverse	将字符串按反序排列输出
Tan	返回一个角度的正切值
Time	返回目前的系统时间
Timer	返回午夜 12 时以后已经过去的秒数
TimeSerial	返回包含指定时、分、秒的时间，如 TimeSerial(12-6, -15,0)返回 5:45:00AM
TimeValue	返回包含时间的 Date 子类型
TypeName	返回一个变量的子类型信息
UBound	返回数组某一维的上界
UCase	返回字符串的大写形式
VarType	返回表示变量子类型的整数
Weekday	返回表示一星期中某天的整数
WeekdayName	返回一个字符串，表示星期中指定的某一天
Year	返回一个代表某年的整数

3.11　习　　题

3.11.1　填空题

1. 在 ASP 文件中直接声明主要脚本语言为 VBScript 的语句为_____。
2. VBScript 只有一种数据类型，即_____类型，也叫变体类型。
3. VBScript 包括 4 种类型的运算符，即算术运算符、_____、_____和逻辑运算符。
4. _____一经声明，在程序执行期间，其值不会发生改变。
5. VBScript 中声明多个变量时，使用_____分隔变量。
6. 数组中的每个元素都用唯一的_____来识别。

3.11.2　选择题

1. 在一段程序中 a 是一个变量，那么"a"是(　　)。
　　A. 变量　　　　　　B. 直接常量　　　　　C. 字面常量　　　　　D. 符号常量

2. 执行语句 a="6"后，变量 a 的数据子类型是(　　　)。

A. 字符串　　　　　　　B. 日期　　　　　　　　C. 数值　　　　　　　　D. 布尔

3. 语句 a="abc"="abc"运行完毕后，变量 a 的数据子类型是(　　　)。

A. 数值　　　　　　　　B. 字符串　　　　　　　C. 布尔　　　　　　　　D. 日期

4. 已知 a= "ab"，那么执行语句 b="cd'" & a & " " & "ef"后，变量 b 的值是(　　　)。

(提示：请注意题目和答案中的空格)

A. "cd'ab ef"　　　　　　B. "cd'abef"　　　　　　C. "cdabef"　　　　　　D. "cdab ef"

3.11.3　问答题

1. 名词解释：单目运算符、双目运算符、操作数、函数、子程序、过程。

2. 不同过程中的变量名是否可以一样？

3. 在 VBScript 中怎样为程序添加注释语句？

4. 在 VBScript 中可以直接使用变量吗？使用变量的方法有哪些？

5. VBScript 中有哪几类运算符？运算符的优先级从高到低的顺序是什么？

3.11.4　操作题

1. 在网页中添加时间显示信息，显示当天的日期、时间和星期。

2. 编写程序，随机产生一个 0～9 的整数。如果是偶数，则在页面上输出"生成的是偶数"，否则输出"生成的是奇数"。

第4章 Request对象与 Response对象

教学目标

通过对本章的学习，读者应了解 Request 对象和 Response 对象的各种方法及属性，并能够运用它们与客户端浏览器进行信息交互。

教学重点与难点

- Request 对象在网页设计中的应用
- Response 对象在网页设计中的应用

在 ASP 中，与客户端的动态交互是通过 Response 和 Request 对象实现的，这两个对象起到了服务器与客户机之间的信息传播作用。其中 Response 对象用于接收客户端浏览器提交的数据，而 Request 对象则用于将服务端的数据发送到客户端浏览器。

4.1 Request 对象与 Response 对象的关系

ASP 提供了 6 个内建对象，这些对象使用户更容易收集通过浏览器请求发送的信息、响应浏览器以及存储用户信息。其中，Request 和 Response 对象最为重要，它们连接了服务器与客户机，起到信息传递作用。使用 Request 对象可以访问任何用 HTTP 请求传递的信息，包括从 HTML 表格用 POST()方法或 GET()方法传递的参数、Cookie 和用户认证。而 Response 对象可控制发送给用户的信息，包括直接发送信息给浏览器、重定向浏览器到另一个 URL 或设置 Cookie 的值。

Request 和 Response 对象的功能是相对的，它们结合在一起，便可实现客户端 Web 页面与服务器端 ASP 文件之间的数据交换，其工作原理如图 4-1 所示。

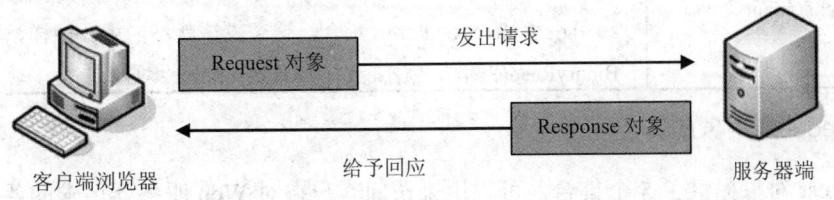

图 4-1　Request 和 Response 对象

对象一般有方法、属性、集合和事件。其中，方法决定了可以用这个对象做什么事情，属性可以读取对象状态或者设置对象状态，集合是由很多不同的与对象有关系的键和值的配对组成的。

4.2　Request 请求对象

Request 对象用于连接客户端的 Web 页(.html 文件)和服务器端的 Web 页(.asp 文件)，使它们之间可以进行数据交换。Request 对象允许 ASP 查询有关与之交互的客户程序信息，它代表由客户程序发出的 HTTP 请求报文。

4.1.1　Request 对象概述

客户程序可以用多种方法将信息发送到 ASP 文件。HTML 文件、另一个 ASP 文件或 ASP 文件本身，无论用何种方法提交信息，都必须在 ASP 代码中使用 Request 对象及其集合。下面将介绍 Request 对象的属性、方法及集合。

1. Request 对象的属性

表 4-1 所示为 Request 对象唯一的属性及说明，它提供关于用户请求的字节数量的信息，并很少被用于 ASP 页。

表 4-1　Request 对象的属性及说明

属　　性	说　　明
TotalBytes	只读，返回由客户端发出请求整个字节数量

2. Request 对象的方法

表 4-2 所示为 Request 对象唯一的方法及说明，它允许访问从一个<FORM>段中传递给服务器的用户请求部分的完整内容。

表 4-2　Request 对象的方法及说明

方　　法	说　　明
BinaryRead(count)	当数据作为 POST 请求的一部分发往服务器时，从客户请求中获得 count 字节的数据，返回一个 Variant 数组(或者 SafeArray)。如果 ASP 代码已经引用了 Request.Form 集合，这个方法就不能用。同样，如果用了 BinaryRead()方法，就不能访问 Request.Form 集合

3. Request 对象的集合

Request 对象提供了 5 个集合，可以用来访问客户端对 Web 服务器请求的各类信息，具体说明如表 4-3 所示。

表 4-3　Request 对象的集合及说明

集 合 名 称	说　　明
ClientCertificate	当客户端访问一个页面或其他资源时，用来向服务器表明身份的客户证书的所有字段或条目的数值集合，每个成员均为只读
Cookies	根据用户的请求，用户系统发出的所有 Cookie 的值的集合，这些 Cookie 仅对相应的域有效，每个成员均为只读
Form	METHOD 的属性值为 POST 时，所有作为请求提交的<FORM>段中的 HTML 控件单元的值的集合，每个成员均为只读
QueryString	依附于用户请求的 URL 后面的名称/数值或者作为请求提交的且 METHOD 属性值为 GET(或者省略其属性)的，或<FORM>中所有 HTML 控件单元的值，每个成员均为只读
ServerVariables	随同客户端请求发出的 HTTP 报头值，以及 Web 服务器的几种环境变量的值的集合，每个成员均为只读

4.1.2　应用 Request 对象

利用 Request 对象可以收集并处理用户通过 HTTP 请求传递的所有信息，包括 HTML 表格用 POST()方法或 GET()方法传递的参数、Cookie 数据和用户认证等。Request 对象的语法结构如下：

Request [. 集合 | 属性 | 方法](变量)

Request 对象包含 3 类成员，分别为集合、属性和方法，其中集合包含了客户端的数据内容，表 4-4 列出了 Request 对象的集合成员。Request 对象的属性与方法各有一个，并在 ASP 网页中很少使用，所以这里不再进行说明。

表 4-4　Request 对象的集合成员

集　　合	说　　明
Cookies	允许用户检索在 HTTP 请求中发送的 Cookie 的值
Form	当<form>标签的方法设为 POST 时，检索 HTTP 请求正文中的表格元素的值
QueryString	检索 HTTP 查询字符串变量的值，HTTP 查询字符串由问号(?)后的值指定
ServerVariables	客户端对服务器提出请求，同时传送至服务器的 HTTP 标题与服务器变量等数据

例如，下面的语句用于从 HTML 表单中取得用 POST()方法传递的 UserName 数据：

<% strUserName =Request.Form("UserName")%>

Request 语句中的集合名称也可以省略，如上面的语句可以写成以下的形式：

<% strUserName =Request ("UserName")%>

注意:

如果在 Request 对象中没有指定准确的集合名称，ASP 会自动搜索来确定数据的获取方法。搜索的顺序是 QueryString、Form、Cookies 和 ServerVariables，ASP 逐一检查是否有信息输入，如果有则会返回获得的变量信息。

1. QueryString 集合读取表单 GET()方法数据

网页中常采取表单的形式与访问者进行交互。用户在表单中输入信息后，单击"确定"或"提交"按钮即可将信息传送到服务器上，服务器可获取这些信息进行下一步的处理和操作。在 HTML 中常见的 FORM 语句的语法结构如下:

```
<Form Action=处理程序的网址  Method=Get|Post Name=该 FORM 的名称>
…
</Form>
```

其中，Action 属性用于指定表单处理程序的 URL；Method 属性则指定提供数据的方法，可取值为 GET()与 POST()方法的其中一个。表单选用 GET()方法时，ASP 要使用 Request.QueryString 集合来读取表单数据；选用 POST()方法时，ASP 则使用 Request.Form 集合来读取表单的数据。

当 HTML 表单用 GET()方法向 ASP 文件传递数据时，表单提交的数据不是被当作一个单独的包发送，而是被附在 URL 的查询字符串中一起被提交到服务器端指定的文件中。

QueryString 集合的功能就是从查询字符串中读取用户提交的数据。例如，从下面的 URL 地址信息中，Request.QueryString 可得到 strName 和 Title 两个变量的值。

```
http://zhangshihua/4-1-login.asp?strName=赵钢&Title=Mr
```

注意:

查询字符串以问号(?)开始，包含几对字段名和分配的值。不同的字段名和值对用&符号连接。

【例 4-1】使用 GET()方法传递图 4-2 所示的 HTML 表单中的值，并将结果在 ASP 页面上显示出来。

(1) 创建一个名称为 test3.asp 的网页，代码如下所示:

```
<Form Action="login1.asp" Method="Get" Name="login">
    用户名：<Input Type=text Name=strName >
    <Br><Br>
    性  别：<Input Name="Title" Type="Radio" Value="Mr" Checked>先生
    <Input Name="Title" Type="Radio" Value="Ms">女士
    <Br><Br>
    <Input Type="Submit" Value="确认提交">
    <Input Type="Reset" Value="重新输入">
</Form>
```

(2) 创建表单信息结果的程序文件 login1.asp，代码如下所示：

```
<%
Dim strName,strTitle
    strName=Request.QueryString("strName")
    Response.Write"您的用户名为"&strName
    Response.Write"<br>"
    strTitle=Request.QueryString("Title")
    If strTitle="Mr" Then
        Response.Write"先生，您好！"
    Else
        Response.Write"女士，您好！"
    End If
%>
```

(3) 运行 test3.asp 后的结果如图 4-3 所示。

图 4-2　获取表单信息

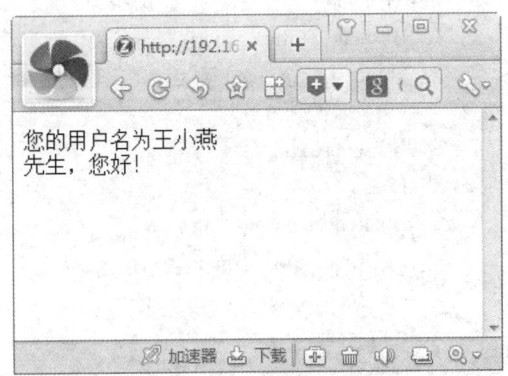

图 4-3　使用 Request.QueryString 得到的结果

2. Form 集合读取表单 POST()方法数据

GET()方法的优点是可以方便地为服务器端传递信息，缺点是不能传递长而复杂的数据到服务器端，否则会造成数据的丢失，这是因为某些服务器会限制 URL 查询字符串的长度。因此，如果要将表单中的大量数据发送到服务器，应使用 POST()方法。

POST()方法在 HTTP 请求体内发送数据，几乎不限制发送到 Web 服务器的数据长度。检索使用 POST()方法发送的数据通常采用 Request 对象的 Form 集合来进行。

注意：

Form 集合和 Form 表单的区别是：Form 表单是 HTML 提供的表单，并不是 ASP 特有的；Form 集合是特指 ASP 的 Request 对象获取信息的一种方法。两者的联系就是 ASP 用 Form 集合来获取 Form 表单中的数据信息。

【例 4-2】编制一个计算器程序，可使用 POST()方法接受 HTML 表单中的数值和运算符，并将正确的计算结果在当前页面上显示出来。

(1) 创建一个名称为 test4.asp 的网页，代码如下所示:

```
<Form Action=test4.asp Method=post>
    操作数 1: <Input Type=text Name=num1><br>
    操作数 2: <Input Type=text Name=num2><br>
    <p>
    选择你要进行的操作<br>
    <Input Type=radio Name=operation Value="加" checked>加<br>
    <Input Type=radio Name=operation Value="减">减<br>
    <Input Type=radio Name=operation Value="乘">乘<br>
    <Input Type=radio Name=operation Value="除">除<br>
    <Input Type=Submit><Input Type=Reset>
</Form>
<Hr>
<%
Dim n1,n2,op
    If Request.form.count=0 Then
    'Request.form.count 确定参数中值的个数。如果参数未关联多个值，则计数为 1。如果找不到参
     数，计数为 0
     Response.end
    End If
    n1=Request.form("num1")
    n2=Request.form("num2")
    op=Request.form("operation")
    If op="加" Then
        Response.Write n1&"+"&n2&"="&clng(n1)+clng(n2)
    Elseif op="减" Then
        Response.Write n1&"-"&n2&"="&clng(n1)-clng(n2)
    Elseif op="乘" Then
        Response.Write n1&"*"&n2&"="&clng(n1)*clng(n2)
    Elseif op="除" Then
        Response.Write n1&"/"&n2&"="&clng(n1)/clng(n2)
    End If
%>
```

(2) 运行 test4.asp 后的结果如图 4-4 所示。

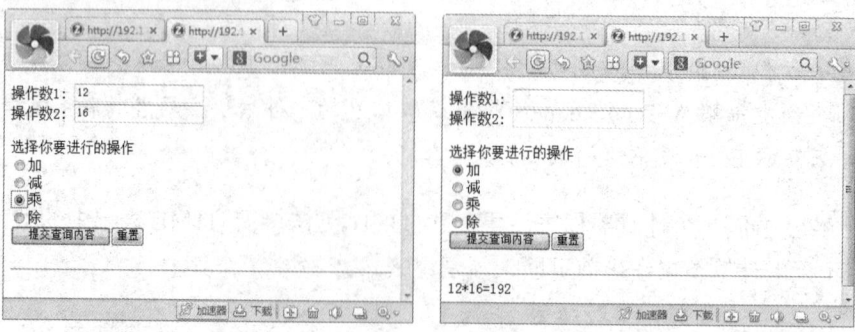

图 4-4　Request.Form 集合获取使用 POST()方法的表单中信息

3. ServerVariables 集合获取服务器端的环境变量

浏览器中浏览网页的时候使用的传输协议是 HTTP，在 HTTP 的标题文件中会记录一些客户端的信息，如客户的 IP 地址、浏览器版本及端口号等。

有时服务器端需要根据不同的客户端信息做出不同的反映，这时候就需要用 ServerVariables 集合获取所需信息。常用的环境变量及说明，如表 4-5 所示。

表 4-5　常用的环境变量及说明

变　　量	说　　明
CONTENT_LENGTH	客户端所提交内容的长度
CONTENT_TYPE	客户端所提交内容的类型，如 text/html。同附加信息的查询一起使用，如 HTTP 查询 GET、POST 和 PUT
HTTP_ACCEPT_LANGUAGE	浏览器用该变量向服务器传送用于显示内容所使用的语言，格式是 LA-CO 或 LA，LA 是语言的缩写，CO 是国家的缩写。若接受多种语言，则用逗号分隔开
HTTP_USER_AGENT	该变量包含浏览器的名字、版本和平台
HTTP_REFERER	确定哪个 Web 页调用脚本
LOCAL_ADDR	返回接受请求的服务器地址。如果在绑定多个 IP 地址的多宿主机器上查找请求所使用的地址时，这条变量非常重要
PATH_INFO	客户端的路径信息。可以通过虚拟路径和 PATH_INFO 变量来访问脚本
QUERY_STRING	查询 HTTP 请求中问号(?)后的信息
REMOTE_ADDR	发出请求的远程主机的 IP 地址
REMOTE_HOST	发出请求的主机名称。如果服务器无此信息，它将设置为空的 REMOTE_ADDR 变量
REQUEST_METHOD	用于提出请求。相当于用于 HTTP 的 GET、HEAD、POST 等
SERVER_NAME	出现在自引用 UR 中的服务器主机名、DNS 化名或 IP 地址
SERVER_PORT	发送请求的端口号

列举 ServerVariables 集合包含的所有成员及其值的方法如下：

```
<OL>
<% For Each Key in Request.ServerVariables%>
<Li>
<B><%=Key%>=</B><%=Request.ServerVariables(key)%><Br>
<%Next%>
</OL>
```

根据对 ServerVariables 集合获取的信息进行处理，服务器端可对不同的客户端信息做出不同的反应。例如，如果某一计算机上安装了多个 Web 服务器，也就是有多个域名同时对应着一个 IP 地址，这时可以使用 SERVER_NAME 属性来根据不同的域名显示不同的页面。

【例 4-3】读取环境变量 SERVER_NAME，然后根据检索到的域名执行重定向。

(1) 创建一个名称为 Cdx.asp 的网页，代码如下所示：

```
<%
    Response.Expires=0                      '设置页面的缓存过期时间为 0
    Dim strServerName
        '此例需有一定的服务器配置环境才能看到实际的效果
    strServerName=Request.ServerVariables("SERVER_NAME")
    Select Case strServerName
    Case "www.test1.com"                    '当访问的域名为 www.test1.com 时
        Response.Redirect "test1.asp"       '重定向到 test1.asp 文件
    Case "www.test2.com"                    '当访问的域名为 www.test2.com 时
        Response.Redirect "test2.asp"       '重定向到 test2.asp 文件
    Case Else
        Response.Redirect "notFound.asp"
    End Select
%>
```

(2) 运行 Cdx.asp 后，ASP 网页会根据读取的环境变量 SERVER_NAME，打开不同的网页(当服务器访问 www.test1.com 网站时，Cdx.asp 将自动打开 test1.asp 页面；当服务器访问 www.test2.com 网站时，则打开 test2.asp 页面；如果服务器没有打开任何一个网站，Cdx.asp 页面将重定向到 notFound.asp 页面)。

4.3　Response 响应对象

Response 对象用于向客户端浏览器发送服务器端的数据。用户可以使用该对象将服务器端的数据用 HTML 的格式发送到客户端的浏览器。该对象的功能与 Request 对象的功能相反，Request 对象用于得到用户提交的数据，而 Response 对象用于将服务器端的数据发送到客户端的浏览器，这是实现网页动态效果的基础。

4.3.1　Response 对象概述

Response 对象发送给用户的信息包括直接发送信息给客户端浏览器、重定向浏览器到另外一个 URL 以及设置 Cookie 的值。

1. Response 对象的属性

Response 对象也提供一系列的属性，可以读取和修改，使响应能够适应请求。Response 对象的属性及说明，如表 4-6 所示。

表 4-6　Response 对象的属性及说明

属　　性	说　　明
Buffer =True/False	读/写，布尔型，表明由一个 ASP 页面所创建的输出是否一直存放在 IIS 缓冲区，直到当前页面的所有服务器脚本处理完毕或 Flush()、End()方法被调用。在任何输出(包括 HTTP 报头信息)送往 IIS 之前，这个属性必须设置。因此在 .asp 文件中，这个设置应该在<%@LANGUAGE=···%>语句后面的第一行。在 ASP 3.0 以及后续版本中默认设置缓冲为开(True)，而在早期版本中默认为关(False)
CacheControl "setting"	读/写，字符型，设置这个属性为 Public，允许代理服务器缓存页面；如为 Private，则禁止代理服务器缓存的发生
Charset="value"	读/写，字符型，在由服务器为每个响应创建的 HTTP Content-Type 报头中附上所用的字符集名称(如 ISO-LATIN-7)
Content Type="MIME-type"	读/写，字符型，指明响应的 HTTP 内容类型，标准的 MIME 类型(如 text/xml 或者 Image/gif)。假如省略，表示使用 MIME 类型 text/html，告诉浏览器所期望内容的类型
Expires minutes	读/写，数值型，指明页面有效的以分钟计算的时间长度，假如用户请求其有效期满之前的相同页面，将直接读取显示缓冲中的内容，这个有效期间过后，页面将不再保留在私有(用户)或公用(代理服务器)缓冲中
Expires Absolute #date[time]#	读/写，日期/时间型，指明当某页面过期和不再有效时的绝对日期和时间
IsClientConnected	只读，布尔型，返回客户是否仍然连接和下载页面的状态标志。在当前的页面已执行完毕之前，假如一个客户转移到另一个页面，这个标志可用来中止处理(使用 Response.End 方法)
PICS "PICS-Label-string"	只写，字符型，创建一个 PICS 报头并将之加到响应的 HTTP 报头中，PICS 报头定义页面内容中的词汇等级，如暴力、不良语言等
Status="Code message"	读/写，字符型，指明发回客户的响应的 HTTP 报头中表明错误或页面处理是否成功的状态值和信息，如 200 OK 和 404 Not Found

2. Response 对象的方法

表 4-7 所示为 Response 对象提供的方法，它允许直接处理为返给客户端而创建的页面内容。

表 4-7　Response 对象的方法及说明

方　　法	说　　明
AddHeader("name","content")	通过使用 name 和 content 值，创建一个定制的 HTTP 报头，并增加到响应之中。不能替换现有的相同名称的报头。一旦已经增加了一个报头就不能被删除。这个方法必须在任何页面内容(即 text 和 HTML)被发往客户端前使用

(续表)

方　　法	说　　明
AppendToLog("string")	当使用 W3C Extended Log File Format 文件格式时，对于用户请求的 Web 服务器的日志文件增加一个条目。至少要求在包含页面的站点的 Extended Properties 中选择 URIStem
BinaryWrite(SafeArray)	在当前的 HTTP 输出流中写入 Variant 类型的 SafeArray，而不经过任何字符转换。对于写入非字符串的信息，例如定制的应用程序请求的二进制数据或组成图像文件的二进制字节，是非常有用的
Clear()	当 Response.Buffer 为 True 时，从 IIS 响应缓冲中删除现存的缓冲页面内容。但不删除 HTTP 响应的报头，可用来放弃部分完成的页面
End()	让 ASP 结束处理页面的脚本，并返回当前已创建的内容，然后放弃页面的任何进一步处理
Flush()	发送 IIS 缓冲中所有当前缓冲页面给客户端。当 Response.buffer 为 True 时，可以用来发送较大页面的部分内容给个别的用户
Redirect("url")	通过在响应中发送一个 302 Object Moved 的 HTTP 报头，指示浏览器根据字符串 url 下载相应地址的页面
Write("string")	在当前的 HTTP 响应信息流和 IIS 缓冲区写入指定的字符，使之成为返回页面的一部分

3. Response 对象的集合

表 4-8 所示为 Response 对象的唯一集合，该集合设置希望放置在客户系统上的 Cookie 的值，它直接等同于 Request.Cookies 集合。

表 4-8　Response 对象的集合及说明

集 合 名 称	说　　明
Cookies	在当前响应中，发回客户端的所有 Cookie 的值，这个集合为只写

4.3.2　应用 Response 对象

下面将介绍 Response 对象在网页设计中的各种应用，包括向浏览器发送数据、利用缓冲区输出数据以及实现网页重定位等。

1. 向浏览器发送数据

在信息查询页面中，若用户输入查询条件并提交到服务器时，就需要编写一个 ASP 程序，通过用户输入的查询条件来查询数据，并将查询的数据结果返回到用户的浏览器上。

2. 利用缓冲区输出数据

当用户使用浏览器打开一个网页时，有时需要等待很长的一段时间，这是因为设置了缓冲页面输出。页面缓冲利用 Response 对象在缓冲区输出数据。下面介绍 Response 对象的一些属性：

- Buffer 属性

在 ASP 程序中，可以为页面在服务器端设置一个缓存。缓存区是一个存储区，它可以在其释放数据之前容纳该数据一段时间，缓冲区的优点在于它的行为可以控制。

设置缓存后，服务器端可减少与客户端连接的次数而提高整体的响应速度，并可在满足某些条件(如脚本处理不正确或用户没有适当的安全证书)时撤销已经处理的结果，而不会出现响应完成一部分就停止的状况。

缓存功能的打开和关闭是通过 Response 对象的 Buffer 属性完成的。若将 Buffer 属性设为 False，则关闭缓存功能，Web 服务器在处理页面时会随时返回 HTML 和脚本结果；若将 Buffer 属性设为 True，则打开缓存功能，Web 服务器在处理页面时会将结果暂时存放到缓存中，当全部脚本处理完后，或者遇到 End()或 Flush()方法时，才将缓存中的内容发送到浏览器。

Buffer 属性的更改必须放在 HTML 或脚本输出之前。这是因为在任何内容发送到浏览器后，Buffer 属性值就不能再更改，否则会引起错误。

注意：

如果在 ASP 文件中的任意地方用到 Redirect()方法重定向页面，必须在文件开头关闭 Buffer 属性，否则就会报错。

【例 4-4】创建一个用于测试 Buffer 属性的 ASP 应用程序，该程序会在浏览器上从 1 显示到 255，并且每输出一个数字就自动换一行。

(1) 创建一个名称为 test5.asp 的网页，代码如下所示：

```
<html>
    <head> 1=255
        <title>测试 Buffer 属性的例子</title>
    </head>
    <body>
<%
    For i=1 to 255                      'i 为 1 到 255 中的一个值
        Response.write(i&"<BR>")        '输出 i 的值并换行
    next
%>
</body>
```

(2) 运行 test5.asp 后的结果如图 4-5 所示。

图 4-5　测试 Buffer 属性的 ASP 应用程序

注意：

【例 4-4】创建的程序脚本在屏幕上显示 1~255 的数字，并且每输出一个数字就换一行。每一句命令执行后，结果都会立即显示。如果把 Buffer 属性设置为 True，那么服务器端的 Response 要写入缓存区中，当脚本被处理完成后再释放给用户；如果把 Buffer 属性设置为 False，则在服务器处理脚本时，HTML 要顺序地发给客户程序(上面的实例就是默认地使 Buffer 属性为 False)。

- ContentType 属性

ContentType 属性指定响应的 HTTP 内容类型。其语法结构如下：

Response.ContentType [=ContentType]

ContentType 字符串通常被格式化为类型/子类型，其中类型是常规内容范畴，子类为特定内容类型。如果未指定 ContentType，默认为 text/html。

Web 服务器将某个文件发送到浏览器时，它会将文件的 MIME 类型告诉浏览器，浏览器会根据文件的 MIME 类型和扩展名来确定是自己本身就能显示，还是必须调用其他应用程序。

注意：

MIME(Multipurpose Internet Mail Extensions)即多用途 Internet 邮件扩展。作为对 SMTP 协议的扩充，MIME 规定了通过 SMTP 协议传输非文本电子邮件附件的标准。目前，MIME 的用途早已经超越了收发电子邮件的范围，成为在 Internet 上传输多媒体信息的基本协议之一，是 Internet 上识别文件类型的标准方法。

- Expires 属性

Expires 属性指定了在浏览器上缓冲存储的页面距过期还有多少时间。如果用户在某个页面过期之前又回到此页，就会显示缓冲区中的版本。其语法结构如下：

Response.Expires [= 时间]

时间参数设置网页距过期还有多少分钟。如果将此参数设置为 0，可使缓存的页面立即过期，这样客户端每次都将从服务器上得到最新的页面。

● Expires Absolute 属性

Expires Absolute 属性指定缓存于浏览器中的页面的确切到期日期和时间。在未到期之前，若用户返回到该页，该缓存的页就显示。如果未指定时间，该主页在当天午夜到期；如果未指定日期，则该主页在脚本运行当天的指定时间到期。其语法结构如下：

Response.ExpiresAbsolute [= [日期] [时间]]

例如，以下代码指定页面在 2016 年 7 月 31 日下午 16 时 17 分 15 秒到期。

```
<% Response.ExpiresAbsolute=#July 31,2016 16:17:15# %>
```

注意：

如果 Expires 属性和 ExpiresAbsolute 属性在一个页面上设置了多次，ASP 会自动选择使用最短的设置时间。

● Status 属性

Status 属性用来传递服务器 HTTP 响应的状态。这个属性可以用来处理 HTTP 请求后服务器返回的错误。

服务器返回的状态码由 3 位数字构成，可以根据状态码确定服务器是如何处理 HTTP 请求的。在调试过程或向客户端返回有关错误信息时，Status 属性特别重要。表 4-9 对常见的状态码做了说明。

表 4-9　HTTP 响应状态码

码	状　态	码	状　态
200	OK	401	Unauthorized
201	Created	403	Forbidden
202	Accepted	404	Page not found
204	No content	500	Internet server error
301	Moved permanently	501	Not implemented
302	Moved temporarialy	502	Bad gateway
304	Not modified	503	Service unavailable
400	Bad request		

● Charset 属性

Charset 属性将字符集名称附加到 Response 对象中 ContentType 标题的后面。其语法结构如下：

Response.Charset (字符集)

对于不包含 Response.Charset 属性的 ASP 页，ContentType 标题将为 content-type:text/html,

如果 ASP 文件包含了下面一句脚本：

```
<% Response.Charset("ISO-LATIN 7") %>
```

则 ContentType 标题将为：

```
content-type:text/html;charset=ISO-LATIN-7
```

注意：

无论字符串表示的字符集是否有效，该功能都会将其插入 ContentType 标题中。如果某个页包含多个含有 Response.Charset 的标记，则每个 Response.Charset 都将替代前一个 CharsetName。这样，字符集将被设置为该页中 Response.Charset 的最后一个实例所指定值。

● IsClientConnected 属性

IsClientConnected 属性是只读属性，它用来指示自上次调用 Response.Write 之后，客户端是否与服务器相连。其语法结构如下：

```
Response.IsClientConnected( )
```

IsClientConnected 属性允许用户在客户端与服务器没有连接的情况下有更多的控制。例如，在从客户端提出请求起到服务器做出响应，期间要用去很长一段时间的情况下，这就可以确保在继续处理脚本之前客户端仍是连通的。

● CacheControl 属性

CacheControl 属性用来控制是否允许代理服务器高速缓存。CacheControl 属性的默认值为 Private，它可以阻止代理服务器高速缓存页面信息。当属性值为 Public 时，代理服务器可以缓冲由 ASP 产生的输出。其语法结构如下：

```
Response.CacheControl [=缓冲存储器控制标题]
```

例如，设置网页的缓存时间并控制它在浏览器的显示内容的代码如下：

```
<%
    Response.Buffer=TRUE      '将此页面设为缓存页，服务器暂不将显示内容发送到浏览器
    Response.Expires=60       '设置缓存过期时间为 60 分钟
%>
设置缓存时间为一个小时的第一段测试的语句。<Br>
<%
    Response.Clear            '清除缓存中的所有内容
    Response.Expires=0        '设置缓存过期时间为 0 分钟
%>
第二段会被显示的测试语句。
<%
    Response.Flush                    '将缓存区的内容立即传送到浏览器
```

```
%>
<%
    Response.End                    'Web 服务器停止当前的脚本处理并返回当前结果
%>
```
不会被送往浏览器显示的第三段测试语句。

3. 实现网页的重定位

在 ASP 应用程序中，使用 Response 对象的方法可以根据客户端不同的请求输出不同的返回结果。

● Write()方法

Write()方法是 Response 对象中最常用的方法之一，它可以把变量的值发送到用户端的当前页面。Write()方法的功能很强大，几乎可以输出所有的对象和数据。

在 Write()方法中可以嵌入任何 HTML 标记，只要该标记是合法的，如下例将输出绿色的汉字和一条水平线：

```
Response.Write "<Font color=green>"
Response.Write "欢迎光临！"&"<Br>"
Response.Write "</Font>"
Response.Write "<Hr>"
```

将 HTML 标记与 ASP 中的变量恰当地结合使用，可使程序更简洁易读，如下例是根据 Request 对象获取的数据创建表格的一行信息：

```
<%Response.Write "<Tr><Td>"&Request.Form("strUserName")&"</Td><Td>"_
& Request.Form("intAge")&"</Td></Tr>" %
```

● Clear()方法

Clear()方法用于清除缓存区的所有 HTML 输出，但它只删除响应正文而不删除响应标题。在服务器上的程序产生错误时，可用 Clear()方法处理错误情况。

注意：
Clear()方法仅当 Response 对象的 Buffer 属性设为 True 时才起作用。如果 Buffer 属性未设为 True，则 Clear()方法将导致运行时错误。

● Flush()方法

调用 Flush()方法时，缓存中的所有内容会立即发送到客户端。与 Clear()方法一样，如果 Response 对象的 Buffer 属性没有被设为 True 时，则 Flush()方法同样会产生运行错误。

● End()方法

End()方法使服务器停止当前脚本的处理并返回当前结果。如果 Response 对象的 Buffer 属性设为 True，则 End()方法立即把缓存中的内容发送到客户端并清除缓存。

因此，若想取消向客户端的所有输出，可以先用 Clear()方法清除缓存，再用 End()方法停止脚本的处理。

●　Redirect()方法

在普通网页中，可以使用超链接的方式引导访问者跳转到另一个页面，但这个过程需要访问者单击一个超链接才可以进行。Response 对象的 Redirect()方法则可以自动完成页面间的跳转，而访问者几乎不会感觉出来。

【例 4-5】创建一个搜索页面，如图 4-6 所示。使用 Response.Redirect()方法编写程序来完成不同搜索引擎的转向定位。

(1) 创建一个名称为 test6.asp 的网页，代码如下所示：

```
<Form Method="get" Action="test6.asp">
    <Input Type="Text" Name="SearchStrings">
    <Input Type="Submit" Name="Search" Value="搜索">
    <p>
    <Input Name="goURL" Type="Radio" Value="百度" Checked>百度
    <Input Name="goURL" Type="Radio" Value="Yahoo">Yahoo
</Form>
<%
Response.Buffer=True                                    '打开缓存功能
Dim strUrlRedirTo,strSearchStrings
    strSearchStrings=Trim(Request.QueryString("SearchStrings"))     '获取欲搜索的关键字
    If (Len(strSearchStrings)) Then
        strSearchStrings=Server.UrlEncode(strSearchStrings)      '对字符串按 URL 规则进行编码
        If Request.QueryString("goURL")="百度"   Then
            strUrlRedirTo="http://www.baidu.com/baidu?word="&strSearchStrings   '产生跳转的 URL
        End if
        If Request.QueryString("goURL")="Yahoo"   Then
            strUrlRedirTo="http://cn.websearch.yahoo.com/search/web_cn?p="&strSearchStrings
        End If
        Response.Redirect strUrlRedirTo                   '跳转语句
    End If
%>
```

(2) 运行 test6.asp 后的结果如图 4-6 所示。在页面的文本框中输入 ASP，并选择"百度"单选按钮，然后单击"搜索"按钮，ASP 页面将自动打开如图 4-7 所示的页面，通过百度搜索引擎搜索关键字 ASP。

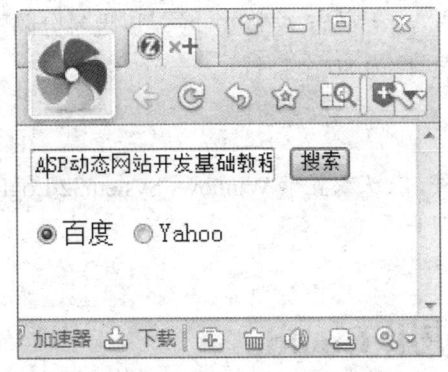

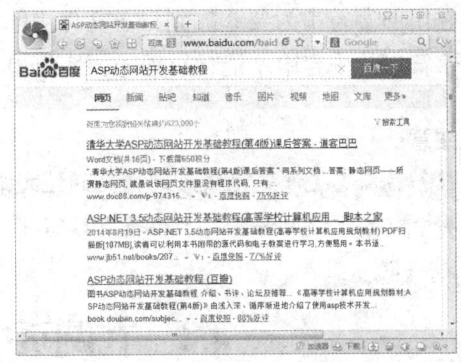

图 4-6　页面效果　　　　　　　　　　图 4-7　搜索结果

- BinaryWrite()方法

BinaryWrite()方法不经任何字符转换就将指定的信息写到 HTTP 输出。该方法用于写非字符串信息，如客户端应用程序所需的二进制数据，常见的有图形、声音或影像等。其语法结构如下：

Response.BinaryWrite　输出数据

如果有一个产生字节数组的对象，就可调用 BinaryWrite()方法将这些生成的字节发送给客户端应用程序，如下例所示：

```
<%
    Set BinGen = Server.CreateObject(MY.BinaryGenerator)
    Pict = BinGen.MakePicture
    Response.BinaryWrite Pict
%>
```

- AddHeader()方法

AddHeader()方法使用指定的值添加 HTML 标题。该方法常常向响应添加新的 HTTP 标题，它并不替代现有的同名标题。一旦标题被添加，将不能删除。其语法结构如下：

Response.AddHeader 标题变量名称, 初始值

为避免命名不明确，标题变量名称中不能包含任何下画线字符"_"。由于 HTTP 协议要求所有的标题都必须在内容之前发送，所以必须在任何输出(例如由 HTML 或 Write()方法生成的输出)发送到客户端之前在脚本中调用 AddHeader()方法，但当 Buffer 属性被设置为 True 时例外。若输出被缓存，则可以在脚本中的任何地方调用 AddHeader()方法，只要它在 Flush()方法之前执行即可。

- AppendToLog()方法

AppendToLog()方法在 Web 服务器日志文件的末尾增加一项，每项内容最多 80 个字符。可以在脚本的同一部分多次调用该方法。每次调用该方法时，都会在当前条目中添加指定的字符串。其语法结构如下：

Response.AppendToLog 字符串

输出的字符串为要添加到日志文件中的文本。由于日志文件的每项是以逗号分隔的，所以字符串的内容中不能含有逗号，字符串最大长度为 80 个字符。

注意:

服务器日志文件是记载访问情况的纯文本文件，默认放置于 Windows/System32/LogFiles 文件夹中，可以使用任何文本编辑器读写。

4.4　在网页中使用 Cookie

Cookie 是一种标记，由 Web 服务器嵌入用户浏览器中来标识用户。当下次同一个浏览器请求网页时，将把以前从 Web 服务器得到的 Cookie 再传送给服务器。Cookie 允许一个用户关联一组信息。Cookie 被保存为简单的文本文件，其名称标识用户和站点，可以用任何文本编辑器打开。

4.4.1　Cookie 的设置

当访问者在某个网站登录后，该网站将会提示是否保留 Cookies 以及保留多长时间。而 Cookie 是存储在计算机中的一个临时文件，它包括了用户在登录时的用户名及密码等相关信息。该文件有一个生命期限，其存在的期限由程序设计者在编写程序时设定。在 Cookie 文件生命期限到期的时候，就会从计算机中自动消失。

1. 定义 Cookie

cookie 是所定义的 Cookie 的名称，而 value 则是给这个变量赋予的初始值。如果设计者在定义 Cookie 变量时使用了 key，则表示这个 Cookie 变量是一个字典。所谓字典，就是有相同变量名的一批不同的 Cookie 变量，这些变量通过不同的关键字(key)来存储值和相互区分。

Cookie 变量的一个显著特征是其具有一定的生命期限。管理和定义不同的 Cookie 变量使其生命期限不同，是通过某些 Cookie 变量的属性完成的。由于不是放置在服务器端的数据库中，Cookie 变量就有可能由于种种原因而遭到破坏，为了防止其他网页和网站所设置的 Cookie 与自己的相同而破坏了已经定义的 Cookie 变量，设计者可以使用一些其他 Cookie 变量的属性来进一步管理 Cookie。定义 Cookie 的一般格式如下:

```
Response.Cookies(cookie)[(key)|.attribute]=value
```

以上格式的意义是在客户端计算机上写入一个 Cookie 变量，该变量的名称为 cookie，其变量值为 value。若该变量已经存在，则直接写入 value 值；若该变量不存在，就要创建一个新的变量，其名称为 cookie，值为 value。Cookie 变量引用的一般格式如下:

```
Response.Cookies(cookie)=value
```

例如以下程序代码：

```
<%
    Response.Cookies("Username")="Luck"
    Response.Cookies("Date").Expires="July 22,2016"
%>
```

以上代码的意思是定义两个 Cookie 变量，在客户端写入两个变量，其中一个变量名称为 Username，值为 Luck；另一个变量名称为 Date，值为 July 22,2016。所定义的 Cookie 变量都存储在客户端计算机硬盘中一个名称为 Cookie 的目录中。

注意：

若所设置的 Cookie 变量在客户端计算机中已经存在，并且其各种参数均相同，那么原有的 Cookie 变量将被覆盖。

2. 定义 Cookie 变量的生命期限

可以通过设置 Cookie 变量的 Expires 属性设置它的生命期限。若在一次客户访问结束后，所设置的 Cookie 变量依然留在客户端计算机中并且有效，那么必须设置 Cookie 变量的 Expires 属性值，若不设置，则在一次会话结束后，所有程序中设置的 Cookie 变量都会过期失效。

Time 属性值为一个时间常数，按照 VBScript 的约定，时间常数一般用两个 "#" 符号界定。Expires 属性引用的一般格式如下：

```
Response.Cookies(cookie).Expires=Time
```

例如，下面程序中的一个循环，将所有 Cookie 变量的过期日期都设置为 2016/5/1。

```
<%
    For Each Cookies in Response.Cookies
    Response.Cookies("Date").Expires=#May 1,2016#
%>
```

3. 定义 Cookie 变量的作用域

由于 Cookie 变量使用得非常广泛，各种不同的网站都在客户端的计算机上写下了各种各样的 Cookie 变量和 Cookie 值。但是 Cookie 变量只能定义和赋值，而不能追加，若名称相同，则会将原有的数据覆盖。

要保证不同网站的 Cookie 不会互相冲突及同一个网站内的 Cookie 不会相互冲突，用户可以使用 Cookie 变量的 Domain 属性和 Path 属性：

● Domain 属性用于设置所定义的 Cookie 变量的域，设置不同变量的域可以防止不同网站之间的 Cookie 互相冲突。

● Path 属性用于设置所定义的 Cookie 变量的文件路径，此路径相当于服务器主目录
  而言。一般一个网站的不同开发组会使用不同的文件路径，这样可以避免 Cookie
  的互相冲突。

Domain 属性和 Path 属性的定义格式如下：

```
Response.Cookies(cookie).Domain=domainname
Response.Cookies(cookie).Path=pathname
```

域就是一个网站域，而地址则是该文件的相对地址。如下面程序定义了一个 Cookie
变量，用于几类用户的名称，并设置了域和地址属性。

```
<%
    Response.Cookies("Customer")="Du"
    Response.Cookies("Customer").Expires=#May 1,2022#
    Response.Cookies("Customer").Domain="http://www.xxx.com"
    Response.Cookies("Customer").Path="/wwwroot/hsm"
%>
```

一旦程序中设置了变量的域和路径，若想修改文件夹名称，则还要在程序中将其找到，
将域和路径修改过来。为了提高工作效率，用户可以使用以下程序的方法实现动态生成域
和地址：

```
<%
    Dim getdomain
    Dim getpath
    Dim position
    Getdomain=Request.servervariables("server_name")
    Position=instrrev(path,"/")
    Response.Cookies
    Response.Cookies("Customer")="Du"                    '记录用户名
    Response.Cookies("Customer").Expires=#May 1,2022#    '记录当前日期
    Response.Cookies("Customer").Domain=getdomain        '记录当前网址
    Response.Cookies("Customer").Path=getpath            '记录路径
%>
```

4.4.2　Cookie 的使用

下面将介绍使用 Cookie 字典和读取 Cookie 值的方法与实例。

1. 使用 Cookie 字典

Cookie 字典就是在客户端存储的一张二维关系表，该表的名字是定义的 Cookie 字典
的名字，引用同一个字典的不同变量所设置的 key 值，不同的 key 值对应不同的变量。因

此，字典的名字和每个 key 值构成了一个完整的 Cookie 变量名。定义一个字典并指定其中所包含的变量的格式如下：

```
Response.Cookies(cookie)(key)=value
```

key 被称为关键字，用于表示同一个字典中不同的变量，如下面的程序中定义了一个客户信息的字典 customer，并在这个字典中定义了若干个与 customer 相关的变量。

```
<%
    Response.Cookies("customer")("name")="Du"                '记录用户名
    Response.Cookies("customer")("age")="28"                 '记录用户年龄
    Response.Cookies("customer")("mail")="xxx@sina.com"      '记录用户电子邮箱地址
%>
```

以上字典 customer 中，定义了 3 个变量：name、age 和 mail。就像数据库表中的不同字段，每个 Cookie 变量的值相当于每个字段的值。

若用户分不清一个 Cookie 是一个字典还是一个变量时，可以用 haskeys 属性判断：

```
<%
    If not response.cookies("customer").haskeys then        '判断 haskeys 属性
        Response.write"这不是一个字典"                       '输出文字"这不是一个字典"
    Else
        Response.write"这是一个字典"                         '输出文字"这是一个字典"
    End if
%>
```

对于一个字典，可以通过循环来引用其中所包含的所有变量及其值。以下程序将 customer 字典的变量全部置空：

```
<%
    If not response.cookies("customer").haskeys then
        Response.cookies("customer")=""
    Else
        For each key in response.cookies("customer")
            Response.cookies("customer")(key)= ""
        Next
    End if
%>
```

2. 读取 Cookie 值

cookie 是需要读取 Cookie 的名称；key 选项的意义与定义 Cookie 时相同，表示某个 Cookie 字典中的关键字；属性 attribute 只有一个 haskeys 的值，用来判断一个 Cookie 是否为字典，用法与定义 Cookie 时完全相同。Request 对象负责从客户端把 Cookie 读取出来。Response 读取 Cookie 的一般格式如下：

```
Response.Cookies(cookie).[(key)|.attribute]
```

Cookie 字典中的变量和值可以通过引用关键字来读取，若一个字典不进行关键字引用，而直接使用 Request.Cookies(cookie)，那么所有的关键字都将作为返回值。下面的程序是一个 Cookie 字典 Du 有两个关键字 age 与 sex，则使用 Response.Cookies(Du)返回：age=28&male。

```
<%
    Response.Cookies("Customer")("age")="28"
    Response.Cookies("Customer")("sex")="male"
    Response.write request.cookies("Du")
%>
```

当 Cookie 在字典 Du 中，先定义关键字 age，后定义关键字 sex，但是在采用这种方法读取 Cookie 时，先读取 sex，后读取 age，顺序是颠倒的。若客户端返回了两个相同名称的 Cookie，那么 Request 对象将只读取其中目录层次比较深的 Cookie。例如，在名称相同时，一个 Cookie 的 path 属性设置为 wwwroot/asp，而另一个 Cookie 的 path 属性设置为 wwwroot/asp/asppages/，那么最终 Request 对象读取到的 Cookie 将是后者。

【例 4-6】使用 Cookie 技术在客户端记录下客户端的计算机名，然后写入一个 Cookie 字典；并设置一个记录访问次数的关键字，把用户的访问次数设置为 1，也写入一个 Cookie 字典。在用户下面的访问中，服务器读取用户计算机的 Cookie，判断出计算机名，并把访问次数加 1 后显示在浏览器中，如图 4-8 所示。

(1) 创建一个名称为 test7.asp 的网页，代码如下所示：

```
<%
    dim servername
    dim number
    servername=request.cookies("customer")("servername")
    number=request.cookies("customer")("number")
    if servername="" then
        servername=request.servervariables("server_name")
        response.cookies("customer")("servername")=servername
        response.cookies("customer")("number")=1
        response.cookies("customer").expires=#Oct 1,2022#
        response.cookies("customer").domain=http://www.xxx.com
    else
        response.cookies("customer")("number")=number+1
        response.write"欢迎你"&servername&"这是你的第"&number&"次访问。"
    end if
%>
```

(2) 运行 test7.asp 后的网页效果如图 4-8 所示。

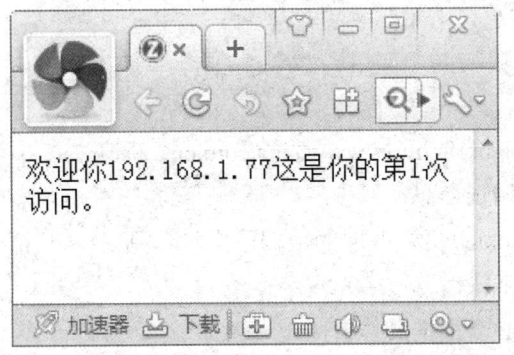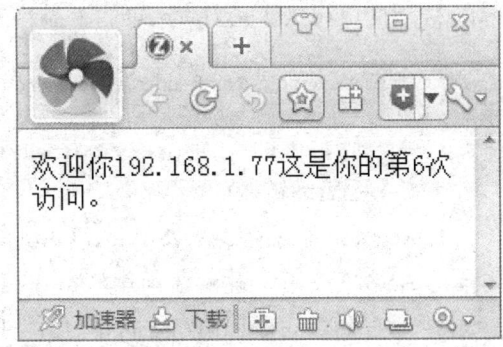

图 4-8　利用 Cookie 技术实现网页计数器效果

　　当用户第一次访问网站时，在客户端并没有要求 customer 这个 Cookie 字典，因此使用该字典获取的两个参数 servername 和 number 的值都为空。这时对该字典进行初始化，当用户再次连接访问时，客户端已经有了这个字典。为了能长期监视该客户端的访问情况，把这个字典的生命期限设置为 2022 年 10 月 1 日。为了防止其他网站将该 Cookie 覆盖，还应当设置该 Cookie 字典的 domain 域属性。

4.5　习　　题

4.5.1　填空题

　　1. _____对象用于接收客户端浏览器提交的数据，而_____对象的功能则是将服务器端的数据发送到客户端浏览器。

　　2. 如果在 Request 对象中没有指定准确的集合名称，ASP 会自动按 QueryString、_____、_____和 ServerVariables 的顺序来搜索确定数据的获取方法。

　　3. 当 HTML 表单用_____方法向 ASP 文件传递数据时，用户提交的数据将被附在 URL 的查询字符串中一起被提交到服务器端指定的文件中。

　　4. Response 的_____方法可以自动完成页面间的跳转。

　　5. 缓存功能的打开和关闭是通过 Response 对象的_____属性完成的。

4.5.2　选择题

　　1. 下面集合可以获取查询字符串中信息的是(　　　)。

　　A. Response("元素名")　　　　　　　B. Request("元素名")

　　C. Request.Form("元素名")　　　　　　D. Request.QueryString("元素名")

2. 下面语句执行完毕后，页面上显示内容是(　　)。

```
<% Response.Write "<a href='http://www.sina.com.cn'>新浪</a>" %>
```

    A. 新浪　　　　　　　　　　B. <a href='http://www.sina.com.cn'>新浪</a>

    C. 新浪(超链接)　　　　　　D. 错误信息

3. Request 对象的 QueryString、Form、Cookies 集合获取的数据子类型分别是(　　)。

    A. 数字、字符串、字符串　　B. 字符串、数字、数字

    C. 字符串、字符串、字符串　D. 必须根据具体值而定

4. 下面程序段执行完毕，页面上显示的内容是(　　)。

```
<%
Response.Write "a":   Response.Flush:   Response.Write "b":   Response.Clear
Response.Write "c":   Response.End:   Response.Write "d"
%>
```

    A. ac　　　　　　　　　　　B. cd

    C. bd　　　　　　　　　　　D. ad

4.5.3　问答题

1. Redirect()方法和超链接的区别是什么？

2. 当表单分别以 POST()方法和 GET()方法提交时，获取数据的方法有什么区别？

3. 假如变量 a="b"，那么 Request(a)和 Request("a")返回值一样吗？

4.5.4　操作题

开发一个程序，当用户第一次访问时，需在线注册姓名和性别，然后把信息保存到 Cookie 中。当该用户再次访问时，则显示"某某先生/小姐，您好，您是 "的欢迎信息(提示：可以用多个页面实现)。

第5章 Server 服务对象

教学目标

通过对本章的学习，读者应了解并掌握 Server 对象的基础知识，并熟悉该对象的各个属性、方法及事件。

教学重点与难点

- Server 对象的属性与方法
- Server 对象在网页设计中的应用

Server 对象提供了访问服务器对象的方法和属性。一般的服务器系统，其工具是以对象模型的方式被保存的，通过 Server 对象的使用，可以访问服务器的信息。服务器系统一系列的对象模型，如数据库连接组件 ADODB，其访问模型有连接数据库 Connection、记录集 Recordset 等。一般需要通过 Server 对象创建一个这样的对象模型实例，而后才能正确地使用。

5.1 Server 对象概述

Server 对象提供对服务器上方法和属性的访问，其中大多数方法和属性是作为实用程序的功能服务的，如表 5-1 所示。

表 5-1 Server 对象成员

方 法	说 明
CreateObject(objName)	创建对象实体
HTMLEncode(string)	HTML 字符串编码
URLEncode(string)	路径字符串编码
MapPath(urlString)	取得绝对路径
Transfer(urlString)	转向至指定浏览网页
Execute(urlString)	执行外部网页
GetLastError()	取得 Error 对象

在这些成员中，使用最为频繁的方法是 CreateObject()，它使网页可以创建一个指定的对象，同时利用这个对象进行所需的相关操作。例如，制作数据库的功能首先要使用 CreateObject()方法创建所需的 ADO 对象，其他的方法包含改变网页的文字输出格式，获取网页路径等。

5.2　Server 对象的属性

用户在上网时经常会发现，当打开一个页面后有时会出现很长时间的延时现象，这是因为程序的脚本过大，执行脚本需要用户等待很长一段时间。要解决这样的问题，在 ASP 中处理运行时间过长的脚本可以采用 Server 对象的 ScriptTimeout 属性来实现。ScriptTimeout 属性指定一个脚本延时时间期限，其引用的一般格式如下：

```
Server.ScriptTimeout=NumSeconds
```

其中，NumSeconds 参数指定脚本在被服务器结束前最大可运行的秒数。若脚本超过该时间限度仍没有执行完毕，将被终止，并显示超时错误提示(该属性的单位为秒，默认值为 90 秒)。

注意：

Server 对象只有一个 ScriptTimeout 属性，它用于指定一个脚本延时的时间期限。脚本运行超过 ScriptTimeout 属性设置时间将做超时处理，终止没有完毕的响应并提示超时错误信息。

以下程序规定如果服务器处理脚本时间超过 120 秒，则使其超时：

```
<%
    Server.ScriptTimeout=120
%>
```

在获取 ScriptTimeout 属性当前的值后，将其存储在变量 Timeout 中。

```
<%
    TimeOut=Server.ScriptTimeout
%>
```

在一些特殊场合中，存在脚本运行时间大于 90 秒的情况。例如，当脚本生成一个非常大的主页时，主页显示到一半时间就过了限制时间，这时就需要利用 Server 对象的 ScriptTimeout 属性设定脚本的限制时间。

【例 5-1】在网页中随机显示一个星号，查看限制时间对页面响应的限制作用。

(1) 创建一个名称为 test8.asp 的网页，代码如下所示：

```
<% Server.ScriptTimeOut=150 %>
<html>
  <head><title>落星</title></head>
  <body>
    <%
    randomize
    starx=60
```

```
    for k=1 to 10
      nextsecond=dateadd("s",10,time)
      do while time<nextsecond
      loop
      Starx=starx+3*rnd()-1
      for i=1 to starx
        Response.Write("&ndsp;")
      Next
      Response.Write("*<p>")
    Next
    %>
  </body>
</html>
```

(2) 运行以上程序后，页面中将显示星号，显示限制时间对页面响应的限制作用。

5.3　Server 对象的方法

Server 对象最常用的方法是创建服务器组件的实例(Server.CreateObject)，其他方法用于将 URL 或 HTML 编码成字符串，将虚拟路径映射到物理路径，以及设置脚本的超时期限等。

5.3.1　HTMLEncode()方法

HTMLEncode()方法对指定的字符串应用 HTML 编码。HTMLEncode()方法引用的一般格式如下：

```
Server.HTMLEncode(string)
```

其中，string 参数指定要编码的字符串。无论是一个 HTML 文件还是一个 ASP 文件，最终交给浏览器解释的文档都是一个纯 HTML 的文本文件。因此，对于该文件中所有的 HTML 标记，浏览器都将进行解释。也就是说，在浏览器窗口中无法显示 HTML 源代码。

在 HTML 语言中有一种转义符，浏览器在解释转义符时，只将转义符对应的字符或字符串转化显示在浏览器上，而不进行 HTML 的标记解释，但同样把 HTML 标记转化为转义符发送至浏览器，这样就可以在浏览器上看到 HTML 标记。例如下面的程序代码所示：

```
<%
Dim htmstring
  htmstring="输出一个 HTML 标记：<html>"        'htmstring 赋值
  htmstring=Server.HTMLEncode(htmstring)        '对 htmstring 的值进行编码
  Response.write htmstring                       '输出 htmstring 的值
%>
```

使用 HTMLEncode()方法，htmstring 就变成了一个字符串。

"输出一个 HTML 标记：⁢html&gt"，将这个字符串显示在浏览器上时，浏览器又将各转义符还原成 HTML 标记，显示在窗口中。以上代码的运行结果如图 5-1 所示。

利用 HTMLEncode()方法可以将一个指定的字符串按 HTML 的编码输出。例如以下代码所示：

```
<html>
<head>
  <title>HTMLEncode</title>
</head>
<body bgcoloer="#ffffff">
  <%
    response.write"<b>hello</b><i>word</i>"
    response.write"<p>"
    '对"<b>hello</b><i>word</i>"进行编码输出
    response.write server.htmlencode("<b>hello</b><i>world</i>")
    response.write"<p>"
    response.write"Nanjing&Beijing"
    response.write"<p>"
    '输出编码后的 Nanjing&Beijing
    response.write server.URLencode("Beijing and shanghai")
  %>
</body>
</html>
```

以上代码运行后的结果如图 5-2 所示。

图 5-1　输出一个 HTML 标记

图 5-2　将指定字符串按 HTML 的编码输出

5.3.2　URLEncode()方法

URLEncode()方法是将 URL 编码规则(包括转义字符)应用到指定的字符串。URLEncode()方法引用的一般格式如下：

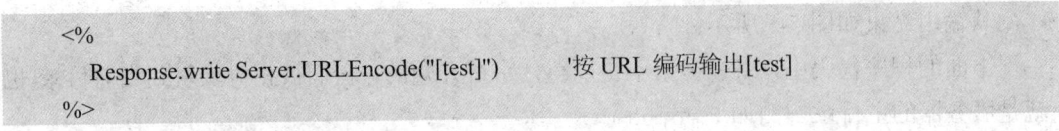

其中，string 参数指定要编码的字符串。就像 HTMLEncode() 方法一样可以将字符串翻译为可接受的 HTML 格式，URLEncode() 方法用于将一个指定的字符串按 URL 的编码输出。当字符数据以 URL 的形式传递到服务器时，在字符串中不允许出现空格，也不允许出现特殊字符。如果在发送前进行 URL 编码，就可以使用 URLEncode 编码，即利用 Server.URLEncode() 方法。

例如，以下所示的程序会将给定的字符串翻译成可作为 URL 接受的格式：

```
<%
    Response.write Server.URLEncode("[test]")          '按 URL 编码输出[test]
%>
```

以上代码运行结果如图 5-3 所示。

【例 5-2】　参考上面的代码，在 ASP 网页中同时输出经过 URL 编码后的与编码前的字符串。

(1) 创建一个名称为 test35.asp 的网页，代码如下所示：

```
<%
dim urlstring
    urlstring="http://www.sina.com"
    response.write"<h2>编码前的字符串如下。"&urlstring&"</h2><br>"
    urlstring=Server.URLEncode(urlstring)
    response.write"<h2>编码后的字符串如下。"&urlstring&"</h2>"
%>
```

(2) 运行以上程序后，结果如图 5-4 所示。

图 5-3　输出结果

图 5-4　输出 URL 编码前后的字符串

5.3.3　MapPath() 方法

MapPath() 方法将指定的相对或虚拟路径映射到服务器上相应的物理目录上。MapPath() 方法引用的一般格式如下：

```
Server.MapPath(Path)
```

其中，Path 参数指定要映射物理目录的相对或虚拟路径。若 Path 以一个正斜杠(/)或反斜杠(\)开始，则 MapPath()方法返回路径时将路径视为完整的虚拟路径；若路径不是以斜杠开始，则 MapPath()方法返回同 ASP 文件中已有的路径相对的路径。

例如，以下程序示例表示使用服务器变量 PATH_INFO 映射当前文件的物理路径：

```
<%
    response.write server.mappath(request.servervariables("PATH_INFO"))
%><BR>
```

其输出结果如图 5-5 所示。

下面的程序代码中，路径参数不是以斜杠字符开始的，它们被相对映射到当前目录(也就是服务器的主目录，例如 F:\mysite)。

```
<%
    response.write server.mappath("page.txt")
%><BR>
<%
    response.write server.mappath("asp/page.txt")
%><BR>
```

其输出结果如图 5-6 所示。

图 5-5　映射当前文件的物理路径

图 5-6　相对映射到当前目录

下面的程序则使用正斜杠(/)与反斜杠(\)，返回主目录的物理路径。

```
<%
    response.write server.mappath("\")
%><BR>
<%
    response.write server.mappath("/")
%><BR>
```

其输出结果如图 5-7 所示。

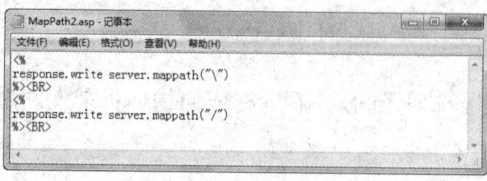

图 5-7　使用正斜杠(/)与反斜杠(\)返回主目录

5.3.4　CreateObject()方法

CreateObject()方法是 Server 对象最重要的方法，用于创建已注册到服务器上的组件的实例。CreateObject()方法引用的一般格式如下：

```
Server.CreateObject(progID)
```

其中，progID 参数是指定要创建的对象类型。CreateObject()方法是一个非常重要的特性，因为使用 ActiveX 组件能够扩展 ActiveX 的功能，实现一些仅靠脚本无法实现的功能，例如数据库访问和文件访问等。

在 ASP 文件中，用以下方法可以将创建的对象赋值给一个变量：

```
<%
    Set conn=Server.CreateObject("ADODB.connection")
%>
```

其中，ADODB 是 ASP 服务器的一个组件，用于处理数据库操作。当创建一个组件后，用户可以利用其提供的属性和方法实现相应的功能。

当创建一个对象后，若不再需要该对象，应释放其所占用的资源，释放语句如下：

```
<%
    Set conn=nothing
%>
```

注意：
CreateObject()方法中的组件是指定的关键字，用户不能用该方法建立系统内建的对象，例如 Request 或 Response 等。

5.3.5　Transfer()方法

Transfer()方法把执行流程从当前的 ASP 文件转到同一服务器上的另一个 ASP 页面。它的功能和 Response 对象的 Redirect()方法重定向浏览器功能类似，但两者在工作原理上有一定的差别。

使用 Response.Redirect()方法重定向操作的整个过程中，客户端与服务器要进行两次来回的通信：第一次通信是对原始页面的请求，得到一个目标已经改变的应答；第二次通信是请求 Response.Redirect()指向的新页面，得到重定向之后的页面。

使用 Server.Transfer()方法时，客户端与服务器只需要进行一次通信，它将终止执行当前的 ASP 页面，执行流程转入另一个 ASP 页面，但新的 ASP 页面仍使用前一个 ASP 页面创建的通信。Transfer()方法需要的网络通信量较小，从而可获得更好的性能和浏览效果，其语法结构如下：

> Server.Transfer (URL 地址名称)

注意:

使用 Server.Transfer()方法实现页面之间的跳转后,浏览器中的 URL 不会改变,因为重定向完全在服务器端进行。

5.3.6　Execute()方法

Execute()方法用来在当前的 ASP 页面执行同一 Web 服务器上指定的另一个 ASP 页面。当指定的 ASP()页面执行完毕,控制流程重新返回原页面发出 Execute()调用的位置。

Execute()方法类似于许多编程语言的过程调用,只不过过程调用是执行一个过程,而 Execute()方法是执行一个完整的 ASP 文件。其语法结构如下:

> Server.Execute (URL 地址名称)

【例 5-3】使用 Server.Execute()方法,在一个 ASP 文件中调用执行另一个 ASP 文件。

(1) 创建一个名称为 test36 的网页,其代码如下所示:

```
<p>这是第一个页面! </p>
<%
    Response.Write "当前的会话编号为: "&Session.SessionID&"<Br>"
    Response.Write "下面准备执行 Server.Execute 方法调用第二个页面"&"<Br>"
    Server.Execute("test37.asp")
    Response.Write "执行完 Server.Execute 方法后返回到第一个页面"&"<Br>"
%>
```

(2) 以上代码保存至服务器主目录中。

(3) 创建一个名称为 test37.asp 的网页,代码如下所示:

```
<p>这是第二个页面的内容! </p>
<%
    Response.Write "当前的会话编号为: "&Session.SessionID&"<Br>"
%>
```

(4) 将以上代码保存至服务器主目录中后,运行 test36.asp 页面,结果如图 5-8 所示。运行 test37.asp 页面,结果如图 5-9 所示。

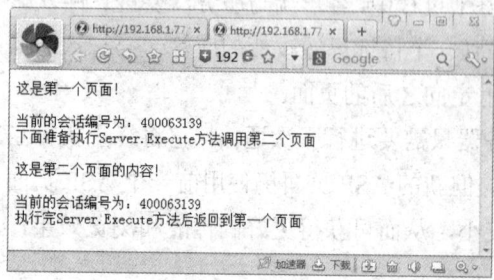

图 5-8　test36.asp 运行结果

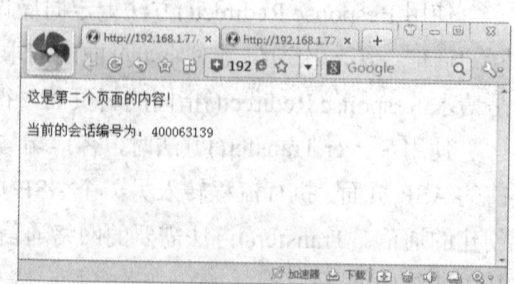

图 5-9　test37.asp 运行结果

注意:

使用 Transfer()方法或 Execute()方法时，最后得到的页面可能不是合法的 HTML 页面，因为最终返回给客户端的页面可能包含多个<HTML>和<BODY>等标记，所以需要多次对页面进行测试。

5.3.7　GetLastError()方法

GetLastError()方法返回一个 ScriptError 对象，用于捕捉当前 ASP 程序的运行错误并向用户返回有用的信息，如错误描述和发生错误的行号等。其语法结构如下:

```
Server.GetLastError ()
```

5.4　习　　题

5.4.1　填空题

1. Server 对象提供_____方法用以转换 HTML 标签，避免这些特定字符被浏览器进一步作解译。

2. Transfer()方法把执行流程从当前的 ASP 文件转到同一台服务器上的另一个 ASP 页面。它的功能和_____对象的_____方法重定向浏览器功能类似，但两者在工作原理上有一定的差别。

3. _____方法用来在当前的 ASP 页面执行同一台 Web 服务器上指定的另一个 ASP 页面。当指定的 ASP 页面执行完毕，控制流程重新返回原页面发出_____调用的位置。

4. _____方法返回一个_____对象，用于捕捉当前 ASP 程序的运行错误并向用户返回有用的信息，如错误描述和发生错误的行号等。

5.4.2　选择题

1. 执行语句 a=Server.URLEncode("b c")后，变量 a 的值是(　　)。

A. b c　　　　　　　B. b+c　　　　　　　C. "b+c"　　　　　　　D. "b c"

2. 如果要返回应用程序根目录的物理路径，那么 MapPath 方法的参数可以是(　　)。

A. "/"　　　　　　　B. "\"　　　　　　　C. "."　　　　　　　D. "C:\Inetpub\wwwroot"

3. 如果将 6-4.asp 中的 Execute()方法替换为 Transfer()，那么 6-5.asp 中的 ScriptTimeOut 属性值是(　　)。

A. 90　　　　　　　B. 100　　　　　　　C. 300　　　　　　　D. 以上都不对

4. 如果将 6-4.asp 中的 Server.Execute()方法替换为 Response.Redirect()，那么 6-5.asp 中 ScriptTimeOut 属性值是(　　)。

　　A. 90　　　　　　　B. 100　　　　　　　C. 300　　　　　　　D. 以上都不对

5. 如果在页面 1 中添加 Server.ScriptTimeOut=300，并在同一网站的页面 2 中添加 a=Server.ScriptTimeOut，请问变量 a 的值等于(　　)。

　　A. 60　　　　　　　B. 90　　　　　　　C. 300　　　　　　　D. 以上都不对

6. 在给对象变量赋值时，一般要使用下面(　　)关键字。

　　A. Dim　　　　　B. Set　　　　　　　C. Public　　　　　D. Private

7. 执行语句 a=Server.HTMLEncode("<p>")后，变量 a 的值是(　　)。

　　A. p　　　　　　　B. <p>　　　　　　　C. "<p>"　　　　　　　D. "<p>"

5.4.3　问答题

1. 简述 Server 对象的属性。

2. 简述 Server 对象的方法。

3. 简述 Execute()、Transfer()和 Redirect()方法的主要区别。

5.4.4　操作题

1. 开发一个函数，可以基本实现 HTMLEncode()方法的功能(提示：使用 Replace 函数替换"&、>和<"为对应的字符实体)。

2. 参考本章练习的操作，使用 Server.Transfer()方法将一个 ASP 文件中的内容传输到另一个 ASP 文件中。

第6章　Application对象与 Session对象

教学目标

通过对本章的学习，读者应了解和掌握 Application 对象和 Session 对象的基础知识，熟悉它们的各个属性、方法及事件。

教学重点与难点

- Application 对象在网页设计中的应用
- Session 对象在网页设计中的应用

本章将介绍两个重要的 ASP 内建对象——Application 对象和 Session 对象。其中，Application 对象可以在所有用户之间共享信息，并在服务器运行期间持久地保存数据；而且 Application 对象还有控制访问应用层数据的方法和可用于在应用程序启动和停止时触发过程的事件。Session 对象更接近于普通应用程序中的全局变量，全局变量在程序执行的过程中始终有效，其他用户同时启动该程序的另一个副本，该程序的两个实例使用各自的全局变量，在两个进程之间不能互相访问。

6.1　Application 应用程序对象

一个 Application 对象就是在硬盘上的一组主页以及 ASP 文件，当一个 ASP 加入了一个 Application 对象，那么，它就拥有了作为单独主页所无法拥有的属性。下面将介绍 Application 对象的特性以及在网页设计中的应用。

6.1.1　Application 对象概述

Application 对象是应用程序级的对象，它可以产生一个全部的 Web 应用程序都可以存取的变量，所有的客户都可以访问这个变量。

应用程序是驻留在 Web 站点的特定目录中的一组文件。每个 Web 站点上可以有多个应用程序，还可以根据某个任务为一些 ASP 文件创建一个应用程序。例如，创建一个应用程序作为全部客户服务后，再创建一个新的应用程序作为网络管理员服务。

应用程序的运行实例用 Application 对象表示，其生存期从请求该应用程序的第一个页面开始(不是从服务器启动开始)，直到 Web 站点关闭时结束。由于存储在 Application 对象中的数据可以被应用程序的所有用户共享，因而 Application 对象特别适合在应用程序的不同用户之间传递信息。

　　Application 对象本身提供了一些方法与集合，用以处理 ASP 应用程序的各种状态与特性，如表 6-1 所示。

表 6-1　Application 对象成员

	对 象 成 员	说　明
集合	Contents	储存 Application 对象变量值
	StaticObjects	储存 Application 对象标签<Object>变量
方法	Contents.Remove(valName)	移走 Contents 集合中的特定元素
	Contents.RemoveAll	移走 Contents 集合中的所有元素
	Lock()	锁定 Application 对象存取
	Unlock()	释放被锁定的 Application 对象
事件	OnStart	ASP 应用程序第一次启动时被触发
	OnEnd	ASP 应用程序结束时被触发

注意：

　　一个应用程序的根目录由 IIS 的 Internet 信息服务程序设定，根目录下的每个文件和目录都属于该应用程序。应用程序和应用程序之间是不能互相重叠的，如果其中的某一个子目录也被创建为一个根目录，那它将被认为是一个新的应用程序。

6.1.2　Application 对象的属性

　　Application 对象没有内置属性，用户可根据需要自行创建。创建一个属性后，在整个应用程序运行期间，此属性的值都可以被所有的用户访问。如下面的代码定义了一个 Application 对象的属性 Welcome：

```
<% Application("Welcome")="本网站属于非营利性商业网站" %>
```

　　每个 Application 变量都是 Contents 集合中的一个成员。创建一个新的 Application 变量，其实就是在 Contents 集合中添加一项新的内容。例如，上面一句代码也可以写为：

```
<% Application.Contents("Welcome")="本网站属于非营利性商业网站" %>
```

　　Contents.Remove()方法可以从 Contents 集合中删除一个成员，而 Contents.RemoveAll()方法可以删除 Contents 集合中的所有成员，如下例所示：

```
<% Application.Contents.Remove("Welcome") %>
```

　　Contents 集合包含了所有的 Application 变量，可使用 For…Each 循环全部列举或显示

Application 变量的值，如下例所示：

```
<%
  For Each item in Application.Contents
    Response.Write ("<Br>"&item&"="&Application.Contents(item))
  Next
%>
```

6.1.3　Application 对象的方法

　　Application 对象对于网站所有的网页和在线用户来说，是一个公开的对象，因此，任何人在任何时间都有可能对其进行存取。当一个 Application 对象在同一个时间被存取，此时冲突就会发生，因此，对于 Application 对象，适当地限制用户存取非常重要。

　　Application 对象包含 Lock()和 UnLock()两种方法。Lock()方法用于锁定 Application 对象，保证同一时刻只有一个用户可以操作其中的数据，避免多个用户同时修改同一数据而产生的冲突。UnLock()方法用于解除 Lock()方法对数据的锁定，以便其他用户能访问和修改 Application 对象的属性。Lock()和 UnLock()两种方法总是成对出现的，这样可以确保 Application 对象中数据对所有用户的完整性和一致性。

　　【例 6-1】制作一个网站计数器。

　　(1) 创建一个名称为 index1.asp 的文件，代码如下所示：

```
<%
  Application.Lock                  '锁定 Application 对象，保证只有当前用户对计数器进行操作
  Application("user_num")= Application("user_num") + 1      '计数器值加 1
  Application.UnLock                '解除锁定，其他用户可对计数器进行操作
  Response.write("此页面已经被访问过" &Application("user_num")&"次")      '输出结果
%>
```

　　(2) 运行 index1.asp 文件后的结果如图 6-1 所示。

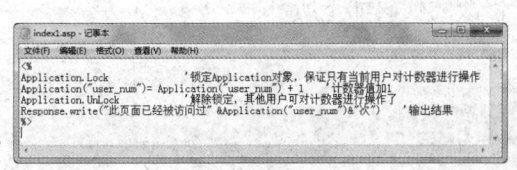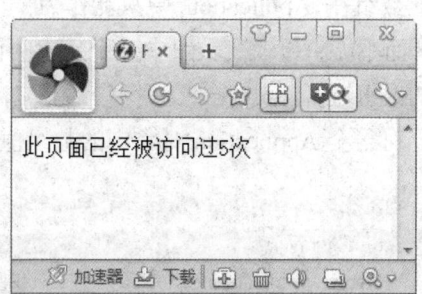

图 6-1　网站计数器

6.1.4　Application 对象的事件

Application 对象包含 Application_OnStart 和 Application_OnEnd 两个事件。当网站的第一个用户通过浏览器打开一份网页时，Application 对象就会被自动创建，与此同时，Application 对象所定义的 OnStart 事件便会被触发。对于 ASP 网页的程序设计师而言，会将焦点放在所触发的 OnStart 事件，整个网站一开始所要执行的工作、初始化操作的相关程序代码，都可以在这个事件里面做处理。

同样，ASP 应用程序网站被关闭时，系统侦测到最后一个用户离线的同时，Application 对象就会被结束。所有 ASP 应用程序执行期间，网页在其中所储存的数据均会被清除。此时，OnEnd 事件即会被触发，处理 ASP 网站结束时所需的程序代码可以被放在这个事件里面做处理。

处理OnStart和OnEnd事件的相关程序必须在一个名称为Global.asa的特殊文件中做处理。Application 对象创建与消失时，都会在该文件内进行。

6.1.5　使用 Application 对象保存数据

在 Application 对象中，它保存的内容除了可以是简单数据类型的变量和普通对象外，还可以是一个保存有多个值的数组。创建的过程中要求定义一个普通的数组并将值赋给它，然后将数组整体定义为一个 Application 对象，如下例所示：

```
<%
dim Array()
Array=Application("array")
for i = 0 to ubound(array)
    Response.write Array(i)
next i
%>
```

数组在 Application 中只能作为一个对象保存，用户只能对一个数组整体进行存取操作，而不能直接改变数组中某个元素的值。对 Application 对象中数组值的修改，要通过普通的数组进行。

对一个 Application 对象中的数组值进行修改的代码如下所示：

```
<%
dim Array()                        '定义一个临时数组
Array=Application("array")         '把含有数组值的 Application 对象赋给该临时数组
Array(0)="第一个元素的值"           '根据需要修改这个数组中元素的值
Array(1)="第二个元素的值"
Application.lock
Application("array")=Array         '最后把数组赋回 Application 对象
```

```
    Application.unlock
%>
```

6.2　Session 对象

使用 Session 对象，可以存储特定用户会话所需的信息。当用户在应用程序的页面之间跳转时，存储在 Session 对象中的数据始终存在，不会清除。

6.2.1　Session 对象概述

Web 上用在浏览器和服务器之间传送请求和响应的 HTTP 协议是无状态协议，Web 服务器将每个页面请求都当作独立的请求，服务器不保留以前请求的任何信息。

ASP 的 Session 对象弥补了 HTTP 无法记忆先前请求的缺陷。Session 对象可用来标识每次访问的用户并收集信息，用户在应用程序的页面之间跳转时，该 Session 信息仍然存在并保持不变。在用户与网站服务器保持联系期间，应用程序可调用这些存储的信息跟踪用户的喜好或选择。

Session 对象同样提供了多种成员，其中包含属性、方法和事件，这些成员在应用程序中的使用也相当广泛，如表 6-2 所示。

表 6-2　Session 对象成员

	对 象 成 员	说　　明
集合	Contents	储存 Session 对象变量值
	StaticObjects	储存 Session 对象<Object>变量
方法	Contents.Remove(valName)	移走 Session 集合中的特定元素
	Contents.RemoveAll()	移走 Session 集合中的所有元素
	Abandon()	结束当前的 Session，为用户创建一个新的 Session
事件	onStart	一个新的用户联机进来时被触发
	onEnd	一个用户结束联机时被触发
属性	CodePage	设定网页所使用的字符编号
	LCID	存取网页设定的区域识别
	SessionID	代表一个特定用户的唯一 Session 识别 ID
	TimeOut	设定 Session 对象的存活时间

Session 与 Application 对象的应用范围不同，但概念、相关方法以及事件的处理机制均相同。Session 对象用于记载单个客户的信息，Web 服务器为每个访问者建立一个单独的 Session，例如 Session 对象可以记载该客户的用户名称及个人爱好等。

Application 对象可以记载所有的客户信息，例如 Application 对象应用于聊天室，大家的发言都存放到一个 Application 对象中，彼此可以看到所有的发言内容。不同的客户必须访问属于自己的 Session 对象，但可以访问公共的 Application 对象。

6.2.2　Session 对象的属性

下面将介绍 Session 对象的 SessionID 属性与 TimeOut 属性的特性。

1. SessionID 属性

用户第一次请求应用程序中的 ASP 文件时，ASP 将生成一个 SessionID。SessionID 是通过复杂算法产生的长整型数据，它返回用于当前会话的唯一标志符。新的会话开始时，它将自动为每一个 Session 分配不同的编号，服务器将 SessionID 作为 Cookie 存储到用户 Web 浏览器中。

用户 Web 浏览器创建 SessionID 的 Cookie 后，用户请求其他 ASP 文件或请求在其他应用程序中运行的 ASP 文件，ASP 会一直调用该 Cookie 跟踪会话。如果用户放弃了会话或在会话超时后继续请求其他 ASP 文件，ASP 仍将调用同一 Cookie 开始新的会话。只有 Web 服务器重新启动时才清除存储在内存中的 SessionID 设置，或用户重新启动浏览器时才可能收到新的 SessionID Cookie。如下例将取得当前用户的 SessionID 值：

```
<%Response.Write ("Hi，您的 SessionID 自动编号是 <b>" & SessionID. SessionID & " </b> ")%>
```

2. TimeOut 属性

TimeOut 属性定义了应用程序中 Session 对象的时限。如果用户在 TimeOut 规定的时间内没有请求或刷新应用程序中的任何页，Session 对象就会自动终止。默认情况下，服务器只保留 Session 对象 20 分钟。

对于特定的会话，如果要设置低于默认应用程序超时的超时间隔，可通过 TimeOut 属性设置。TimeOut 属性以分钟为单位指定超时间隔，如下例将超时间隔设为 10 分钟：

```
<% Session.TimeOut=10 %>
```

注意：

通过 IIS 的 "Internet 信息服务" 程序设置会话超时，该值的设置取决于应用程序的要求及服务器的内存容量。会话超时如果设置过长，可能会导致打开的会话太多，这将增加服务器内存资源的负担。

6.2.3　Session 对象的方法

Abandon()方法是 Session 对象的唯一方法，Abandon()方法可以用来删除用户的 Session 对象并释放其所占用的资源。下面的语句将用于消除 Session 对象：

```
<% Session.Abandon %>
```

如果使用了 Abandon()方法，Session 对象将被重新分配一个新的 SessionID 值。

6.2.4　Session 对象的事件

Session 对象包含 Session_OnStart 和 Session_OnEnd 两个事件。当网站一个新的用户通过浏览器请求一份网页的时候，这个用户的专属 Session 对象就会被创建，Session 对象所定义的 OnStart 事件同时被触发。

当一个用户离线或是停止任何浏览网页操作时，一旦过了 Session 对象的存活期限，代表此用户的 Session 对象就会被结束，此时 OnEnd 事件即会被触发，处理用户离线时所需的程序代码可以放在这个事件里面做处理。

注意：

OnStart 和 OnEnd 事件的相关程序与 Application 对象一样，都是在 Global.asa 文件里面做处理。

6.2.5　使用 Session 对象记录用户登录信息

下面以一个简单的实例介绍利用 Session 对象记录变量内容的方法。

【例 6-2】利用 Session 对象记录变量内容，实现 ASP 网页记录用户登录信息的效果。

(1) 创建一个名称为 index2.asp 的文件，代码如下所示：

```
<%
    data=Session("data")
    Response.Write"进入网页时，data="&data&"<BR>"
    data=data+1
    Response.Write"网页结束时，data="&data&"<BR>"
    Session("data")=data
%>
```

(2) 运行 index2.asp 文件后的结果如图 6-2 所示。

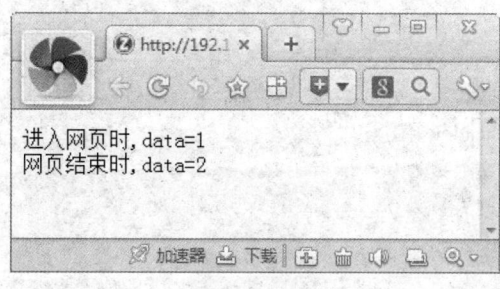
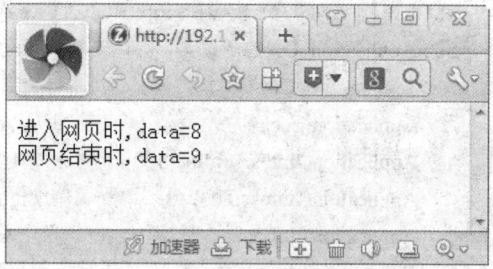

刷新 2 次网页　　　　　　　　　　　　　　刷新多次网页

图 6-2　记录用户登录信息

6.3　Global.asa 文件

Global.asa 文件是用来存放 Application 对象和 Session 对象事件的程序，当 Application 对象和 Session 对象第一次被调用或结束时，服务器就去读取该文件并进行相应的处理。

Global.asa 文件是一个文本文件，可使用任何文本编辑器进行编辑。下面就是一个标准的空白 Global.asa 文件结构：

```
<SCRIPT LANGUAGE=VBScript RUNAT=Server>
    Sub Application_OnStart        '当第一个用户运行 ASP 应用程序中的任何一个页面时执行
    End Sub
    Sub Application_OnEnd          '当 Web 服务器关闭时执行
    End Sub
    Sub Session_OnStart            '用户第一次运行 ASP 应用程序中的任何一个页面时执行
    End Sub
    Sub Session_OnEnd              '当一个用户的会话超时或退出应用程序时执行
    End Sub
</SCRIPT>
```

ASP 对使用 Global.asa 文件有以下几条要求：

- 每一个应用程序可能由很多文件或文件夹组成，但只能有一个 Global.asa 文件，而且文件名称必须为 Global.asa。
- 必须存放在应用程序的根目录中。
- Global.asa 文件不能写成<%…%>的形式，如果包含的脚本没有用<SCRIPT>标记封装，或定义的对象没有会话或应用程序作用域，则服务器将返回错误。服务器会忽略已标记的但未被应用程序或会话事件使用的脚本和文件中的 HTML 语句。
- 在 Global.asa 文件中不能包含任何输出语句，如 Response.Write，因为 Global.asa 文件只是被调用，而不会显示在页面上。

【例 6-3】通过 Global.asa 文件，使用 Application 对象和 Session 对象显示网站的在线人数和访问人数。

(1) 创建一个名称为 Global.asa 的文件，代码如下所示：

```
<SCRIPT LANGUAGE=VBScript RUNAT=Server>
Sub Application_OnStart
    Session.TimeOut=3                    '将会话超时设为 3 分钟
    Application.Lock                     '锁住 Application
    Application("intuseronline")=0       '初始化在线人数为 0
    Application("intuserall")=0          '初始化访问人数为 0
    Application.UnLock                   '解开 Application
End Sub
Sub Session_OnStart
    Application.Lock
```

```
    '当一次新用户会话开始时，使在线人数和访问人数都加 1
    Application("intuseronline")=Application("intuseronline")+1
    Application("intuserall")=Application("intuserall")+1
    Application.UnLock
End Sub
Sub Session_OnEnd
    Application.Lock
    '会话超时或用户退出时，使在线人数减 1
    Application("intuseronline")=Application("intuseronline")−1
    Application.UnLock
End Sub
</SCRIPT>
```

(2) 将 Global.asa 文件保存至服务器主目录中。

(3) 创建一个显示访问人数的 ASP 页面 Index3.asp，其代码如下：

```
<h2 align="center">网站的统计数据</h2>
<%
    Response.Write "<Br>当前网站在线人数是："&Application("intuseronline")
    Response.Write "<Br>网站总的访问量是："&Application("intuserall")
%>
```

(4) 将 Index3.asp 文件保存至服务器主目录中。

(5) 运行 Index3.asp 文件后的结果如图 6-3 所示。

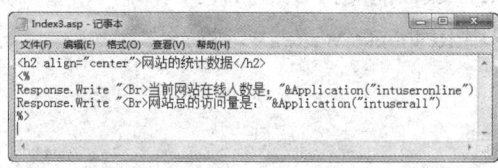

图 6-3　网站统计数据

注意：

.asa 是文件后缀名，它是 Active Server Application 的首字母缩写。Global.asa 文件可以管理 ASP 应用中的 Application 和 Session 对象。

6.4　习　　题

6.4.1　填空题

1. ASP 提供的 6 个内置对象分别是_____、_____、_____、_____、_____和 ScriptError 对象。

2. 每个 Application 变量都是_____集合中的一个成员。

3. _____方法用于锁定 Application 对象，_____方法可以解除对 Application 对象的锁定。

4. 默认情况下，服务器只保留 Session 对象_____分钟。

6.4.2 选择题

1. 下面程序段执行完毕后，变量 c 的值是(   )。

```
<% Dim a: a="b":   Session(a)=1:   Session("b")=2:   c=Session(b) %>
```

    A. 1   B. 2   C. 3   D. 空(Empty)

2. 下面程序段执行完毕后，变量 b 的值是(   )。

```
<% Session("a")=1:   Session.Abandon:   Dim b:   b=Session("a") %>
```

    A. 0   B. 1   C. 空(Empty)   D. 程序出错

6.4.3 问答题

1. 名词解释：会话、状态。

2. 在一个页面中，Session 变量、Application 变量、普通变量和数组变量的名称可以一样吗？

3. 如果客户端浏览器不支持 Cookie，那么能支持 Session 吗？

4. 请问在 Global.asa 文件中可以使用 Response.Write 语句吗？

6.4.4 操作题

1. 编写程序实现一个简单的聊天室，要能显示发言人姓名、发言内容、发言人 IP 地址和发言时间。另外，要求过滤掉用户输入的<p>、
等特殊字符。

2. 编写两个页面，在第一个页面中用户要输入姓名，然后保存到 Session 中，自动引导到第二个页面。在第二个页面中读取该 Session 信息，并显示欢迎信息。如果用户没有在第一页登录就直接访问第二页，要将用户重定向回第一页。

第7章 ASP的常用组件

教学目标

通过对本章的学习，读者应了解一些 ASP 内置组件的属性和方法，并能够编程实现内置组件的一些基本功能。

教学重点与难点

- Ad Rotator 组件
- Content Rotator 组件
- Content Linker 组件
- Browser Capabilities 组件

ASP 的常用服务器组件包括 Ad Rotator 组件、Browser 组件、FileSystem 组件、Content Linker 组件、Dictionary 组件、Connection 组件、RecordSet 组件和 Command 组件等。组件实际上就是已经在服务器上注册的 ActiveX 控件，用户也可以利用如 Visual Basic、C++、Visual C++、Java 等开发工具创建自己的组件。

7.1 使用 Ad Rotator 组件制作广告轮显效果

使用 Ad Rotator 组件可快速在网站上建立一个广告系统，它允许每次访问 ASP 页面时在页面上显示新的广告，并且提供了很强的功能，例如，旋转显示在页面上的广告图像的能力、跟踪特定广告显示次数的能力以及跟踪客户端在广告上单击次数的能力。下面将具体介绍 Ad Rotator 组件的应用。

Ad Rotator 组件的用法与内置对象非常相似，首先要用到 Server 对象的 CreateObject() 方法创建对象实例。Ad Rotator 组件共有 3 个属性和 1 个方法，如表 7-1 所示。

表 7-1 Ad Rotator 组件

属性或方法	功 能 说 明	使 用 方 法
Border 属性	设定广告图片的边宽大小	Ad.BorderSize(size)
Clickable 属性	设定广告图片是否提供超链接功能	Ad.Clickable(Boolean)
TargetFrame 属性	设定超链接后浏览 Web 页面的目标窗口	Ad.TargetFrame(target)
GetAdvertisement()方法	取得广告信息文件	Ad.GetAdvertisement(string)

以上属性与使用方法如下所示：

```
<%
    Set Ad=Server.CreateObject("MSWC.AdRotator")
    Myad.BorderSize(1)                    '设置广告图片的边宽为 1
    Myad.Clickable(true)                  '为广告图片设置超链接
    Myad.TargetFrame(_self)               '设置浏览 Web 页面的目标窗口
%>
<%
    =Ad.GetAdvertisement(adrot.txt)       '获取广告信息内容文件 adrot.txt
%>
```

　　Ad Rotator 组件用于网站上轮流显示广告的内容，按照广告商给网站的资金量来安排各个不同广告内容的出现概率。每次页面重新载入到浏览器时，程序都会根据概率选中广告条。使用该组件显示广告需要以下 3 个文件：
- AD Rotator 计划文件，记录所有广告信息。
- 重定向文件，对单击广告条的事件进行处理。
- 广告显示页面，建立和显示广告条。

7.1.1　创建 Ad Rotator 计划文件

　　Ad Rotator 组件是通过读取 Ad Rotator 计划文件来完成工作的。Ad Rotatar 计划文件包括与要显示的图像文件的地点有关的信息以及每个图像的不同属性。下面是一个标准的 AD Rotator 计划文件：

```
Redirect http://dusiming        '广告被单击后所指向的文件
width 400                        '以像素为单位指定广告的宽度
height 50                        '以像素为单位指定广告的高度
border 0                         '以像素为单位指定广告四周的边框宽度
*                                '分隔符号
baidu.gif                        '该广告的图像文件名及位置
http://www.baidu.com             '单击该广告后要转到的 URL 值
百度站点                          '图像的替代文字
5                                '广告的显示频率，频率越高显示的次数也越多
google.gif
http://www.google.com
谷歌站点
15
youdao.gif
http://www.youdao.com
有道站点
10
```

　　AD Rotator 计划文件由两部分组成(这两部分由全是星号"*"的一行隔开)：
- 第一部分设置应用于轮换安排中所有广告图像的参数。

● 第二部分指定每个单独广告的文件和位置信息以及应当接收的每个广告的显示时
  间所占百分比。

在第一部分中有 4 个全局参数，每个参数都由一个关键字和值组成。Redirect 行指出
该广告链接到的 URL 地址，星号上面的其余 3 行简单说明如何显示广告。Width 和 Height
行以像素为单位指定网页上广告的宽度和高度，默认值是 440 像素和 60 像素。Border 行
以像素为单位指定广告四周超链接的边框宽度，默认值为 1 像素，如果将该参数设置为 0，
该广告则将没有边框。这 4 个参数都是可选的，如果用户未指定它们的值，则 Ad Rotator
组件将使用默认的值。

星号下面的第二部分以每 4 行为一个单位，描述每个广告的具体内容。每个广告的描
述包含图像文件的 URL、广告的主页 URL(连字符 "-" 可指出该广告没有链接)和图像的
替代文字，以及指定该页与其他页交替显示频率的数值。要确定广告显示的频率，可以将
计划文件中所有广告的权值相加，在该例中总数是 30，那么"百度站点"的广告权值为 5，
这意味着 Ad Rotator 组件每调用 6 次，它则显示一次。

7.1.2 设置广告图像重定向文件

广告条放置到网站后，用户对广告条进行单击操作后，ASP 就会打开重定向文件。重
定向文件通常是用户创建的文件，它包含用来解析由 Ad Rotator 对象发送的查询字符串的
脚本，并将用户重定向到与用户所单击的广告相关的 URL。用户也可以将脚本包含进重定
向文件中，以便统计单击某一特定广告的用户数目并将这一信息保存到服务器上的某一文
件中，如下例所示：

```
<%
'将本将单击情况记录到 Web 服务器日志文件中
Response.AppendToLog Request.QueryString("url")
'重定向到广告指定的站点
Response.Redirect (Request.Querystring("url"))
%>
```

注意：
Redirect 行所指示的不是为广告本身指定的 URL，而是将调用的中间页面的 URL。这
样，就可以通过这个中间页面跟踪单击广告的次数。该 Redirect URL 将与包含两个参数的
查询字符串一起调用特定广告主页的 URL 和图像文件的 URL。

7.1.3 创建网站广告显示页面

ASP 如要在页面中调用 Ad Rotator 组件，首先必须使用 Server.CreateObject()方法实例化
AdRotator 对象。Ad Rotator 组件的 progid 属性是 MSWC.AdRotator，完整的代码如下：

```
< % Set ad = Server.CreateObject("MSWC.AdRotator") %>
<%= ad.GetAdvertisement("/ads/adrot.txt") %>
```

Ad Rotator 组件支持的唯一方法是 GetAdvertisement()，它只有一个参数为 AdRotator 计划文件的名称。注意指向文件的路径是从当前虚拟目录的相对路径，物理路径是不允许的。GetAdvertisement()方法从 Rotator 计划文件中获取下一个计划广告的详细说明并将其格式化为 HTML 格式。下面的 HTML 由 GetAdvertisement()方法生成且被添加到网页的输出中，以便显示 Rotator 计划文件中的下一个广告。

```
<A HREF="http://site?url=http://www.ut.com.cn&image=bookhome0722.gif" >
<IMG SRC="bookhome0722.gif" ALT="图书之家" WIDTH=400 HEIGHT=50 BORDER=0></A>
```

使用 Ad Rotator 组件还可以直接通过对象属性(而不是计划文件中的设置)直接控制某些广告特性，其可用属性如下。

- Border 属性：指定广告边框的大小。
- Clickable 属性：指定广告是否有与之相关联的超链接。默认值为 True，表示有相关联的超链接。
- TargetFrame 属性：指定要打开的与广告相关联的超链接的框架名称。

【例 7-1】创建一个显示广告条的轮转页面。

(1) 将如图 7-1 所示的 3 幅 GIF 图片文件复制至服务器主目录中。

Baidu.gif   xinlang.gif   renren.gif

图 7-1 图片效果

(2) 创建一个名称为 adrot.txt 的文件，代码如下所示：

```
Redirect adrot.asp
width 200
height 160
border 0
*
baidu.gif
http://www.baidu.com
百度搜索
5
Xinlang.gif
http://www.sina.com
```

新浪网站
15
renren.gif
http://www.renren.com
人人网站
10

(3) 将 adrot.txt 文件保存至服务器主目录中。

(4) 创建一个名称为 adrot.asp 的文件，其代码如下所示:

```
<HTML>
  <body>
    <%set myad=Server.CreateObject("MSWC.adrotator")
      myad.Border = 0
      myad.Clickable = true
      myad.TargetFrame = AdFrame
  %>
  <%
  =myad.getadvertisement("/adrot.txt")
  %>
  <HR SIZE="1" COLOR="#000000">
  <Center><A HREF="adrot.asp">重新刷新本页</A></center>
  </BODY>
</HTML>
```

(5) 将 adrot.asp 文件保存至服务器主目录中。

(6) 运行 adrot.asp 页面后，结果如图 7-2 所示。

(a) 单击广告图片　　　　　　　　(b) 刷新广告图片

图 7-2　网页效果

(7) 重新创建 adrot.asp 文件，其代码如下所示:

```
<%
    '将本将单击情况记录到 Web 服务器日志文件中
    Response.AppendToLog Request.QueryString("url")
    '重定向到广告指定的站点
```

```
            Response.Redirect (Request.Querystring("url"))
%>
```

(8) 将上面创建的 adrot.asp 文件保存至服务器主目录中。这时，如果用户运行该文件，并再次单击图 7-2 所示网页中的网站广告图片，浏览器将会自动跳转到相关的网站，如图 7-3 所示。

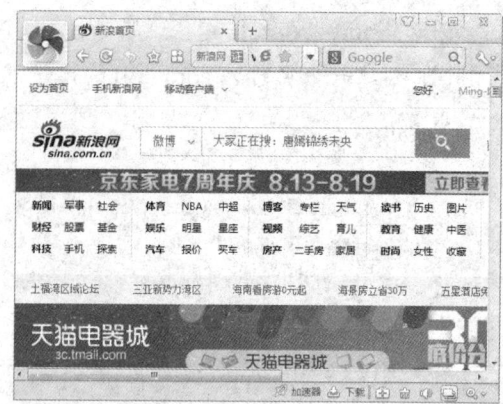

　　　　　(a) 单击广告图片　　　　　　　　　　　　　(b) 跳转链接页面

图 7-3　在当前窗口中跳转广告

(9) 建立一个广告信息显示文件，代码如下：

```
<%
    dim ad
    set ad=server.createobject("MSWC.AdRotator")
    ad.Border=0                            '设置广告图片的边宽为 0
    ad.Clickable=true                      '设置广告图片的超链接
    ad.TargetFrame="trget='_new"           '设置在新窗口打开超链接
    response.write Ad.GetAdvertisement("adrot.txt")
%>
```

(10) 将以上代码以 line.asp 文件保存，运行后的结果如图 7-4 所示。

　　　　　(a) 单击广告图片　　　　　　　　　　　(b) 在新窗口中打开链接页面

图 7-4　在新窗口中跳转页面

注意:

由于 Windows 7 操作系统没有自带 Ad Rotator 组件,因此如果用户使用该系统作为 ASP 动态网站服务器,就需要下载 adrot.dll 文件,并将其复制到 C:/windows/system32 文件夹中,再以管理员身份运行 CMD 程序,执行 Regsvr32 adrot.dll 命令。

7.2　使用 Browser Capabilities 组件检测浏览器

Browser Capabilities 组件用于检测客户端浏览器的能力。通过该组件,可以知道浏览器的名称、版本,以及是否支持框架、ActiveX 控件、Cookie 和脚本程序等。

Browser Capabilities 组件的工作原理如下:当客户端浏览器向服务器发送页面请求时会自动发送一个 User Agent HTTP 标题,而该标题是一个声明浏览器及其版本的 ASCII 字符串;而 Browser Capabilities 组件就将 User Agent 映射到在文件 Browscap.ini 中所注明的浏览器,并通过 BrowserType 对象的属性识别客户浏览器。

若该对象在 browscap.ini 文件中找不到与该标题匹配的项,那么将使用默认的浏览器属性。若该对象既未找到匹配项且 browscap.ini 文件中也未指定默认的浏览器设置,则它将每个属性都设为字符串 UNKNOWN。

在默认情况下,browscap.ini 文件被存放在 C:\WINDOWS\system32\inetsrv 目录中,用户可以编辑这个文本文件,以添加属性或者根据最新发布的浏览器版本的更新文件来修改该文件。BrowserType 对象包含的属性,如表 7-2 所示。

表 7-2　BrowserType 对象的属性

属　　性	说　　明	属　　性	说　　明
Browser	指定该浏览器的名称	Backgroundsounds	指定该浏览器是否支持背景音乐
Version	指定该浏览器的版本号	VBScript	指定该浏览器是否支持 VBScript
Majorver	指定主版本号	JavaScript	指定该浏览器是否支持 JScript
Minorver	指定副版本号	JavaApplets	指定该浏览器是否支持 Java 小程序
Frames	指定该浏览器是否支持框架	ActiveXControls	指定该浏览器是否支持 ActiveX 控件
Tables	指定该浏览器是否支持表格	Beta	指定该浏览器是否为测试版
Cookies	指定该浏览器是否支持 Cookie	Cdf	指定该浏览器是否支持频道定义文件

【例 7-2】使用 Browser Capabilities 组件检测浏览器的常用属性。

(1) 创建一个名称为 Browser.asp 的文件,代码如下所示:

```
<Center><H1>您的浏览器性能如下： </H1></Center>
<Hr>
<%set bc=server.CreateObject("mswc.browsertype")%>
<%if bc.frames=true then%>浏览器支持多窗口(frames)显示
<%else%>浏览器不支持多窗口(frames)显示
<%end if%><br>
<%if bc.backgroundsounds=true then%>浏览器可以播放背景音乐(backgroundsounds)
<%else%>浏览器不能播放背景音乐(backgroundsounds)
<%end if%><br>
<%if bc.tables=true then%>浏览器支持表格(tables)显示
<%else%>浏览器不支持表格(tables)显示
<%end if%><br>
<%if bc.beta=true then%>您的浏览器是一测试版(beta)
<%else%>你的浏览器是一正式版
<%end if%><br>
<%if bc.activexcotrols=true then %>浏览器支持 active 控制
<%else%>浏览器不支持 active 控制
<%end if%><br>
<%if bc.cookies=true then%>浏览器支持 cookie 功能
<%else%>浏览器不支持 cookie 功能
<%end if%><br>
<%if bc.vbscript=true then%>浏览器支持 vbscript
<%else%>浏览器不支持 vbscript
<%end if%><br>
<%if bc.jscript=true then%>浏览器支持 jscript
<%else%>浏览器不支持 jscript
<%end if%>
```

(2) 将 Browser.asp 文件保存至服务器主目录中，运行后的结果如图 7-5 所示。

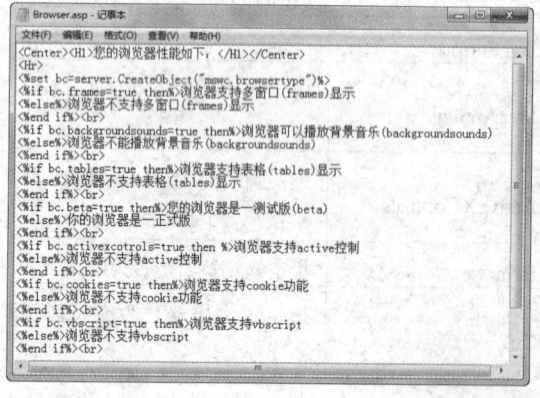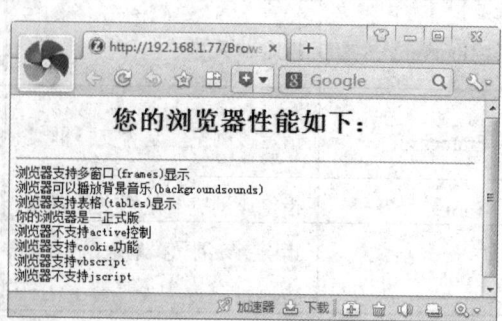

图 7-5　检测浏览器属性

7.3　使用 Content Rotator 组件制作内容轮转效果

Content Rotator 组件通过读取计划文件完成网页内容的显示，通常是自动轮换显示一些 HTML 内容。每当用户请求 Web 页时，Content Rotator 组件从内容计划文件中取得待显示的内容。待显示内容可以是 HTML 能够表达的任何内容，包括文本、图像和超链接等。

内容计划文件是一个文本文件，它提供要使用的各个文本字符串的列表，由每个要显示的列表部分以两个百分号开始，格式如下：

```
%% [#权重] [//注释]
待轮换显示的内容
```

权重设置了每个条目出现在返回页面中的频率列表的显示频率，取值范围为 0～65 535，默认值为 1。

Content Rotator 组件有 ChooseContent() 和 GetAllContent() 两个方法。ChooseContent() 方法用于从内容计划文件中得到一项显示内容，而 GetAllContent() 方法用于显示内容计划文件中的所有内容。

【例 7-3】创建一个从可选列表中随机显示内容的页面。

(1) 将如图 7-6 所示的图片文件 t1.gif、t2.gif、t3.gif 和 t4.gif 复制至服务器主目录中。

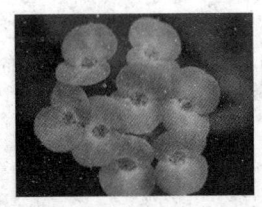   

t1.gif　　　　　　　　t2.gif　　　　　　　　t3.gif　　　　　　　　t4.gif

图 7-6　图片文件

(2) 在服务器主目录中创建一个名称为 Rotator.txt 文件，在该文件中输入以下代码：

```
%% #1//铁海棠
<A Href="t1.asp"><Img Src="t1.gif" Border=0></A>
<p>铁海棠（学名：Euphorbia milii Ch. des Moulins）：蔓生灌木。茎多分枝，长 60-100 厘米，直径 5-10 毫米，具纵棱，密生硬而尖的锥状刺，常呈 3-5 列排列于棱脊上，呈旋转。叶互生，通常集中于嫩枝上，倒卵形或长圆状匙形，全缘；托叶钻形，长 3-4 毫米，极细，早落。花序 2.4 或 8 个组成二歧状复花序，生于枝上部叶腋；总苞钟状，高 3-4 毫米，直径 3.5-4.0 毫米，边缘 5 裂，裂片琴形，上部具流苏状长毛，且内弯；腺体 5 枚，肾圆形，黄红色。雄花数枚；苞片丝状，先端具柔毛；雌花 1 枚。蒴果三棱状卵形，平滑无毛，成熟时分裂为 3 个分果爿。种子卵柱状，灰褐色，具微小的疣点；无种阜。花果期全年。
</P>
%% #2//生石花
%%//再加一行注释
%%//第三行注释
```

```
<A Href="t2.asp"><Img Src="t2.gif" Border=0></A>
```

<p>生石花，又名石头玉，屁股花，属于番杏科、生石花属（Lithops sp.）（或称石头草属）物种的总称，原产非洲南部及西南地区，常见于岩床缝隙、石砾之中。被喻为"有生命的石头"。非雨季生长开花，盛花时刻，生石花犹如给荒漠盖上了巨大的花毯。但当干旱的夏季来临时，荒漠上又恢复了"石头"的世界。这些表面没有针刺保护的肉质多汁植物，正是因为成功地模拟了石头的形态，这被称为"拟态"，才有效地骗过了食草动物，繁衍至今，形成了植物界的独特景观。</P>

%%% #3//桃美人

```
<A Href="t3.asp"><Img Src="t3.gif" Border=0></A>
```

<p>桃美人（Pachyphytum 'Blue Haze'），为景天科、厚叶草属多肉植物，也称多浆植物，属被子植物。由 P. bracteosum 和稻田姬（P. glutinicaule）杂交而来。叶片在阳光充足且温差大的环境下易变成粉红色，犹如桃子一般可爱肥厚，因此受到多肉植物爱好者们的青睐。桃美人茎短且粗，直立。单株约 12～20 片叶，老株群生。叶肉质，互生，排列呈延长的莲座状，呈倒卵形，长 2-4 厘米，宽、厚各 2 厘米左右，先端平滑钝圆，有轻微的钝尖（养的好的桃美人几乎看不到叶尖）叶背面圆凸，正面较平，顶端；叶片表面覆盖白粉，衬托叶片的粉红色，看起来植株呈现漂亮的淡紫或淡粉色，非常可爱。花序较矮；花倒钟形，红色，串状排列。可以异花授粉。</P>

%%% #4//龙骨柱

```
<A Href="t4.asp"><Img Src="t4.gif" Border=0></A>
```

<p>龙骨柱又叫龙骨，植株三棱形状，多分枝，蓝绿色，高 4 米至 5 米，棱边有小刺，极短。龙骨柱夏季开白花，4 朵至 9 朵，丛生于上部的刺座上，昼开夜闭（盆栽一般不易开花），浆果小圆形，蓝紫色，可食。龙骨柱多种多样，有丛状形，三柱形，九柱形等。作者认为九柱形和十二柱形蔚为壮观，整形具体做法为：　九柱形植株生长到 20 厘米至 30 厘米时，用利刀将顶端削去，立即用草木灰封住，待植株生长出分枝后，只保留顶端的三个分枝，要求每角一个，其余抹去。第二层再长到 25 厘米至 30 厘米时，再将顶端削去，分枝生出后仍选三个分枝，每角 3 个，即 1、3、9 形的龙骨。　十二柱形选角方法同上，只是在 9 柱形生长到 20 厘米至 30 厘米时，削去顶端，再培养三个分枝，每角选 1 个或 3 个。其余小分枝，随长随抹去，保持树形一致。</P>

（3）使用记事本工具创建 Rotator.asp 文件，其代码如下所示：

```
<Html>
  <Head>
    <Title>
    随机目录条
    </Title>
  </Head>
  <Body>
    -----------本页面是随机显示的内容，刷新后显示结果会变化-----------<br>
    <%
    set NextTip=Server.CreateObject("MSWC.ContentRotator")
    %>
    <%=NextTip.ChooseContent("Rotator.txt")%>
    <br>
    ------------------------------<A Href="Rotator.asp">刷新</A>--------------------------
  </Body>
</Html>
```

（4）运行 Rotator.asp 文件后的结果如图 7-7 所示。

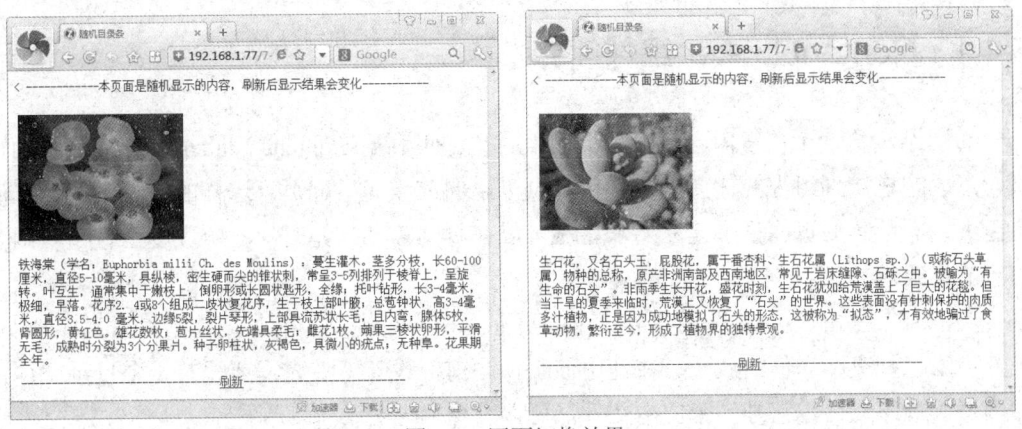

图 7-7 网页切换效果

(5) 将 Rotator.asp 程序代码修改为如下所示:

```
<Html>
  <Head>
    <Title>
    随机目录条
    </Title>
  </Head>
  <Body>
    ------------本页面是随机显示的内容，刷新后显示结果会变化-----------<br>
    <%
    set NextTip=Server.CreateObject("MSWC.ContentRotator")
    %>
    <%=NextTip.GetAllContent("Rotator.TXT")%>
    <br>
    -------------------------------<A Href="Rotator.asp">刷新</A>---------------------------
  </Body>
</Html>
```

(6) 运行 Rotator.asp 文件后，将会把 Rotator.txt 文件中所有内容解释执行，并且显示在浏览器上的结果分类之间会自动添加<hr>水平线。

7.4 使用 Content Linker 组件制作页面索引

Content Linker 组件可在一系列相互关联的页面中建立一个目录表，在它们中间建立动态链接，并自动生成和更新目录表及先前和后续的 Web 页的导航链接。该组件常用于需要建立大量页面为访问者提供导航时，例如联机报刊、电子读物网站以及论坛邮件等。

7.4.1　Content Linker 组件简介

在网站浏览一个在线内容较多的页面组时，如果利用 Content Linker 组件建立页面索引，可以超链接到组内的任意一页，每一页可以向前或向后翻页。这样的设计不仅可以满足巨大页面数量的页面目录建立要求，还可以在页面需要扩充时，一定程度上减少对网页内容的修改。

当 ASP 网站的设计者需要建立大量的页面为访问者提供导航时，使用 Content Linker 组件可以起到事半功倍的效果。在使用该组件之前，设计者首先需要编写一个目录文件，即网页的顺序文件，它是一个文本文件，可以自由命名。

注意:

目录文件是包含一系列 HTML 文件列表的文本文件。每一行都指明一个专门的 HTML 文件，该 Web 页的描述，是一个可由可无的注释。一行的每一个元素都用 Tab 键隔开。

7.4.2　Content Linker 组件方法

Content Linker 组件包括如表 7-3 所示的方法。在编写一个 ASP 文件时，它根据列表文件的信息会自动生成附带超链接的目录页。如果设计者需要在每一页上制作一个如"向前翻页"或"向后翻页"的超链接，就再编写一个能自动生成翻页超链接的包含文件，可使用.inc 为扩展名，例如 Nlink.inc，以后在组件内每一页中都包含该文件。

表 7-3　Content Linker 组件的方法

组 件 方 法	说　　明
GetListCount(目标文件名)	显示组件中包含的链接文件数目
GetListIndex(目标文件名)	显示当前页在这些链接文件中的前后位置索引值
GetNextDescription(目标文件名)	显示链接文件中下一个文件的描述
GetNextURL(目标文件名)	显示链接文件中下一个文件的 URL 地址
GetNthDescription(目标文件名, N)	显示链接文件中第 N 个文件的描述
GetNthURL(目标文件名, N)	显示链接文件中第 N 个文件的 URL 地址
GetPreviousDescription(目标文件名)	显示链接文件中前一个文件的描述
GetPreviousURL(目标文件名)	显示链接文件中前一个文件的 URL 地址

在使用内容链接组件时，应首先建立 Content Linker 组件，具体方法如下:

```
Set mylinks=Server.CreateObject("MSWC.Url")
```

7.4.3　使用 Content Linker 组件创建管理对象

Content Linker 组件可以创建管理 URL 列表的 URL 对象。要使用 Content Linker 组件，必须先创建 Content Linking List 文件。Content Linker 组件正是通过读取该文件来获取处理设计者所希望链接的页面信息。该文件是一个纯文本文件，例如：

```
Xajh01.asp 第一章  灭门
Xajh02.asp 第二章  聆秘
Xajh03.asp 第三章  救难
……
Xajh40.asp 第四十章  曲谐
Xajh41.asp 后记
```

这个文本文件的每行有以下形式：

```
url description comment
```

其中，URL 是与页面相关的超链接地址，description 提供了能被超链接使用的文本信息，comment 则包含了不被 Content Linker 组件解释的注释信息(description 和 comment 均为可选参数)。

```html
<html>
  <head>
    <meta http-equiv="content-Type" content="text/html;charset=gb2312">
    <title>简单实例</title>
  </head>
  <body>
  <p>
  <%
    set link=server.createobject("MSWC.url")
    count=link.getlistcount("url.txt")
    dim i
    for i=1 to count
  %>
  <ul><li><a href="<%=link.getnthURL("url.txt",i)%>">
  <%
    =Link.GetnthDescription("url.txt",i)
  %></a>
  <%
    next
  %>
  </body>
</html>
```

在以上代码中，先用 GetListCount()方法确定在 url.txt 文件中有多少条项目，然后利用循环语句，并使用 GetNthURL()、GetNthDescription()方法逐一将存储在 url.txt 文件中的内容读出并显示给客户端浏览器。

在创建网站总导航页面之后，若用户还需要在页面中添加"上一页"或"下一页"的导航链接，可以参考下面的代码实现：

```
<%
Set link=server.CreateObject("MSWC.Url")
count=link.getlistcount("url.txt")
current=link.getlistindex("url.txt")
if current>1 then
%>
    <a href="<%=link.getpreviousURL("url.txt")%>">
      上一页</a>
<%
end if
if current<count then
%>
    <a href="<%=link.getnextURL("url.txt")%>">
      下一页</a>
<%
    end if
%>
```

将以上代码放入每个页面中即可。

注意：

若网站有一系列相互关联的页面，Coutent Linker 组件非常适合此类需求，该组件既可以使这些页面中建立一个目录表，还能够在它们中间建立动态链接，并且自动生成和更新目录表及先前和后续的 Web 页的导航链接。

【例 7-4】使用 Content Linker 组件，从列表文件中创建一个图书目录表。

(1) 创建一个名称为 list.txt 的文件，代码如下所示：

```
Xajh01.asp  第一章 灭门
Xajh02.asp  第二章 聆秘
Xajh03.asp  第三章 救难
Xajh04.asp  第四章 坐斗
……
Xajh38.asp  第三十八章 聚歼
Xajh39.asp  第三十九章 拒盟
Xajh40.asp  第四十章    曲谐
Xajh41.asp      后记
```

(2) 将 list.txt 文件保存至服务器主目录中。

(3) 创建一个名称为 list.asp 的文件，其代码如下所示：

```
<Html>
    <Title>金庸小说《笑傲江湖》图书目录</Title>
    <Center><H1>笑傲江湖</H1></Center>
    <Hr><Ul>
    <%Set ML = Server.CreateObject("MSWC.Nextlink")%>
    <%
    intCount = ML.GetListCount("list.TXT")
    For i = 1 To intCount
    %>
    <Li>   
    <a href="<%=ML.GetNthURL("list.TXT", i) %>">
        <%=ML.GetNthDescription("list.TXT", i) %>
    </a>
    <Br>
    <%Next%>
    </Ul>
</Html>
```

(4) 将以上代码保存至服务器主目录中，再将相应的页面内容文件(Xajh01.asp～
Xajh41.asp)复制到 list.asp 文件所在目录后，运行 list.asp 文件的结果如图 7-8 所示。

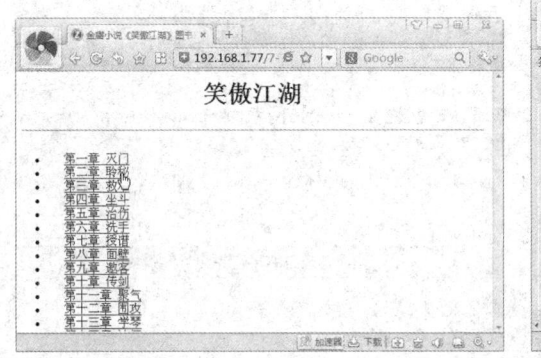 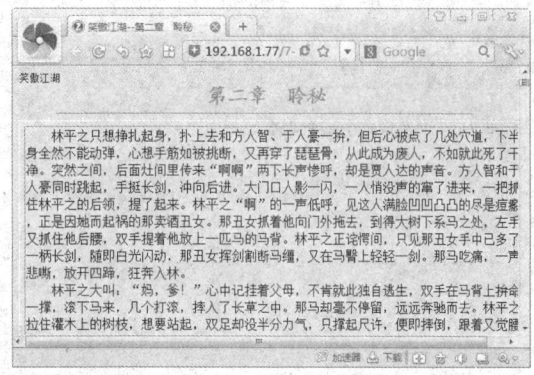

图 7-8　页面索引效果

7.5　使用 Page Counter 组件设计网站计数器

Page Counter 组件用于创建 Page Counter 对象，该对象用于记录和显示 Web 页被打开
的次数。每隔一定的时间，此对象将当前的页面访问次数写入一个文本文件，这样就可以
保证数据不会在服务器关机时丢失。Page Counter 组件使用一个内部 Central Management
对象来记录应用程序中的每一页被打开的次数。

Page Counter 对象有 3 个方法，即 Hits()、PageHit()和 Reset()。其中，Hits()方法显示

指定的网页被打开的次数；PageHit()方法使当前页面的访问次数增加一次；Reset()方法将指定的页的访问次数重置为 0。

【例 7-5】使用 Page Counter 对象跟踪访问者的个数并发送访问消息给第每个网站的访问者，并发送特定消息给第 1000 个网站访问者。

(1) 创建一个名称为 Counter.asp 的文件，代码如下所示：

```asp
<%
Set MyPageCounter = Server.CreateObject("MSWC.PageCounter")
HitMe = MyPageCounter.Hits
If HitMe = 1000 Then
%>
    祝贺您，您是第一千个访问者！<BR>
<% Else %>
    欢迎您，你是第#<%= HitMe %>个访问者  <BR>
<%
End If
%>
<%
MyPageCounter.PageHit
%>
```

(2) 将 Counter.asp 文件保存后，运行的结果如图 7-9 所示。

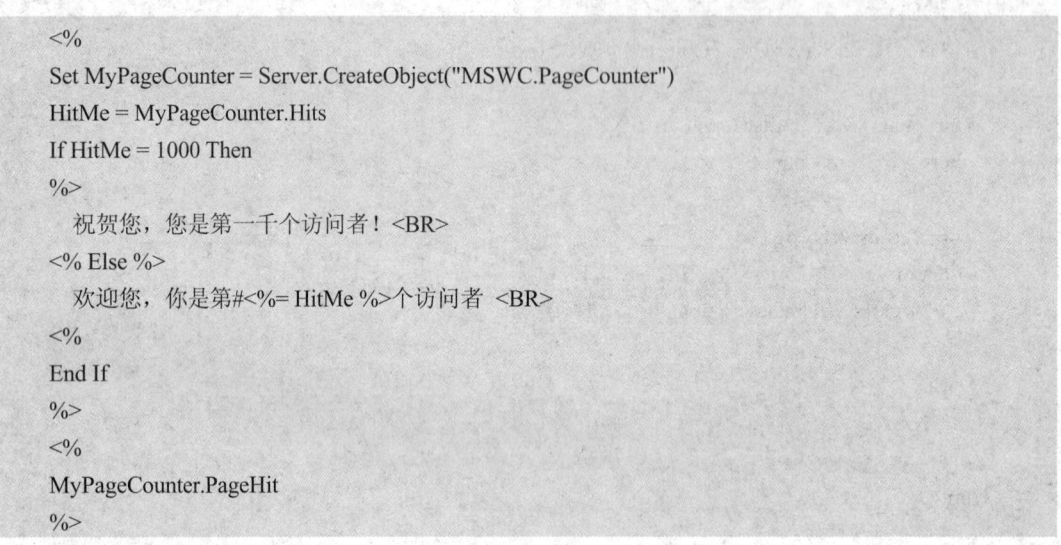

图 7-9 网站计数器效果

7.6 使用 Counters 组件创建投票计数器

Counters 组件用于创建 Counters 对象，该对象可创建一个或多个计数器，这些计数器用于跟踪某一网页或某一网站访问次数的信息。一个计数器是包含一个整数的持久值，一旦创建了计数器，它将一直持续下去直到被删除为止。

Counters 对象有 4 个方法，如表 7-4 所示。

表 7-4　Counters 对象的方法

方　　法	说　　明
Get()	用于返回计数器的当前值，如果计数器不存在，则创建一个计数器并将值设为 0
Increment()	使计数器的值递增 1，如果计数器不存在，则创建一个计数器并将值设为 1
Set()	将计数器的值设为指定的值，如果计数器不存在，则创建一个计数器并将值设为指定值
Remove()	从 Counter 对象中删除一个计数器

一个站点只能创建一个计数器组件，但该组件可以有多于一个的计数器。Counters 对象通常是在 Global.asa 文件中用以下命令创建：

```
<OBJECT RUNAT=Server SCOPE=Application ID=Counter PROGID="MSWC.Counters">
</OBJECT>
```

注意：

计数器不受作用域限制。一旦创建了一个计数器，那么站点上的任何页都可以检索和控制它的值。

【例 7-6】使用 Counters 组件创建一个投票计数器。

(1) 创建一个名称为 remove.asp 的 ASP 文件，代码如下所示：

```
<%
Set Counters=Server.Createobject("MSWC.Counters")
vote = Request.QueryString("site")
clear = Request.QueryString("clear")
Counters.Increment(vote)
If Not clear="" Then
    Counters.Remove("动作片")
    Counters.Remove("爱情片")
    Counters.Remove("伦理片")
End If
%>
您最喜欢哪种类型的电影，请投票：
<Hr>
<FORM NAME="filmtype" METHOD="GET" ACTION="remove.asp">
<Input type="RADIO" NAME="site" VALUE="动作片">动作片
<Input type="RADIO" NAME="site" VALUE="爱情片">爱情片
<Input type="RADIO" NAME="site" VALUE="伦理片">伦理片
<Br><Br><INPUT TYPE="SUBMIT" VALUE="我要进行投票">
</FORM>
<Hr>
当前的投票结果：<BR>
动作片：<% =Counters.Get("动作片") %><BR>
爱情片：<% =Counters.Get("爱情片") %><BR>
```

```
伦理片：<% =Counters.Get("伦理片") %>
<FORM NAME="Clear Counters" METHOD="GET" ACTION="remove.asp">
  <INPUT TYPE="SUBMIT" VALUE="重新计票" NAME="clear">
</FORM>
```

(2) 将 remove.asp 文件保存后，其运行结果如图 7-10 所示。

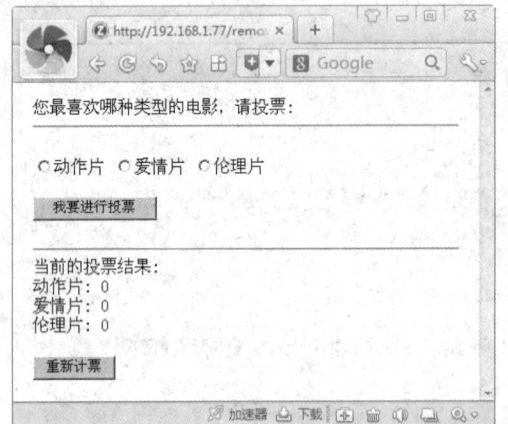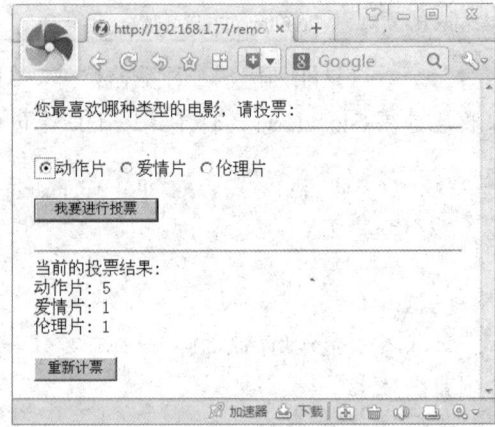

图 7-10　投票计数器效果

7.7　使用 Permission Checker 组件检查用户权限

PermissionChecker 组件用于创建 PermissionChecker 对象，该对象使用 IIS 提供的密码验证协议来确认用户是否有权限读取某个文件。PermissionChecker 对象只有一个 HasAccess()方法，该方法决定用户是否有权访问一个指定的文件，如下例所示：

```
<% Set pmck = Server.CreateObject("MSWC.PermissionChecker") %>
Physical Path Access = <%= pmck.HasAccess("c:\pages\abc\default.htm") %>
'该路径是一个网页、文件或资源的物理的或虚拟的路径
Virtual Path Access = <%= pmck.HasAccess("/abc/default.htm") %>
```

注意：

可以使用 PermissionChecker 对象定制网页，这些网页中仅包含当前用户允许访问的资源的链接。这项技术可用来隐藏限制访问的网页和资源，它可以使被限制的访问者不知道这些资源的存在。

IIS 支持匿名、基本和集成 Windows 3 类密码验证方法。当启用匿名验证时，用户不需要输入用户名或密码就可以访问站点的公共区域。所有用户初始时都在 IIS 的匿名用户账号下登录，因为匿名用户都享有相同的账号，所以当允许匿名访问时，PermissionChecker 组件将无法确定单个用户的身份。

基本验证提示用户输入用户名和密码，但密码用明文发送，优点在于它是 HTTP 规范的一部分并被大多数浏览器支持，缺点是浏览器使用基本验证是以未加密的形式传输密码的，这样通过监视网络通信，其他人就可以非常容易地使用某些通用工具截取和破解密码。

集成 Windows 验证是一种安全的验证，因为用户名和密码不通过网络发送，用户的浏览器通过与服务器进行密码交换来证明其知晓密码。

使特定的 ASP 页拒绝匿名访问有两种方法：一种是在 Windows 资源管理器中右击相应的 ASP 文件，然后在快捷菜单中选择"属性"命令，再在"安全"选项卡中设置该文件允许哪些用户访问；另一种是在 ASP 脚本中检查环境变量 LOGON_USER 是否为空，如果为空，则表示当前用户是匿名用户。

7.8　使用 MyInfo 组件存储网站所有者信息

MyInfo 组件可创建一个 MyInfo 对象，该对象跟踪 Web 站点所有者的个人信息，如经营 Web 站点的组织名称、地址及 Web 站点的设置，还有 Web 站点是否有 guest book。

每个站点只能创建一个 MyInfo 对象，只需要创建一个简单的 MyInfo 组件的实例就可以使 Web 网站上的所有页面均能获得其信息。通常是在 Global.asa 文件中用以下命令创建 MyInfo 对象：

```
<OBJECT RUNAT=Server SCOPE=Session ID=MyInfo PROGID="MSWC.MyInfo">
</OBJECT>
```

创建 MyInfo 对象后，它的属性值保存在文本文件 myinfo.xml 中。myinfo.xml 默认的保存位置是 C:\WINDOWS\system32\inetsrv 目录。

MyInfo 组件默认没有属性和方法，用户可根据需要自行添加。如下例所示：

```
<%
    objMyInfo.MyManager = "zhangshihua"
    objMyInfo.MyPhoneExtension = "03766123456"
%>
```

属性添加完成后，可用别的页面对其进行调用和取值。这种不需要 Session 对象在两个页面请求之间存储值的方法，为将来可能改变的数值提供了一个存储区域。采用这些值的页面将会在下次运行时自动地采集这些变化的值，从而避免必须编辑大量的其他页面。如下例所示：

```
<%
    strManagerName = objMyInfo.MyManager
    strPhoneExtension = objMyInfo.MyPhoneExtension
%>
```

7.9　使用 Tools 组件创建 Tools 对象

Tools 组件创建一个 Tools 对象，该对象提供的实用程序可使用户很容易地将高级功能加入到 Web 页中。Tools 组件提供了生成随机数、检查文件是否存在或处理 HTML 表格的方法，如表 7-5 所示。

表 7-5　Tools 对象的方法

方　　法	说　　明
FileExists()	检查文件是否存在
Owner()	检查当前用户是否是站点所有者
PluginExists()	检查服务器插件是否存在(只适用于 Macintosh 计算机)
ProcessForm()	处理 HTML 表单
Random()	生成一个随机整数

注意：

Random()方法产生一个位于-32 768～32 767 的随机整数。为了获得一个指定范围的整数，可以使用脚本语言中的 ABS 函数并对下一个最大的整数取模。

【例 7-7】使用 Tools 组件生成随机整数。

(1) 创建一个名称为 Tools.asp 的文件，代码如下所示：

```
<HTML>
 <II2>用 Tools 组件生成随机整数</H2><br>
 <Hr>
<%
 Set Tools=Server.CreateObject("MSWC.Tools")
%>
<%
 RandInt=Tools.Random
 Response.Write "下面是一个随机生成的整数: "&RandInt&"<Br>"
 RandInt=Abs(Tools.Random )
 Response.Write "下面是一个随机生成的正整数: "&RandInt&"<Br>"
 RandInt=Abs(Tools.Random )Mod 200
 Response.write "下面是一个随机生成的在 0~200 之间的正整数: " &RandInt&"<Br>"
 RandInt=(Abs(Tools.Random)Mod 51)+50
 Response.write "下面是一个随机生成的在 50~100 之间的正整数: " &RandInt&"<Br>"
%>
 <Hr>
 ------------------<A Href="tools.asp">刷新</A>------------------
</HTML>
```

(2) 将 Tools.asp 文件保存后，其运行结果如图 7-11 所示。

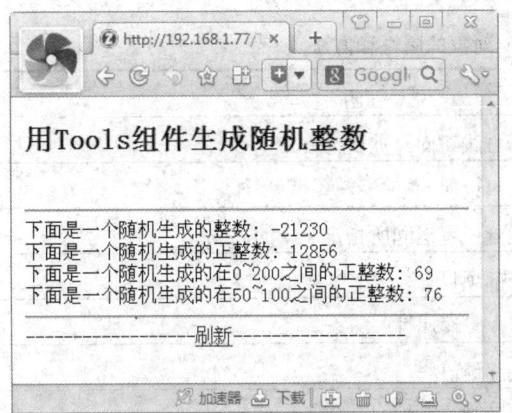 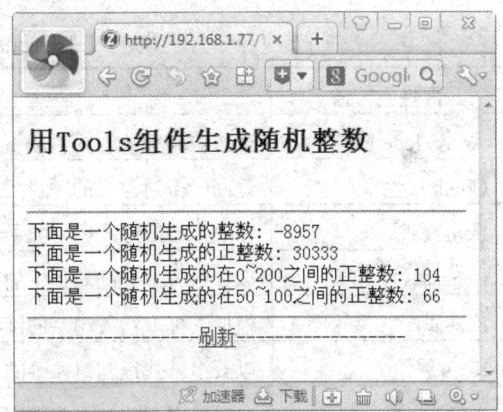

图 7-11 随机生成整数

7.10 使用 IIS Log 组件抽取 IIS 日志信息

IIS Log 组件创建一个 IIS Log 对象，该对象使应用程序能从 IIS 日志文件中抽取特定类型的信息。当用户是服务器上的系统管理员或操作员时，IIS Log 组件特别有用。可以使用下面的脚本创建 IISLog 对象：

```
Set objLog=Server.CreateObject(MSWC.IISLog)
```

IIS Log 对象提供的方法，如表 7-6 所示。

表 7-6 IISLog 对象的方法

方 法	说 明
AtEndOfLog()	确定所有记录是否已从日志文件中读出
CloseLogFiles()	关闭所有打开的日志文件
OpenLogFile()	为读或写打开一个日志文件
ReadFilter()	从日志文件中读取指定日期和时间范围的记录
ReadLogRecord()	从当前日志文件中读取下一个可用的 Log 记录
WriteLogRecord()	写一个 Log 记录到当前日志文件中

7.11 利用 Dictionary 对象保存字典对象

Dictionary 对象是保存键和项目相对的字典对象，字典中的项目(可以是任何形式的数据)被保存在数组中，每项都与唯一的键相关联。键值用于检索单个项目，通常是整数或字符串，但不能为数组。

Dictionary 对象包含的属性和方法，如表 7-7 所示。

表 7-7　Dictionary 对象的属性和方法

属性或方法	说　　　明
ArrayMode 属性	数组访问模式，允许以下标方式访问，默认为 true
Count 属性	返回一个对象中的项目数，只读属性
Item 属性	在一个 Dictionary 对象中设置或者返回所指定 key 的 item
Items 属性	以数组方式返回对象中的全部项目
Key 属性	根据下标取得关键字的键值，只读属性
Keys 属性	以数组方式返回对象中的全部键值
Add()方法	向对象中添加一个关键字项目对
Exists()方法	如果对象中存在所指定的关键字则返回 true，否则返回 false
Join()方法	返回一个字符串，此字符串由包含在对象中的所有数据键和项目对连接创建
Load()方法	从指定的数据源装载对象内容
Remove()方法	从一个 Dictionary 对象中删除一个关键字项目对
RemoveAll()方法	从一个对象中删除所有的项目
Save()方法	转储对象中的内容到指定的目标
Sort()方法	排序对象中的数据，可以指定升序和降序
Split()方法	分析给定的字符串，将分解出的子字符串填充到对象中

当以数字作为下标查询 Dictionary 对象时，数字表示按照插入顺序的下标，顺序从 0 开始。如果其中某个数据键被删除，则其后插入的数据键的下标依次前移。Dictionary 对象的键值如果为字符串时将忽略字符串的大小写。

Dictionary 对象的默认属性为 Item，所以可以直接对 Dictionary 对象进行默认操作。例如 dict("c")与 dict.Item("c")的作用是完全等同的。如下例将插入一些关键字项目对，然后修改项目 c 为第二个插入的项目。

```
Set dict = CreateObject("NetBox.Dictionary")
dict.Add "a", "Athens"
dict.Add "b", "Belgrade"
dict.Add "c", "Cairo"
dict("c") = dict(1)
```

【例 7-8】用列表方式显示出字典中所有项目的值。

(1) 创建一个名称为 Dictionary.asp 的文件，代码如下所示:

```
<H3>添加字典条目</H3>
<Form Action="<%=Request.ServerVariables("Script_Name")%>">
    <Input Type="Text" Name="Key">
    <Input Type="Text" Name="value">
```

```
    <Input Type="submit" Value="添加条目">
</Form>
<Hr>
<%
  Dim strToDict
  strToDict=Trim(Request.Querystring("key"))
  strValue=Trim(Request.Querystring("value"))
  If Len(strToDict)>0 Then
    '检查字典是否存在
    If IsEmpty(Session("MyDict")) Then
      Set Session ("MyDict")=Server.CreateObject("Scripting.Dictionary")
    End If
    Dim myLocalDict
    Set myLocalDict=Session("MyDict")
    myLocalDict.Add strToDict,strValue        '添加字典条目
  End If
%>
<H3>列表字典的内容</H3>
<%
  If IsEmpty(Session("MyDict")) Then
    Response.Write "字典是空的！"
  Else
    Dim aKeys,aValues,i
    Set myLocalDict=Session("MyDict")
    aKeys=myLocalDict.Keys
    aValues=myLocalDict.Items
    For i=0 To myLocalDict.Count-1
      Response.Write aKeys(i)&"="&aValues(i)&"<Br>"
    Next
  End If
%>
```

(2) 将 Dictionary.asp 文件保存后，其运行结果如图 7-12 所示。

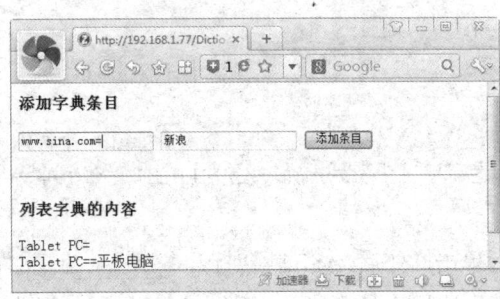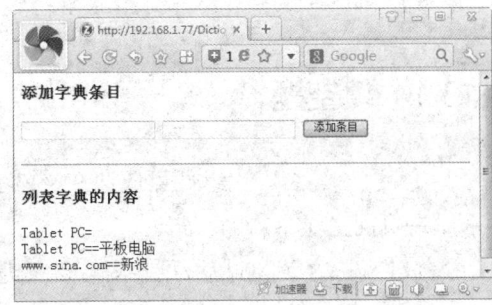

图 7-12 添加字典条目

7.12　开发 ASP 自定义组件

ActiveX 组件是一个存在于 Web 服务器上的文件，该文件包含执行某项或一组任务的代码。组件可以执行公用任务，这样网站开发者就不必逐一去创建执行这些任务的代码。例如，使用一个股票行情收报机组件即可以在 Web 页上显示最新的股票报价。

除了 ASP 自带的几个基本组件之外，网站的开发者还可从第三方开发商购买一些已制作完成的组件，直接运用它们来完成各种各样的任务。除此之外，还可用任何支持组件对象模型(Component Object Model，COM)的编程语言(如 Visual C++、Java、Visual Basic)编写自己的组件。组件是可以重复使用的，在 Web 服务器上安装组件后，就可以从 ASP 脚本、ISAPI 应用程序、服务器上的其他组件或另一种 COM 兼容语言编写的程序中调用该组件。

要使用组件提供的对象，首先要创建对象的实例并将这个新的实例分配变量名。使用 ASP 的 Server.CreateObject()方法可以创建对象的实例，然后可使用脚本语言的变量分配指令为对象实例命名。创建对象实例时，必须提供实例的注册名称 PROGID。如下例将创建一个 Ad Rotator 广告条对象：

```
<% Set MyAds = Server.CreateObject("MSWC.AdRotator") %>
```

注意：
必须使用 ASP 的 Server.CreateObject()方法创建对象实例，否则 ASP 无法跟踪脚本语言中对象的使用。

使用 HTML<OBJECT>标签同样可以创建对象实例，但必须为 RUNAT 属性提供服务器值，同时也要为将在脚本语言中使用的变量名提供 ID 属性组。使用注册名称(PROGID)或注册号码(CLSID)可以识别该对象。下例使用注册名(PROGID)创建 Ad Rotator 对象：

```
< OBJECT RUNAT=Server ID=MyAd PROGID="MSWC.AdRotator"></OBJECT>
```

7.13　习　　题

7.13.1　填空题

1. 使用_____组件可快速在网站上建立一个广告系统，它允许在每次访问 ASP 页面时在页面上显示新的广告。
2. 广告条放置到网站后,用户对广告条进行单击操作后,ASP 就会打开_____文件。
3. ASP 服务器的_____组件通过读取计划文件来完成网页内容的显示，通常是自动轮换显示一些 HTML 内容。

4. 在 Content Linker 组件的列表文件中，第一列的 URL 和第二列的链接锚必须用_____键隔开。

5. ASP 服务器的_____组件用于检测客户端浏览器的能力。_____组件用来测试访问者对某文件或某页的访问权。

7.13.2　选择题

1. 在广告轮显组件中，假如在广告信息文件中设置 Border 为 1，然后在页面中又设置了 Border 属性值为 3，则显示在页面中的广告图片的边框宽度为(　　)。

　　A. 0　　　　　　　　B. 1　　　　　　　　C. 3　　　　　　　　D. 4

2. 在文件超链接组件中，假如使用 GetNextURL 方法读取到了最后 1 个文件的 URL，如果继续执行该方法，将会读取(　　)文件的 URL。

　　A. 第 1 个　　　　　B. 最后 1 个　　　　C. 停止不动　　　　D. 程序会出错

7.13.3　问答题

1. 简述广告轮显组件的工作原理。

2. ASP 有哪几种调用组件的方法？

3. 如有以下程序：

```
<%
    Response.Write("动态网页")
    Response.End()
    Response.Write("设计语言")
%>
```

则程序的输出结果是什么？

4. 在 IIS 服务器上，默认的 Session 对象会话有效时间是多少分钟？在程序中如何修改其有效期？

5. Server.HTMLEncode("<h3>股票财经</h3>")语句的输出结果是什么？

6. Global.asa 文件的作用是什么？

7.13.4　操作题

1. 使用 Content Linker 组件调用列表文件，实现页面的列表跳转，程序运行结果如图 7-13 所示。

2. 创建一个可对字典进行项目查询的页面，程序运行结果如图 7-14 所示。

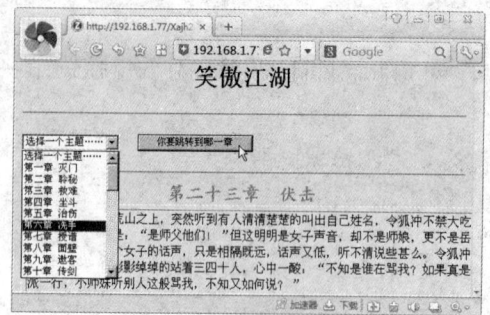

图 7-13　跳转到指定章节

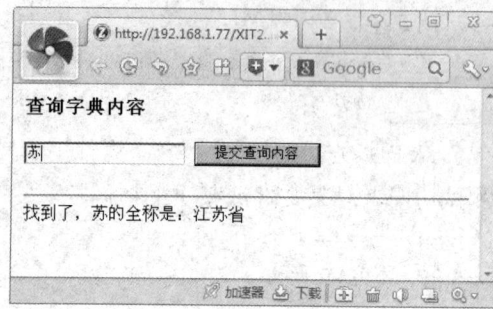

图 7-14　查询字典内容

3. 使用 Session 对象判断用户输入的用户名和密码是否正确。

4. 使用 Application 对象设计一个网站访问量计数器。

第8章 ASP的文件管理

教学目标

通过对本章的学习，能够了解 FSO 中各对象的属性和方法，并熟练地使用 FSO 对本机的文本文件进行各种基本操作。

教学重点与难点

- FileSystemObject 对象的属性和方法
- TextStream 对象的属性和方法
- 创建一个文本文件
- 读取文本文件

ASP 的 File Access 组件提供了可用来访问计算机文件系统的方法和属性。File Access 组件使用 FSO(FileSystemObject)对象模型来处理服务器端的文件、文件夹和驱动器。使用 FSO 可以建立、删除、移动文件和文件夹，检查文件和文件夹是否存在，以及更改文件和文件夹的名字。

8.1 FileSystemObject 文件系统对象

File Access 组件提供可用于在计算机文件系统中检索和修改文件的对象。用户可以使用 File Access 组件创建 FileSystemObject 对象，简称为 FSO。FSO 提供用于访问文件系统的方法、属性和集合。

FSO 可以用来对驱动器、文件夹以及文件等对象进行相关的处理操作。它可以检测并显示出系统驱动器的信息分配情况；可以创建、改变、移动和删除文件夹，并能探测一些给定的文件夹是否存在；可以提取出文件夹的信息，如名称、被创建或最后一次修改的日期等。

注意：

FSO 对象模式使文件处理变得很容易。当只想存取一些更新量较小的数据时，可把它们存储在二进制或文本文件中，然后用 FSO 来创建文件，插入和改变数据，以及输出(读取)数据。

数据存储在数据库中，如 Access 或 SQL 服务器，会给应用程序增加很大的开销。而使用 FSO 将数据存储在文本文件中读取可节省系统资源。

FSO 组件中包含多个对象和集合，其名称和相关说明如表 8-1 所示。

表 8-1　FileSystemObject(FSO)包含的对象和集合

对象/集合	描　　述
FileSystemObject	主对象。包含用来创建、删除和获得有关信息，以及通常用来操作驱动器、文件夹和文件的方法和属性。和该对象相关联的许多方法，与其他 FSO 对象中的方法完全相似，它们是为了方便才被提供的
Drive	对象。包含用来收集信息的方法和属性，这些信息是关于连接在系统上的驱动器的，如驱动器的共享名和它有多少可用空间。注意，Drive 并非必须是硬盘，也可以是 CD-ROM 驱动器、RAM 磁盘等。并非必须把驱动器实物地连接到系统上，它也可以通过网络在逻辑上被连接起来
Drives	集合。提供驱动器的列表，这些驱动器实物地或在逻辑上与系统相连接。Drives 集合包括所有驱动器，与类型无关。要可移动的媒体驱动器在该集合中显现，不必把媒体插入到驱动器中
File	对象。包含用来创建、删除或移动文件的方法和属性，也用来向系统询问文件名、路径和多种其他属性
Files	集合。提供包含在文件夹内的所有文件的列表
Folder	对象。包含用来创建、删除或移动文件夹的方法和属性，也用来向系统询问文件夹名、路径和多种其他属性
Folders	集合。提供在 Folder 内的所有文件夹的列表
TextStream	对象。用来读写文本文件

注意：

与 FileSystemObject 主对象相关联的很多方法重复了另外 4 个对象中的方法，因此既可以通过 FileSystemObject 主对象来对驱动器、文件夹和文件进行大多数操作，也可以通过对应的驱动器、文件夹或文件对象对这些组件进行操作。

FSO 模型通过两种方法实现对同一对象的操作，其操作效果是相同的，提供这种冗余功能的目的是为了实现最大的编程灵活性。

使用 FSO 编程，首先要用 Server.CreatObject()方法创建 FileSystemObject 对象，如下例所示：

```
<%
Dim MyFileObject
Set MyFileObject =Server.Create Object("Scripting.FileSystemObject")
%>
```

创建 FileSystemObject 对象后，就可以使用它创建、打开或读写文件，以及对文件和文件夹进行新建、复制、移动、删除等操作。FileSystemObject 对象的方法及相关说明，如表 8-2 所示。

表 8-2　FileSystemObject 对象的方法

方　　法	说　　明
CreateTextFile()	创建一个文本文件
OpenTextFile()	打开一个已有的文本文件
GetFile ()	返回与指定路径中某文件相应的 File 对象
GetExtensionName()	获得文件扩展名
CopyFile()	复制一个文件
MoveFile()	移动文件，将文件从一个路径移到另一个路径
DeleteFile()	删除文件，其第一个参数是要删除的文件，第二个参数是说明是否强行删除(如果文件是只读或隐含等)
FileExists()	如果指定的文件存在，返回 True；否则返回 False
GetFolder()	返回与指定的路径中某文件夹相应的 Folder 对象
CreateFolder()	创建一个目录
CopyFolder()	复制整个目录，会复制这个目录下的所有文件
MoveFolder()	移动目录，会移动目录下包含的全部文件
DeleteFolder()	删除目录，会删除目录下所有文件，并且删除的文件不会进入回收站
FolderExists()	如果指定的文件夹存在，返回 True；否则返回 False

8.2　读 写 文 件

　　FSO 功能最强大的部分就是对文件的操作，可以用来记数、内容管理、搜索，还可以用来生成动态 HTML 页面等。

　　新建文本文件需要使用 FileSystemObject 对象和该对象的 CreateTextFile()方法。TextStream 对象提供对存储在磁盘上文件的访问，能够读出或写入顺序文本文件。

8.2.1　TextStream 对象简介

　　TextStream 对象必须通过 FileSystemObject 对象进行实例化，所以可以把 TextStream 对象当作是 FileSystemObject 对象的子对象。TextStream 对象的方法及其相关说明，如表 8-3 所示。

表 8-3　TextStream 对象的方法

方　　法	说　　明
Close()	用来关闭一个已打开的数据流文件和其对应的文本文件
Read()	从光标的当前位置开始，从打开的文件文本中读取一定的字符数目

(续表)

方　　法	说　　明
ReadAll()	用来读取一个已打开的数据流文件内的所有数据
ReadLine()	用来读取一个已打开的数据流文件内的一行数据
Skip()	用来跳过已打开的数据流文件内的字符数目
SkipLine()	用来跳过已打开的数据流文件内的一整行数据
Write()	用来写入数据至一个已打开的数据流文件
WriteLine()	用来写入一整行数据至一个已打开的数据流文件
WriteBlankLines()	用来指定欲写入的新行数目

TextStream 对象的属性及其相关说明，如表 8-4 所示。

表 8-4　TextStream 对象的属性

属　　性	说　　明
AtEndOfLine	当光标位于当前行的末尾时，其值为 True，否则为 False
AtEndOfStream	当光标位于流的末尾时，其值为 True，否则为 False
Column	计算从行首到当前光标位置的字符数
Line	计算光标所在行在整个文件中的行号

8.2.2　创建一个文本文件

创建或打开一个文本文件并返回 TextStram 对象，可使用 CreateTextFile()方法或 OpenTextFile()方法。

1. CreateTextFile()方法

可使用 CreateTextFile()方法创建新的文本文件，或覆盖一个已存在的文件。返回的 TextStream 对象可用来读写文件，其语法结构如下：

```
Object.CreateTextFile(filename[,overwrite[,unicode]])
```

以上语法结构中各部分的含义如下：
- Object 应为 FileSystemObject 或 Folder 对象的名称。
- filename 是字符串，用于指明待创建的文件。
- overwrite 指明是否可覆盖已有的文件，若设为 True，则可以覆盖；若设为 False(默认)，则不能覆盖。
- unicode 指明是以 unicode 格式还是以 ASCII 格式创建文件，若设为 True，则以 unicode 格式创建；若设为 False(默认)，则以 ASCII 格式创建。

例如，使用 CreateTextFile()方法在真实路径指定的位置创建一个空的文本文件的程序代码如下：

```
<%
  Dim fso,fil
  Set fso=Server.CreateObject("Scripting.FileSystemObject")
  Set fil=fso.CreateTextFile("D:\My webs\test1.txt",True)
%>
```

注意:

通过 FSO 打开驱动器、文件夹或文件,只能使用指定的绝对物理路径地址。而文本文件创建的位置常需要使用虚拟路径来指定,因为这样可便于将应用程序转移到不同的计算机上运行,所以对虚拟路径常使用 Server.MapPath()方法将其转化为真实路径。

2. OpenTextFile()方法

可使用 OpenTextFile()方法打开一个已有的文本文件,也可创建一个文本文件。它返回一个 TextStream 对象,可用这个对象对文件读或追加数据。

```
Object.OpenTextFile(filename[,iomode[,create[,format]]])
```

以上语法结构中各部分的含义如下:
- Object 应为 FileSystemObject 对象的名称。
- filename 是字符串,用于指明待创建的文件。
- iomode 用于指定输入/输出模式,取值为 1(以只读模式打开,不能对文件进行写操作)、2(以只写方式打开,不能对文件进行读操作)或 8(以追加方式打开,可以在文件末尾进行写操作)。
- create 指出文件不存在时是否创建,默认是 False,若要创建,可设为 True。
- format 指出以何种格式打开文件,取值是 -2(以系统默认格式打开)、-1(以 unicode 格式打开)或 0(以 ASCII 格式打开)。

例如,使用 OpenTextFile()方法在虚拟路径指定的位置创建一个空的文本文件的程序代码如下:

```
<%
  Dim fso,ts
  Const ForWriting=2
  Set fso=CreateObject("Scripting.FileSystemObject")
  Set fs=fso.OpenTextFile(Server.MapPath("test2.txt"),ForWriting,True)
%>
```

8.2.3 向文本文件中添加数据

文本文件一经创建,就可以分 3 步向其中加入数据:打开文件以备写入数据,写入数据,关闭文件。打开文件的方法有两种:第一种是用 File 对象的 OpenAsTextStream()方法,第二种是用 FileSystemObject 对象的 OpenTextFile()方法。

打开文件后，就可以用 TextStream 对象的 Write()或 WriteLine()方法写入数据，两者间的唯一差别是 WriteLine()方法会在字符串的末尾添加换行符。如果想在文本文件中添加一个空行，可使用 WriteBlankLines()方法。

注意:

对文本文件的操作进行完成后，要使用 TextStream 对象的 Close()方法关闭文件。

【例 8-1】创建一个文本文件，并写入文本和空行，创建后的文本如图 8-1 所示。

(1) 创建一个名称为 textfile.asp 的文件，代码如下所示:

```
<%
Dim fso,fil
    Set fso=CreateObject("Scripting.FileSystemObject")
    Set fil=fso.CreateTextFile(Server.MapPath("test3.txt"),True)
    fil.Write("***第一句文本")
    fil.WriteLine("***第二句带换行符的文本")
    fil.WriteLine("***第三句带换行符的文本")
    fil.WriteBlankLines(2)                    '写入两个空白行
    fil.Write("***第四句文本")
    fil.Close                                 '关闭文件
%>
```

(2) 在服务器主目录中运行 textfile.asp 文件后将创建 test3.txt 文件，打开该文本文件后如图 8-2 所示。

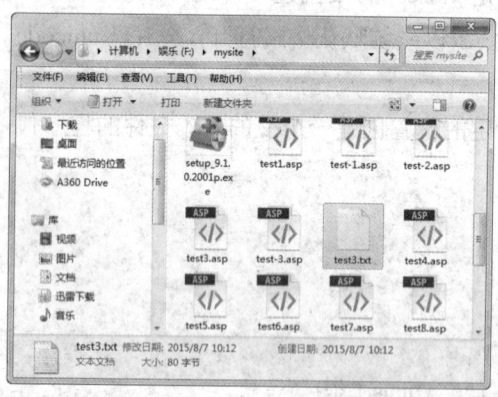

图 8-1　创建的 test3.txt 文件

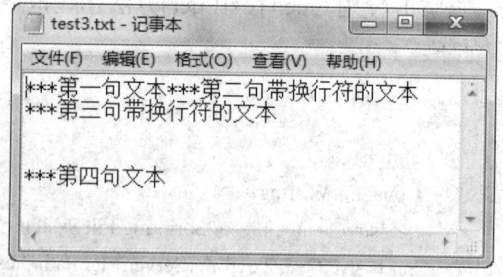

图 8-2　test3.txt 文件内容

8.2.4　读取文本文件中的内容

要从文本文件中读取数据，可以使用 TextStream 对象的 Read()、ReadLine()或者 ReadAll()方法。Read()方法从文本文件中读取指定数量的字符；ReadLine()方法读取一整行，但不包括换行符；ReadAll()方法读取一个文本文件的所有内容。

在使用 Read()或 ReadLine()方法时，还可以用 Skip()方法跳过几个字符，或者用 SkipLine()方法跳过几行。

【例 8-2】分别使用 Read()、ReadLine()或者 ReadAll()方法读取【例 8-1】所创建的文本文件 test3.txt 中的内容。

(1) 创建一个名称为 Readfile.asp 的文件，如图 8-3 所示，代码如下所示：

```
<%
Dim fso,f1,ts,s1,s2
    Const ForReading=1
    Set fso=CreateObject("Scripting.FileSystemObject")
    Set ts=fso.OpenTextFile(Server.MapPath("test3.txt"),ForReading)
    s1=ts.Read(3)
    Response.Write "文件的前三个字符内容是："'"&s1&"'"
    Response.Write "<Br><Br>"
    ts.Skip(5)                          '从当前位置往后跳过 5 个字符
    s2=ts.ReadLine
    Response.Write "第一行剩下的内容是："'"&s2&"'"&"<Br><Br>"
    Response.Write "文本剩下的内容是："'"&ts.ReadAll&"'"&"<Br>"
    ts.Close
%>
```

(2) 在服务器主目录中运行 Readfile.asp 文件后，效果如图 8-4 所示。

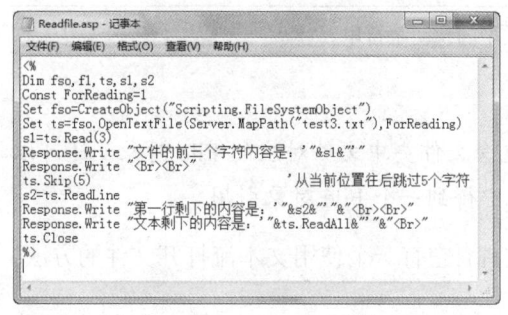
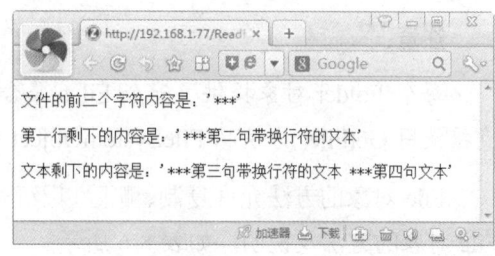

图 8-3　程序代码　　　　　　　　　　图 8-4　在浏览器中显示 test3.txt 文件内容

8.3　管理文件

File 对象提供了对文件属性的访问，通过它的方法能够对文件进行操作。File 对象允许复制、删除以及移动文件，还可以利用它检测一个文件是否存在和查看一个文件具有什么属性。下面将介绍利用 FSO 组件管理文件的方法。

8.3.1　File 对象简介

File 对象的属性及其相关说明，如表 8-5 所示。

表 8-5　File 对象的属性及说明

属　　性	说　　明
Attributes	设置或返回文件的系统属性。可以是下列值中的一个或其组合：0(表示普通文件)、1(表示只读文件)、2(表示隐藏文件)、4(表示系统文件)、16(表示文件夹或目录)、32(表示上次备份后已更改的文件)、1024(表示链接或快捷方式)和 2048(表示压缩文件)
DateCreated	返回该文件的创建日期和时间
DateLastAccessed	返回最后一次访问该文件的日期和时间
DateLastModified	返回最后一次修改该文件的日期和时间
Drive	返回该文件所在的驱动器的 Drive 对象
Name	设定或返回文件的名字
ParentFolder	返回该文件的父文件夹的 Folder 对象
Path	返回文件的绝对路径，可使用长文件名
ShortName	返回 DOS 风格的 8.3 形式的文件名
ShortPath	返回 DOS 风格的 8.3 形式的文件绝对路径
Size	返回该文件的大小(字节)
Type	如果可能，返回一个文件类型的说明字符串

注意：

每个 Folder 对象提供了一个 Files 集合，包含文件夹中文件对应的 File 对象。还可以直接使用 GetFile()方法从 FileSystemObject 对象中得到一个 File 对象引用。

File 对象的方法允许复制、删除以及移动文件，它有一个使用文本流打开文件的方法。File 对象的方法及说明，如表 8-6 所示。

表 8-6　File 对象的方法及说明

方　　法	说　　明
Copy(destination, overwrite)	将这个文件复制到 destination 指定的文件夹。如果 destination 的末尾是路径分隔符(\)，那么认为 destination 是放置复制文件的文件夹；否则，认为 destination 是要创建的新文件的路径和名字。如果目标文件夹已经存在且 overwrite 参数设置为 False，将产生错误，默认的 overwrite 参数是 True
Delete(force)	删除这个文件。如果可选择的 force 参数设置为 True，文件即使具有只读属性也会被删除。默认的 force 是 False

(续表)

方　　法	说　　明
Move()	将文件移动到 destination 指定的文件夹
CreateTextFile()	用指定的文件名创建一个新的文本文件，并且返回一个相应的 TextStream 对象
OpenAsTextStream (Jomode,format)	打开指定文件并且返回一个 TextStream 对象，用于文件的读、写或追加。Jomode 参数指定了要求的访问类型；format 参数说明了读、写文件的数据格式

给定一个 File 对象后，可以使用 ParentFolder 属性得到包含该文件的 Folder 对象的引用，用来在文件系统中导航；甚至可以用 Drive 属性获得相应的 Drive 对象的引用，并得到各种 Folder 对象以及所包含的 File 对象。

注意：

另外，给定一个 Folder 对象以及对应的 Files 集合后，可以通过遍历该集合检查这一文件夹中的每个文件，还可以使用 File 对象的各种方法以一定方式处理该文件，如复制、移动或删除。

8.3.2　移动、复制及删除文件

FSO 对象模式有两种方法来移动、复制和删除文件。

● 移动文件：移动一个文件，可用 File 对象的 Move()方法或 FileSystemObject 对象的 MoveFile()方法。

● 复制文件：复制一个文件，可用 File 对象的 Copy()方法或 FileSystemObject 对象的 CopyFile()方法。

● 删除文件：删除一个文件，可用 File 对象的 Delete()方法或 FileSystemObject 对象的 DeleteFile()方法。

以下面的代码为例，可以创建一个文本文件(如 test4.txt)，并对它进行复制、移动和删除操作。

```
<%
Dim fso,f1,f2,s
Set fso=Server.CreateObject("Scripting.FileSystemObject")
Set f1=fso.CreateTextFile(Server.MapPath("test4.txt"),True)
f1.Write("这是一个测试文件！")              '写一行
f1.Close                                   '关闭文件
Set f2=fso.GetFile(Server.MapPath("test4.txt"))
f2.Move(Server.MapPath("test1\test4.txt"))      '把文件移动到 test1 目录
f2.Copy(Server.MapPath("test2\test4.txt"))      '把文件复制到 test2 目录
set f3=fso.GetFile(Server.MapPath("test2\test4.txt"))
f3.Delete                                  '删除文件
%>
```

注意:

要运行以上代码，需要先在驱动器根目录位置创建\test1 和\test2 目录。

8.3.3　检测文件和文件夹是否存在

使用 FSO 对象的 FileExists()和 FolderExists()方法可以检测文件和文件夹是否存在，若存在，则返回 True，否则返回 False。

例如以下代码，检测一个指定的文件是否存在，并在网页中返回相应的结果。

```
<%
    Dim fso
    Set fso=Server.CreateObject("Scripting.FileSystemObject")
    If fso.FileExists(Server.MapPath("test5.txt")) Then
        Response.Write Server.MapPath("test5.txt")&"存在"
    Else
        Response.Write Server.MapPath("test5.txt")&"不存在"
    End If
%>
```

8.3.4　检测文件的属性

使用 File 对象和 Folder 对象不仅可以实现文件和文件夹的各种操作，而且能得到文件和文件夹的各种属性。

例如以下代码可创建一个文件，并显示这个文件的各属性值，其程序运行结果如图 8-5 所示。

```
<Center><H2>查看文件的属性</H2></Center>
<Hr>
<%
    whichfile=Server.MapPath("test5.txt")
    Set fso = CreateObject("Scripting.FileSystemObject")
    Set f1 = fso.CreateTextFile(whichfile,true)
    f1.Write ("这是一个测试文件.")
    f1.Close
    Set f2 = fso.GetFile(whichfile)
    s = "文件名称：" & f2.name & "<br>"
    s = s & "文件短路径名：" & f2.shortPath & "<br>"
    s = s & "文件物理地址：" & f2.Path & "<br>"
    s = s & "文件属性：" & f2.Attributes & "<br>"
    s = s & "文件大小：" & f2.size & "<br>"
    s = s & "文件类型：" & f2.type & "<br>"
    s = s & "文件创建时间：" & f2.DateCreated & "<br>"
```

s = s & "最近访问时间： " & f2.DateLastAccessed & "<br>"

s = s & "最近修改时间： " & f2.DateLastModified

response.write(s)

%>

图 8-5　向文本文件中添加数据

【例 8-3】用文本文件编写一个站点计数器。

(1) 将 0～9 的 10 张记数图片依次命名为 0.gif、2.gif、…9.gif，如图 8-6 所示。

(2) 在服务器根目录下新建一个文件夹，并命名为 num，然后将图片文件放入其中。

(3) 创建一个名称为 jishuqi.asp 的文件，代码如下所示：

```
<Title>计数器示例</Title>
<Center><H2>计数器示例</H2></Center>
<Hr>
<%
    dim fso,f,i,counts,length
    Const ForReading = 1
    Const ForWriting = 2
    Set fso = Server.CreateObject("Scripting.FileSystemObject")
    if not fso.FileExists(Server.MapPath("count.log")) then
        Set f = fso.CreateTextFile(Server.MapPath("count.log"))
        f.WriteLine "0"
        f.Close
    end if
    Set f = fso.OpenTextFile(Server.MapPath("count.log"), ForReading)
    rd = f.ReadLine
    counts = CLng(rd)
    f.Close
    '用户首次访问时 Session("Counts")为空，应使计数器加 1
    if Session("Counts") = "" then
        counts = counts + 1
        Session("Counts") = counts
        Set f = fso.CreateTextFile(Server.MapPath("count.log"), True)
```

```
            f.WriteLine(counts)
            f.Close
        end if
        length = len(counts)
        for i = 1 to 8-length
            Response.Write "<IMG SRC=num\0.gif></IMG>"
        next
        for i = 1 to length
            Response.Write "<IMG SRC=" & "num\" & mid(counts,i,1) & ".gif></IMG>"
        next
%>
```

(4) 运行 jishuqi.asp 文件，结果如图 8-7 所示。

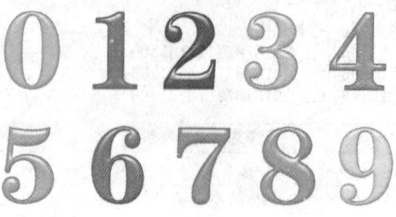

图 8-6　数字图片

图 8-7　计数器效果

8.4　获取驱动器信息

通过 Drives 对象提供的属性，可以获得系统上各个驱动器有关的信息，这些驱动器可以是物理的或通过网络逻辑连接到系统上的。Drives 对象的属性及其相关说明，如表 8-7 所示。

表 8-7　Drive 对象的属性及说明

属　　性	说　　明
AvailableSpace	返回驱动器上对于该用户可用的空间大小
DriveLetter	返回驱动器的字母
DriveType	返回驱动器的类型。如可移动的、固定的、网络、CD-ROM 或 RAM 盘
FileSystem	返回驱动器文件系统的类型。返回值包括 FAT 和 NTFS 等
FreeSpace	返回驱动器上可用剩余空间的总量
IsReady	返回一个布尔值表明驱动器是否已准备好
Path	返回一个由驱动器字母和冒号组成的驱动器路径，如 C:
RootFolder	返回代表驱动器根目录文件夹的 Folder 对象
SerialNumber	返回一个用于识别磁盘卷的十进制的序列号
ShareName	如果是一个网络驱动器，返回该驱动器的网络共享名
TotalSize	返回驱动器的总容量(以字节为单位)
VolumeName	设定或返回本地驱动器卷名

以上属性所代表的意义，可以通过下面的程序查看服务器上一个驱动器的有关属性信息来进一步了解。

```
<%
    dim ObjfileSys
    dim MyDrive
    set ObjFileSys=Server.CreateObject("Scripting.FileSystemObject")
    set MyDrive=ObjFileSys.GetDrive("d")
    Response.write MyDrive.AvailableSpace&"<br>"      '输出该驱动器上的可用控件
    Response.write MyDrive.DriveLetter&"<br>"          '输出该驱动器的名称
    Response.write MyDrive.DriveType&"<br>"            '输出该驱动器的类型
    Response.write MyDrive.FileSystem&"<br>"           '输出文件系统的文件结构
    Response.write MyDrive.FreeSpace&"<br>"            '输出驱动器上的剩余空间
    Response.write MyDrive.Path&"<br>"                 '输出驱动器的路径信息
    Response.write MyDrive.RootFolder&"<br>"           '返回一个 Folder 并指向根目录
    Response.write MyDrive.SerialNumber&"<br>"         '输出驱动器的序列号
    Response.write MyDrive.ShareName&"<br>"            '返回网络驱动器共享名
    Response.write MyDrive.TotalSize&"<br>"            '输出驱动器上的空间大小
    Response.write MyDrive.VolumeName&"<br>"           '输出驱动器的卷标
%>
```

以上程序执行后的结果如图 8-8 所示。

【例 8-4】使用 Drives 对象显示系统上所有驱动器的信息。

(1) 创建一个名称为 Drives.asp 的文件，代码如下所示：

```
<title>检测驱动器</Title>
<Center><H2>您的计算机上各驱动器相关信息</H2>
<Hr>
<%
  Function tran(Driver)
    Select Case Driver
      Case 0: tran="设备无法识别"
      Case 1: tran="软盘驱动器"
      Case 2: tran="硬盘驱动器"
      Case 3: tran="网络硬盘驱动器"
      Case 4: tran="光盘驱动器"
      Case 5: tran="RAM 虚拟磁盘"
    End Select
  End Function
  set fso=Server.CreateObject("Scripting.FileSystemObject")
%>
<table border=1 width="100%">
  <tr>
    <td>盘符</td>
    <td>类型</td>
    <td>卷标</td>
    <td>总计大小</td>
```

```
        <td>可用空间</td>
        <td>文件系统</td>
        <td>序列号</td>
        <td>是否可用</td>
        <td>路径</td>
    </tr>
    <%
        '如果系统的某个驱动器里没有磁盘，比如软驱中无软盘或 CD-ROM 驱动器中没有光盘，将得
        到一个错误提示："驱动器不存在。"使用错误处理语句可强行将程序跳转去检查下一驱动器
        on error resume next
        For each drv in fso.Drives
            Response.Write "<tr>"
            Response.Write "<td>" & drv.DriveLetter & "</td>"
            Response.write "<td>" & tran(drv.DriveType) & "</td>"
            Response.write "<td>" & drv.VolumeName & "</td>"
            Response.write "<td>" & FormatNumber(drv.TotalSize / 1024, 0)& "</td>"
            Response.write "<td>" & FormatNumber(drv.Availablespace / 1024, 0) & "</td>"
            Response.write "<td>" & drv.FileSystem & "</td>"
            Response.write "<td>" & drv.SerialNumber & "</td>"
            Response.write "<td>" & drv.IsReady & "</td>"
            Response.write "<td>" & drv.Path & "</td>"
            Response.Write "</tr>"
        Next
        set fs=nothing
    %>
    </table></Center>
```

(2) 运行 Drives.asp 文件后，结果如图 8-9 所示。

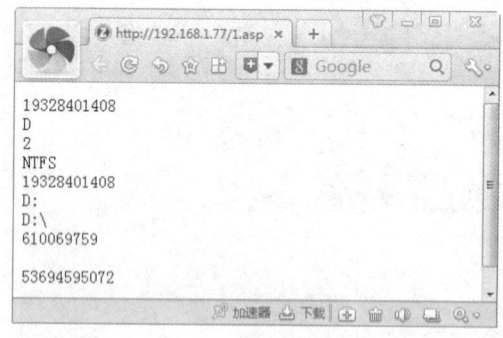

图 8-8　输出驱动器上的相关属性

图 8-9　向文本文件中添加数据

8.5　管理文件夹

通过 Folder 对象提供的属性和方法，可对文件夹进行各种操作，其中包括提取文件夹信息、创建文件夹、删除文件夹、复制文件夹、移动文件夹等。

　　Folder 对象提供一组属性，可用这些属性得到关于当前文件夹的更多信息，也可以改变该文件夹的名称。Folder 对象的属性及其相关说明，如表 8-8 所示。

表 8-8　Folder 对象的属性及说明

属　　性	说　　明
Attributes	返回文件夹的属性。可以是下列值中的一个或其组合，正常为 0，只读为 1，隐藏为 2，系统为 4，卷为 8，文件夹为 16，存档为 32，别名为 64，压缩为 128。例如，一个隐藏的只读文件，Attributes 的值为 2
DateCreated	返回该文件夹的创建日期和时间
DateLastAccessed	返回最后一次访问该文件夹的日期和时间
DateLastModified	返回最后一次修改该文件夹的日期和时间
Drive	返回该文件夹所在的驱动器字母
Files	返回 Folder 对象包含的 Files 集合，表示该文件夹内所有的文件
IsRootFolder	返回一个布尔值说明该文件夹是否是当前驱动器的根文件夹
Name	设定或返回文件夹的名字
ParentFolder	返回该文件夹的父文件夹对应的 Folder 对象
Path	返回文件夹的绝对路径，使用相应的长文件名
ShortName	返回 DOS 风格的 8.3 形式的文件夹名
ShortPath	返回 DOS 风格的 8.3 形式的文件夹的绝对路径
Size	返回包含在该文件夹中的所有文件和子文件夹的大小
SubFolders	返回该文件夹内包含的所有子文件夹对应的 Folders 集合，包括隐藏文件夹和系统文件夹

　　以下程序显示了 D:\test 文件夹的所有属性信息：

```
<%
    Dim ObjfileSys
    Dim MyDrive
    Set ObjFileSys=Server.CreateObject("Scripting.FileSystemObject")
    Set MyDrive=ObjFileSys.GetFolder("d:\test")
    Response.write MyDrive.Attributes&"<br>"
    Response.write MyDrive.DateCreated&"<br>"
    Response.write MyDrive.DateLastAccessed&"<br>"
    Response.write MyDrive.DateLastModified&"<br>"
    Response.write MyDrive.Drive&"<br>"
    Response.write MyDrive.Path&"<br>"
    Response.write MyDrive.IsRootFolder&"<br>"
    Response.write MyDrive.Name&"<br>"
    Response.write MyDrive.ParentFolder&"<br>"
    Response.write MyDrive.Path&"<br>"
    Response.write MyDrive.ShortName&"<br>"
    Response.write MyDrive.ShortPath&"<br>"
```

```
        Response.write MyDrive.Size&"<br>"
%>
```

以上程序执行后的结果，如图 8-10 所示。

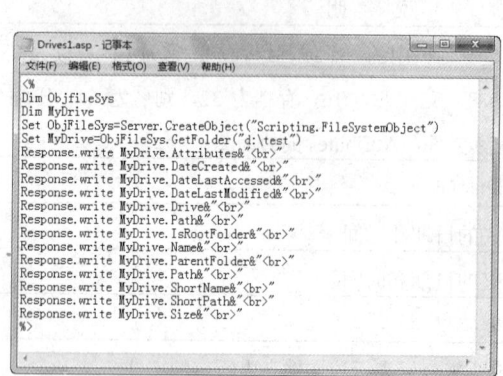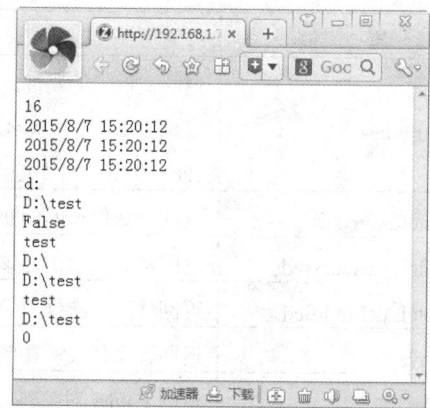

图 8-10　显示 D:\test 文件夹属性信息

注意:

在表 8-8 所示的属性中，Files 与 SubForders 输出的是数据集合，无法输出。

　　Folder 对象提供一组可用于复制、删除和移动当前文件夹的方法。这些方法的运行方式与 FileSystemObject 对象的 CopyFolder()、DeleteFolder()和 MoveFolder()方法相同。但 Folder 对象的方法不要求 source 参数，因为源文件就是这个文件夹。Folder 对象的方法及其相关说明，如表 8-9 所示。

表 8-9　Folder 对象的方法及说明

方　　法	说　　明
Copy(destination,overwrite)	将这个文件夹及所有的内容复制到 destination 指定的文件夹
Delete(force)	删除文件夹及其包含的所有内容
Move(destination)	将文件夹及其包含所有内容移动到 destination 指定的文件夹
CreateTextFile(filename,overwrite, unicode)	用指定的文件名在文件夹内创建一个新的文本文件，并且返回一个相应的 TextStream 对象

【例 8-5】使用 Folder 对象执行建立和删除文件夹操作。

(1) 创建一个名称为 Folder.asp 的文件，代码如下所示:

```
<%@ Language=VBScript %>
<%
    Sub CreateAFolder(file)
        Dim fso
        Set fso = CreateObject("Scripting.FileSystemObject")
        fso.CreateFolder(file)
        response.write "已经建立了"&file
```

```
    End Sub

    Sub DeleteAFolder(file)
        Dim fso
        Set fso = CreateObject("Scripting.FileSystemObject")
        fso.DeleteFolder(file)
        response.write "已经删除了"&file
    End Sub
%>
<%
    subname=request.form("submit")
    create=request.form("create")
    del=request.form("del")
    if subname<>"" then
        if create<>"" then
            call CreateAFolder(""&create&"")
        end if
        if del<>"" then
            call DeleteAFolder(""&del&"")
        end if
    end if
%>
<form action="<%=Request.ServerVariables("Script_Name")%>" method="post">
    <input name="create">
    <input type="submit" value="建立一个文件夹" name="submit">
</form>
<hr>
<form action="<%=Request.ServerVariables("Script_Name")%>" method="post">
    <input name="del">
    <input type="submit" value="删除文件夹" name="submit">
</form>
```

(2) 运行 Folder.asp 文件后，结果如图 8-11 所示。

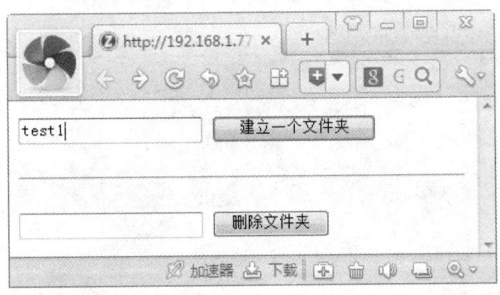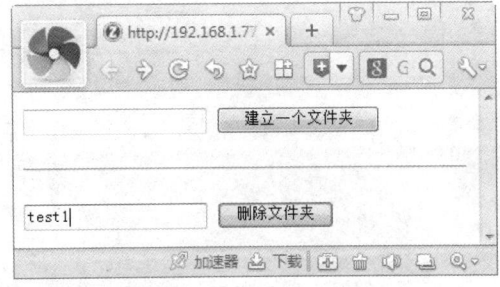

图 8-11　输出结果

8.6 习　　题

8.6.1　填空题

1. FSO 组件可以用来对_____、_____以及文件等对象进行相关的处理操作。
2. 使用 FSO 编程，首先要用_____方法创建 FileSystemObject 对象。
3. TextStream 对象的_____方法用来写入一整行数据至已打开的数据流文件。

8.6.2　选择题

1. 在 Folder 对象中，下面(　　)属性可以返回一个对象或对象集合。
   A. Drive　　　　B. ParentFolder　　　C. SubFolders　　　　D. Files
2. 下面不能创建或打开一个文本文件并返回 TextStram 对象的方法是(　　)。
   A. CreateTextFile()　　　　　C. OpenAsTextStream()
   B. WriteBlankLines()　　　　D. OpenTextFile()

8.6.3　问答题

1. 什么是 File Access 组件的 FSO 对象？
2. 如何打开文本文件并添加数据？

8.6.4　操作题

1. 创建一个文本文件，向此文件中添加数据，并将数据输出到浏览器。
2. 编辑一个程序，以列表方式显示站点根目录中的文件夹和文件。

第9章　ADO数据库访问

教学目标

通过对本章的学习，读者应熟练掌握与 ADO 相关的数据库基础知识，了解 Connection 对象和 Command 对象的属性和方法，可编制 ASP 程序与数据库建立连接，并进行简单的操作。

教学重点与难点
- Access 数据库简介
- 创建 Connection 对象
- Command 对象的基本用法

数据库是管理大量、一致、可靠、共享、持久的数据资源的计算机软件产品。数据库软件是动态网站实现互动效果的一个非常重要的核心组件，是支撑以电子商务、网上论坛和信息发布为代表的一系列网络服务的坚强支柱。在动态网页的开发工作中，应用 ASP 内建的 DataBase Access 组件，可以非常方便地通过 ActiveX Data Objects(ADO)对象访问存储在服务器端的数据库或其他表格化数据结构中的信息。

9.1　Access 数据库简介

数据库的主要功能是存储与管理数据。在目前市面上存在的多种形式的数据库产品中，关系型数据库最受欢迎并被广泛使用。该类数据库将数据按类别存储在各种数据表中，并且通过数据表之间的关联进行数据的调整和搜索等维护操作。

9.1.1　Access 数据库的基本操作

Access 数据库是目前比较流行的数据库管理系统，它是一个运行在 Windows 系统环境下的桌面关系型数据库，也是 Office 组件之一。下面将围绕几个与创建 Access 数据库相关的问题进行讲述，以便用户对该数据库的应用有个概括的了解。

1. 认识 Access 数据库界面

Access 数据库属于比较简单的小型数据库系统，一般用于小型公司的数据管理。其基本数据库概念与其他大型数据库系统(如 Oracle 和 SQL Server 等)并没有太大的差别。

在启动 Microsoft Access 2013 后，用户首先看到的是版权信息，在选择"文件"|"新

建"命令创建一个库文件后，就可以进入如图 9-1 所示的工作界面。Access 2013 的工作界面包括选项卡、"所有 Access 对象"窗格、工作区和状态栏等几个部分组成。

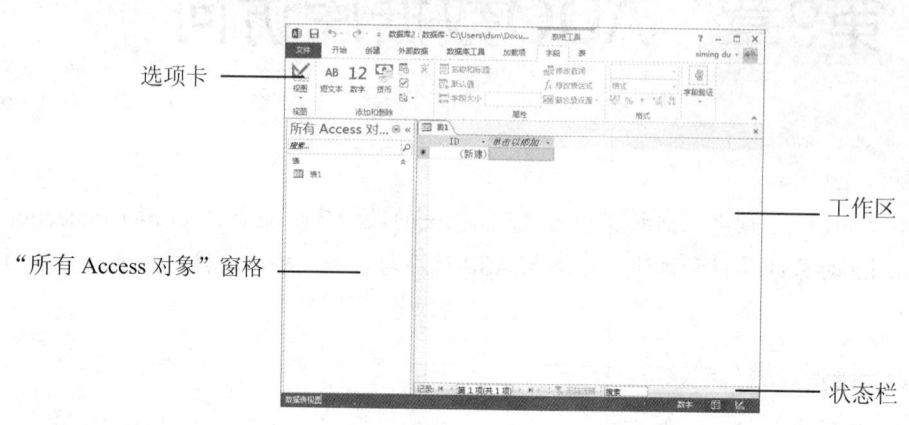

图 9-1　Access 2013 工作界面

2. 创建数据库

Access 数据库将数据按类别存储在不同的数据表中，以方便数据的管理和维护。用户要设计数据表，首先要创建一个数据库。下面将以一个简单的实例，详细介绍建立 Access 2013 数据库的操作步骤。

【例 9-1】在服务器主目录中新建一个名称为 AcDatabase 的目录，然后利用 Access 2013 数据库软件创建一个名称为 db1 的客户信息数据库，并将其保存在新建的目录中。

(1) 启动 Access 2013 后，在软件默认打开的界面中单击"空白桌面数据库"选项，然后在打开的"空白桌面数据库"对话框中单击 按钮，如图 9-2 所示。

(2) 在打开的"文件新建数据库"对话框中指定数据库文件的储存路径，然后在"文件名"文本框中输入 db1，并单击"确定"按钮，如图 9-3 所示。

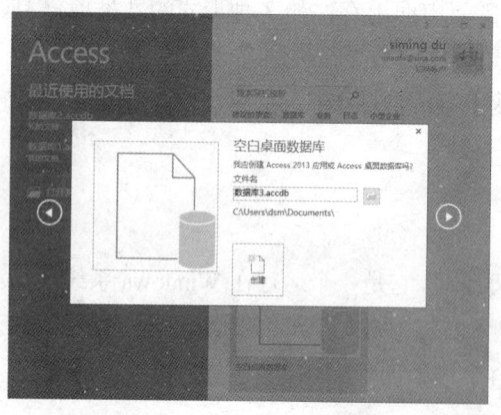

图 9-2　新建空白桌面数据库

图 9-3　"文件新建数据库"对话框

(3) 返回"空白桌面数据库"对话框后，在该对话框中单击"创建"按钮，即可创建一个名为 db1.accdb 的空白数据库。

（4）在工作区右击"表 1"选项卡，在弹出的快捷菜单中选择"设计视图"命令，如图 9-4 所示。

（5）在打开的"另存为"对话框的"表名称"文本框中输入"表 1"后，单击"确定"按钮，如图 9-5 所示。

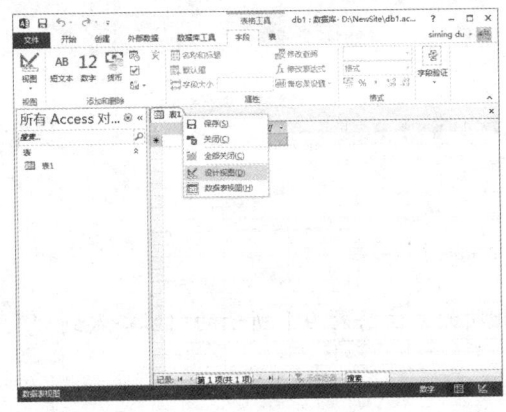

图 9-4　启用设计视图　　　　　　　图 9-5　"另存为"对话框

（6）设置数据表中字段的结构。首先在"表 1"的设计检视窗口的"字段名称"列的第一个单元格中输入 C-Id，然后在其后的"数据类型"下拉列表框中选择"自动编号"选项，如图 9-6 所示。

（7）在"说明"列的第一个单元格中输入对表格字段的描述文本。

（8）右击 C-Id 字段，在弹出的快捷菜单中选择"主键"命令，为 C-Id 字段前添加 标志，将该字段设置为主键，如图 9-7 所示。

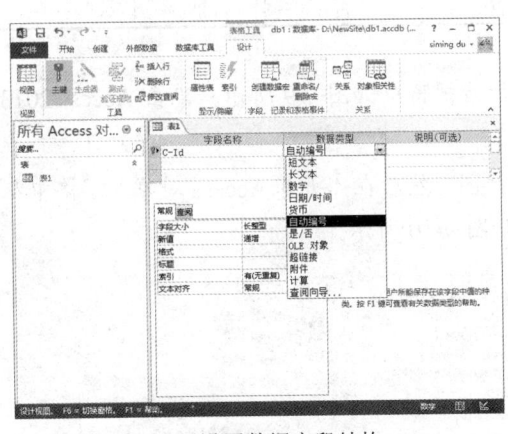

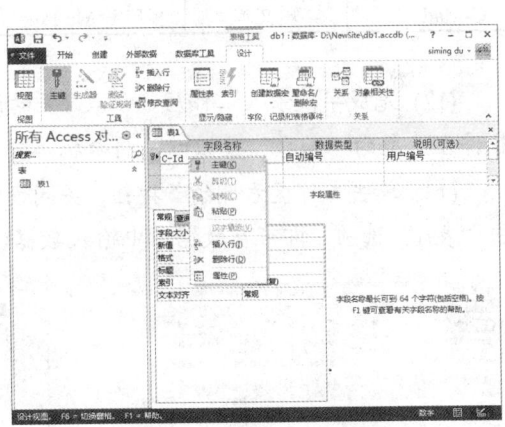

图 9-6　设置数据字段结构　　　　　　图 9-7　设置数据表主键

（9）在"表 1"的设计检视窗口的"字段名称"列的第二个单元格中输入 C-Name，在其后的"数据类型"下拉列表框中选择"短文本"选项，在"说明"列的第二个单元格中输入对表格字段的描述文本。

（10）选中 C-Name 字段，在下面的"字段属性"选项区域中选择"常规"选项卡。然后在"字段大小"文本框中输入 30，在"必需"下拉列表框中选择"是"选项，在"允许空字符串"下拉列表框中选择"否"选项，如图 9-8 所示。

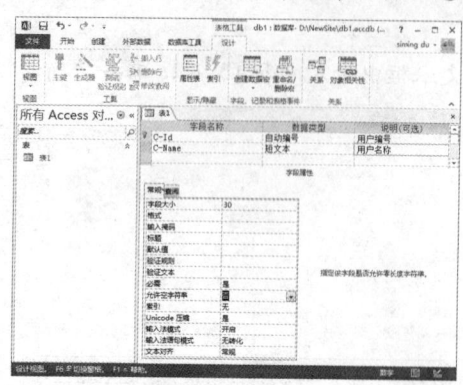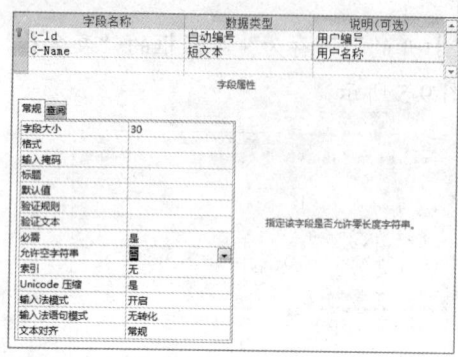

图 9-8　设置 C-Name 字段参数

(11) 重复步骤(9)和步骤(10)的操作，使用相同的方法将表 9-1 所示的内容输入到"表1"的设计检视窗口中。

表9-1　创建"表 1"字段参照表

字 段 名 称	数 据 类 型	说　　明	字 段 大 小	必 填 字 段	是否允许空字符串	备　　注
C-Id	自动编号	用户编号	—	—	—	主键
C-Name	短文本	用户名称	30	是	否	—
C-address	长文本	用户地址	100	否	是	—
C-Tel	数字	用户电话	30	是	是	—
C-Mail	短文本	客户 E-Mail	20	否	是	—

(12) 完成字段录入工作后，"表 1"的设计检视窗口如图 9-9 所示。单击 Access 2013软件左上角的"保存"按钮，将数据库保存。

(13) 单击工作区右侧的按钮，关闭设计视图，然后在"所有 Access 对象"窗格中双击"表 1"选项，即可在数据库中输入数据，如图 9-10 所示。

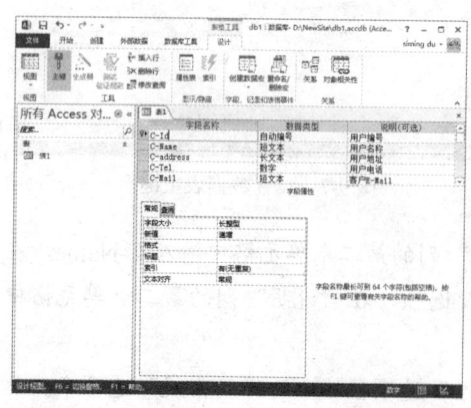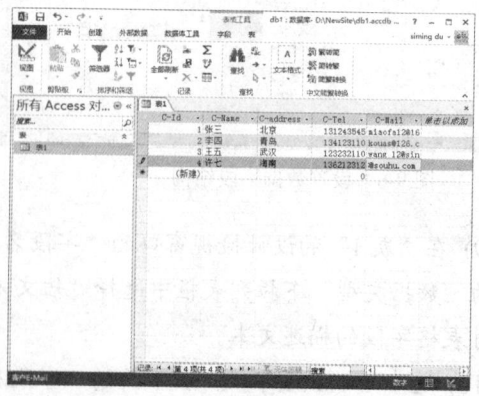

图 9-9　完成字段创建后的效果　　　　　图 9-10　输入数据库数据

注意：

Access 2013 数据库操作非常简单，该数据库所创建的库文件是一种扩展名为.accdb 的特殊文件，如果用户的计算机上已经安装了 Access 数据库软件，双击这种文件就可以直接打开 Access 数据库编辑窗口。

9.1.2　Access 数据库的基础知识

本节将以【例 9-1】创建的数据库 db1 为基础，介绍组成 Access 数据库的各个部分的结构及功能，包括数据库结构、数据表结构、数据内容和字段索引等内容。

1. 数据库结构

Access 数据库通常包含多个数据表。以【例 9-1】创建的数据库为例，用户可以在 Access 2013 中选择"创建"选项卡，然后单击该选项卡中的"表"按钮，按照同样的操作步骤，以这个练习为基础，在数据库 db1 中创建"表 2""表 3""表 4"或者任意名称的数据表（如图 9-11 所示），但这些表都属于 db1。

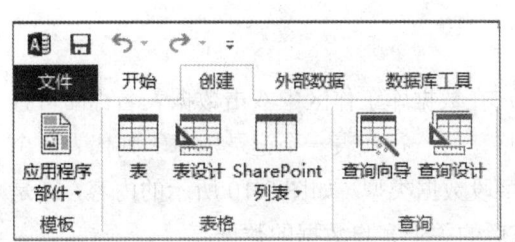
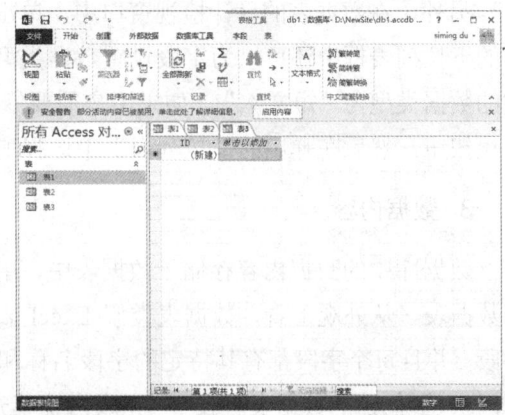

图 9-11　创建多个数据表

注意：

关系型数据库通常包含多个内容不同的数据表，并通过数据表之间的特定字段定义其各自之间的关系。用户通过这种关系，可以在不同数据表中取得相关的数据内容。

2. 数据表结构

在数据表中包含两个重要的属性：字段名称和数据类型。字段名称的作用是在数据表中识别字段；而数据类型则是该字段所能存储的数据类型，例如文字、数字和日期时间等。用户可以在"所有 Access 对象"窗格中右击某个数据表，然后在弹出的快捷菜单中选择"设计视图"命令，打开表的设计检视窗口，对数据表的属性进行调整。

图 9-12 所示的内容就是【例 9-1】所创建的数据表"表 1"的设计检视窗口。其中被选中的部分代表数据表"表 1"中字段名称为 C-Name 的字段，而窗口下面"常规"选项

卡中的设置则包含了该字段的各种特性设置，例如，在"字段大小"文本框中设置字段所能存储的数据长度，在"必需"下拉列表框中设置字段是否为必有值，在"允许空字符串"下拉列表框中设置字段内容是否可为空字符串等。

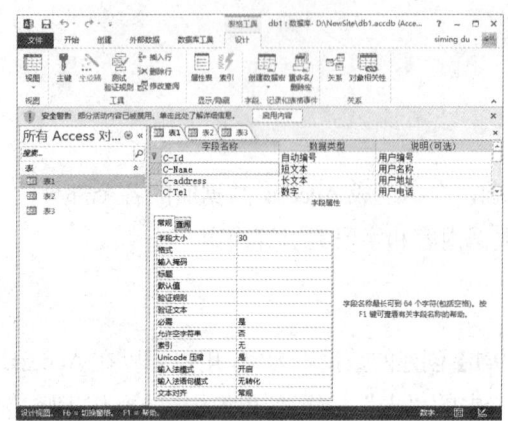 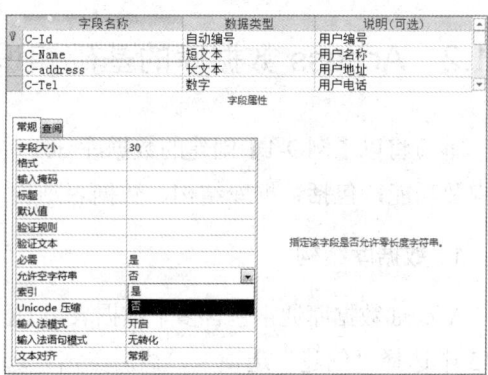

图 9-12　数据表"表 1"的设计检视窗口

另外，在数据表的设计检视窗口中，单击"数据类型"列单元格中的下拉按钮，在弹出的下拉列表框中还可以为字段设置数据类型限制。以图 9-12 所显示的 C-Name 字段为例，它的数据类型为"短文本"，如果用户需要修改这项设置，可以单击该字段的"数据类型"下拉按钮，然后在弹出的下拉列表框中选择所需的选项。

3. 数据内容

数据库中的数据内容存储于数据表中，用户在数据库工作区中双击数据表名称即可打开数据表。从外观上看，数据表类似 Excel 表格，每一行代表一个记录，每一列代表一个字段，并且每个字段都有其特定的字段名称和字段数据类型。如图 9-10 所示的内容，就是【例 9-1】创建的数据表"表 1"完成内容填充后的关于客户数据的数据表。

注意：

单击数据表中的某项记录，就可以针对该记录进行修改，或者直接按 Delete 键将其删除。

4. 字段索引

索引是一种字段标识，通常一个数据表字段在设计完成后，还需要针对其中的字段设置索引。索引的主要功能有两种：增加数据的搜索速度和设置数据表关联。数据表中索引的作用就如同书签一样，数据库可以根据索引快速地查找到存储于数据表中的特定数据；而数据表之间的索引字段关联则可以串联不同数据表中的数据内容。

索引本身根据其功用可以分为两种：主键(主索引)和一般性索引。一个数据表中只能有一个字段被设置为主键，而被设置为主键的字段在整个数据表中的数据内容是唯一值，不允许被重复。例如在【例 9-1】的步骤(8)中将 C-Id 字段设置为主键，该字段作为数据表的客户编号字段,当用户在数据表中输入数据内容时将不会有重复的客户编号存在,这样数据库系统就可以根据这个字段中的编号取得特定客户的数据内容。

　　一个数据库中可以有多个字段被设置为一般性索引。这种索引的功用除了与其他数据表的主键字段关联以外,还可以加速数据库的搜索速度。下面就以一个简单的实例,介绍在【例9-1】创建的数据库 db1 中为数据表"表 1"的 C-Id 字段设置一般性索引的操作步骤。

　　【例 9-2】以【例 9-1】所创建的数据库 db1 中的数据表"表 1"为基础,设置该数据表中字段 C-Id 与字段 C-Tel 之间的一般性索引。

　　(1) 在 Access 2013 中打开数据库 db1,然后在"所有 Access 对象"窗格中右击数据表"表 1",在弹出的快捷菜单中选择"设计视图"命令,进入"表 1"的设计检视窗口。

　　(2) 选择"设计"选项卡,然后在"显示/隐藏"选择组中单击"索引"按钮,如图 9-13 所示。

　　(3) 打开"索引: 表 1"对话框,在"索引名称"列的第一个单元格中输入 C-Id,单击其后的"字段名称"下拉按钮,在弹出的下拉列表框中选择 C-Tel 选项,如图 9-14 所示。

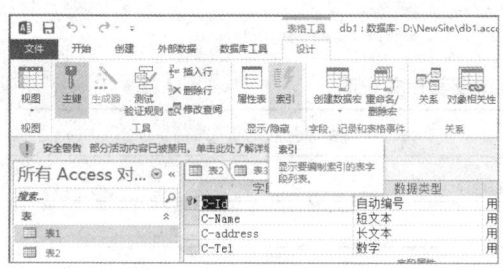

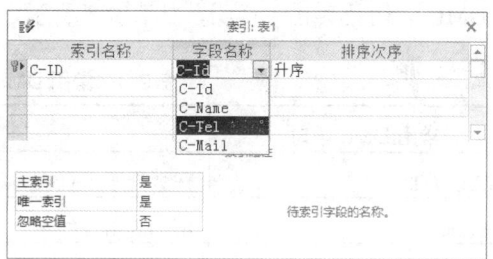

图 9-13　"设计"选项卡　　　　　　　　　　　　图 9-14　"索引: 表 1"对话框

　　(4) 完成设置后关闭"索引: 表 1"对话框,在数据表"表 1"的 C-Tel 字段中成功新增一个名称为 C-Id 的字段索引。

9.1.3　SQL 简介

　　SQL 是结构化查询语言(Structured Query Language)的缩写,它包括查询、定义、操纵和控制 4 个部分,是一种功能齐全的数据库语言。

　　数据查询是指按要求查找出满足条件的记录的操作。数据定义是指对关系模式一级的定义。数据操纵是指对关系中的具体数据进行增加、删除、修改和更新等操作。数据控制是指对数据访问权限的授予或撤销。

　　SQL 具有语言简洁、方便实用、功能齐全等优点。目前,大多数数据库管理系统都支持 SQL 或提供 SQL 接口。

1. SQL 的构成

　　SQL 是由命令、子句和运算符等元素所构成的,这些元素结合起来组成用于创建、更新和操作数据库的语句。SQL 语言常分为 3 类:数据定义语言 DDL、数据操纵语言 DML、数据控制语言 DCL。

　　数据定义语言 DDL 完成定义数据库的结构，包括数据库本身、数据表、目录、视图等数据库元素。常用 DDL 语句及其相关说明，如表 9-2 所示。

表 9-2　常用 DDL 语句及其相关说明

常用 DDL 语句	说　　　明
CREATE TABLE	创建表
CREATE INDEX	创建索引
CREATE VIEW	创建视图
ALTER TABLE	增加表列，重定义表列，更改存储分配
DROP TABLE	删除表
DROP INDEX	删除索引

　　数据操纵语言 DML 完成在数据库中确定、修改、添加、删除某一数据值的任务。常用 DML 语句及其相关说明，如表 9-3 所示。

表 9-3　常用 DML 语句及其相关说明

常用 DML 语句	说　　　明
SELCECT	在数据库中查找满足指定条件的记录
INSERT	增加数据行到表
DELETE	从表中删除数据行
UPDATE	更改表中数据

　　数据控制语言 DCL 用来授予或回收访问数据库的某种特权，并控制数据库操纵事务发生的时间及效果，对数据库实行监视等。常用 DCL 语句及其相关说明，如表 9-4 所示。

表 9-4　常用 DCL 语句及其相关说明

DCL 语句	说　　　明
GRANT	将权限或角色授予用户或其他角色
REVODE	回收用户权限
ROLL	回滚。这是一个把信息恢复到用户使用 update、insert、delete 前最后提交的状态
COMMIT	提交。在完成数据库的插入、删除和修改操作时，只有当事务提交到数据库才算完成

　　一个 SQL 语句是一个由从句组成的命令，从句指定了要执行的操作、数据源以及任何完成操作所需的结构。每个从句必须起始于一个关键字。常用的从句及其相关说明，如表 9-5 所示。

表 9-5　常用 DCL 语句及其相关说明

子　　　句	说　　　明
FROM	指定要对其进行操作的数据源
WHERE	对操作设定一个或多个条件

（续表）

子　　句	说　　明
ORDERBY	对查询结果进行排序
GROUP BY	对查询结果进行分组
HAVING	指定分组的条件

SQL 运算符可分为下面几种类别。

- 比较运算符(大小比较)：>、>=、=、<、<=、<>、!>、!<。
- 范围运算符(表达式值是否在指定的范围)：BETWEEN … AND … 、NOT BETWEEN…AND…。
- 列表运算符(判断表达式是否为列表中的指定项)：IN (项 1,项 2…)、NOT IN (项 1, 项 2…)。
- 模式匹配符(判断值是否与指定的字符通配格式相符)：LIKE、NOT LIKE。
- 空值判断符(判断表达式是否为空)：IS NULL、NOT IS NULL。
- 逻辑运算符(用于多条件的逻辑连接)：NOT、AND、OR。

SQL 还有一些用来计算的函数，即合计函数。例如，用 AVG 函数计算平均值，用 COUNT 函数返回记录数，用 SUM 函数计算总和，用 MAX 函数计算最大值等。

2. SELECT 语句

SELECT 语句的功能是从现有的数据库中检索数据，将满足一定约束条件的一个或多个表中的字段从数据库中挑选出来，并按一定的分组和排序方法显示出来。

简单的 SQL 查询只包括选择列表、FROM 子句和 WHERE 子句，它们分别说明所查询列、查询的表或视图以及搜索条件等。例如，下面的语句查询 Customers 表中名称为"创新书店"的 CustID 字段和 CustName 字段。

```
SELECT CustID, CustName
FROM Customers
WHERE name='创新书店'
```

选择列表(select_list)指出所查询列，它可以是一组列名列表、星号、表达式、变量(包括局部变量和全局变量)等。星号代表所有的记录和字段，例如，下面语句将显示 Customers 表中所有列的数据：

```
SELECT *
FROM Customers
```

注意：

SELECT 语句中使用 ALL 或 DISTINCT 选项显示表中符合条件的所有行或删除其中重复的数据行，默认为 ALL。使用 DISTINCT 选项时，对于所有重复的数据行在 SELECT 返回的结果集合中只保留一行。

在选择列表中，可重新指定列标题。如果指定的列标题不是标准的标识符格式时，应使用引号定界符。例如，下面语句使用汉字显示列标题：

```
SELECT  编号= CustID,姓名= CustName
FROM Customers
```

3. FROM 子句

FROM 子句指定 SELECT 语句查询及与查询相关的表或视图。在 FROM 子句中最多可指定 256 个表或视图，它们之间用逗号分隔。

FROM 子句同时指定多个表或视图时，如果选择列表中存在同名列，这时应使用对象名限定这些列所属的表或视图。例如，在 Customers 和 Orders 表中同时存在 CustName 列，在查询两个表中的 CustName 时应使用下面语句格式加以限定：

```
SELECT CustID Address, Orders.price
FROM Customers, Orders
WHERE Customers.CustName =Orders.CustName
```

在 FROM 子句中可用以下两种格式为表或视图指定别名：

```
表名  as  别名
表名  别名
```

上面语句可用表的别名格式表示为：

```
SELECT CustID, Address, Orders.price
FROM Customers as  客户资料, Orders  订单资料
WHERE  客户资料.CustName =订单资料. CustName
```

注意：

SELECT 语句不仅能从表或视图中检索数据，还能够从其他查询语句所返回的结果集合中查询数据。

4. WHERE 子句

WHERE 子句用于设置查询条件，过滤掉表中不需要的数据行。它可以包含多个表达式，表达式之间要用 AND 或 OR 等运算符连接起来。

例如，下面语句将在订单资料表中查询交易金额为 100～300 的订单明细：

```
SELECT *
FROM Orders
WHERE price BETWEEN 100 AND 300
```

5. ORDER BY 子句

使用 ORDER BY 子句对查询返回的结果进行排序。ORDER BY 子句的语法格式为:

```
ORDER BY {column_name [ASC|DESC]} [,…n]
```

其中,ASC 为升序,DESC 为降序。ORDER BY 不能按 ntext、text 和 image 数据类型进行排序。

ORDER BY 子句中还可包含多个字段,这样记录先按第一个字段排序,然后对值相等的记录再按第二个字段排序。另外,还可以在 ORDER BY 子句中加入表达式,根据计算结果进行排序。例如,下面语句将在订单资料表中先按交易排序:

```
SELECT *
FROM Orders
ORDER BY price desc,CustID ASC
```

6. SELECT…INTO 语句

SELECT…INTO 语句用来从查询结果中建立新表。例如:

```
SELECT CustID, CustName INTO # Customers2
FROM Customers
```

7. DELETE 语句

DELETE 语句的功能是删除 FROM 子句列出的、满足 WHERE 子句条件的一个或多个表中的记录。例如,可以用下面的语句从 Customers 表中删除姓 "刘" 的记录:

```
DELETE FROM Customers
WHERE CustName LIKE '刘%'
```

8. INSERT INTO 语句

INSERT INTO 语句用于添加一个或多个记录到表中。例如,以下语句往 Customers 表中添加一条新的记录:

```
INSERT INTO Customers
(CustID,CustName,Address,Phone)
VALUES ('KT015','陈永超','东方红大道 11 号','64512458')
```

9. UPDATE 语句

UPDATE 语句用于按某个条件更新特定表中的字段值。例如,以下语句将 OrderDetails 表中所有单价改为 120:

```
UPDATE OrderDetails SET price=120
```

9.1.4 ODBE 简介

开放数据库互连(Open DataBase Connectivity，ODBC)是 Microsoft 开发的一套读取数据库的解决方案，它将所有对数据库的底层操作全部隐藏在 ODBC 的驱动程序内核里。对于用户来说，只要构建了一个指向数据库的连接，就可以采用统一的应用程序编程接口(Application Program Interface，API)实现对数据库的读写，或用相同的代码访问不同格式的数据库。

1. ODBC 驱动

使用 ODBC 简化了对数据库的访问，也为程序的跨平台开发和移植提供了极大的方便。ODBC 可对大多数类型的数据库提供支持，包括 dBase、Informix、Access、SQL Server 和 Oracle 等，还可对一些其他类的数据库文件提供支持，如文本、Excel 电子表格等。对于一些特殊的数据库，只要安装数据库厂商提供的 ODBC 程序，也就能够在程序中直接对数据库进行操作。

ODBC 由应用程序、驱动程序管理器、驱动程序和数据源等部分组成。应用程序通过 ODBC 接口访问不同数据源中的数据，每个不同的数据源类型由一个驱动程序支持，驱动程序管理器为应用程序装入合适的驱动程序，如图 9-15 所示。

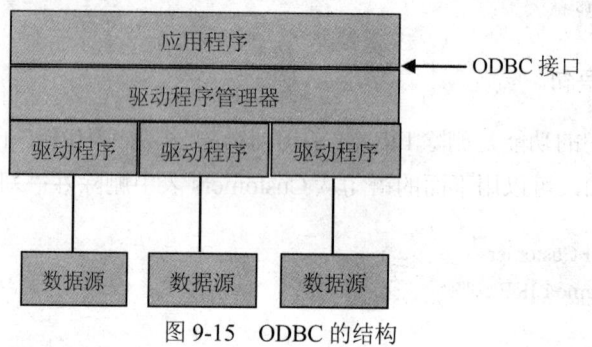

图 9-15 ODBC 的结构

ASP 必须建立与数据库之间的联系才能使用数据库中的数据。要在 ASP 中使用 ADO 对象操作数据库，首先要创建一个指向该数据库的 ODBC 连接。在 Windows 系统中，ODBC 的连接主要通过 ODBC 数据源管理器完成。

2. DSN 数据源

数据库驱动程序使用数据源(Data Source Name，DSN)定位和标识特定的 ODBC 兼容数据库，将信息从 Web 应用程序传递给数据库。DSN 包含数据库配置、用户安全性和定位信息，且可以获取 Windows 注册表项或以文本文件格式存储的表格。

构建 ODBC 连接就是创建同数据源的连接，也就是创建 DSN。一个 DSN 就是对数据库的一个命名连接。一旦创建了一个指向数据库的 ODBC 连接，同该数据库连接的有关信息就被保存在 DSN 中。在程序中操作数据库也必须通过 DSN 进行。

　　DSN 分为用户、系统和文件 3 种类型。用户 DSN 和系统 DSN 将信息存储在 Windows 注册表中，它位于注册表中的如下位置：HKEY_LOCAL_MACHINE\SOFTWARE\ODBC\ODBC.INI。用户 DSN 只被用户直接使用，它只能用于当前机器中，ASP 不能使用它。系统 DSN 允许所有用户登录到特定服务器上去访问数据库，任何具有权限的用户都可以访问系统 DSN。在 Web 应用程序中访问数据库时，通常都是建立系统 DSN。文件 DSN 将信息存储在后缀为.dsn 的文本文件中，如果将此文件放在网络的共享目录中，那么可以被网络中的任何一台工作站访问到。

　　文件 DSN 的优点在于方便移动，因为 DSN 信息保存在独立的文件中，如果希望将整个 Web 应用程序和数据库移动到其他计算机中，只需要连同生成的 DSN 文件一起移动即可。而系统 DSN 因为信息是保存在注册表中，所以移动起来就不那么方便。系统 DSN 的优点在于方便修改，只需要简单地修改 Windows 的注册表即可。而对于使用文件 DSN 的用户，则必须每次修改 Global.asa 文件。另外，如果需要在计算机上许多不同的应用程序中使用同一个 DSN，那么使用系统 DSN 更为方便。

　　【例 9-3】在 Windows 7 系统中以【例 9-1】创建的数据库为基础，创建一个名称为 netdsn 的系统 DSN。

　　(1) 在"控制面板"窗口中双击"管理工具"图标，打开"管理工具"窗口，然后在"数据源(ODBC)"项目上双击，如图 9-16 所示。

　　(2) 在打开的"ODBC 数据源管理器"对话框中，单击"系统 DSN"标签，打开"系统 DSN"选项卡，如图 9-17 所示。

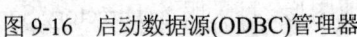
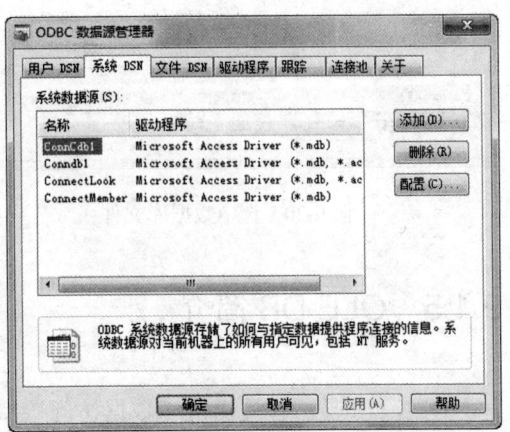

图 9-16　启动数据源(ODBC)管理器　　　　　　　图 9-17　"系统 DSN"选项卡

　　(3) 单击"添加"按钮，系统弹出"创建新数据源"对话框，选择 Microsoft Access Driver(*.mdb,*,accdb)选项，然后单击"完成"按钮，如图 9-18 所示。

　　(4) 在系统打开的"ODBC Microsoft Access 安装"对话框中输入系统 DSN 的名称 netdsn 后，单击"选择"按钮，如图 9-19 所示。

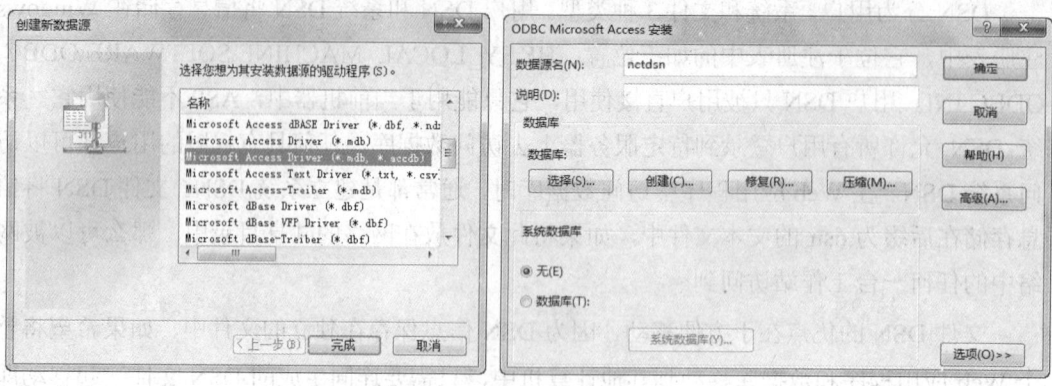

　　　　图 9-18　"创建新数据源"对话框　　　　图 9-19　"ODBC Microsoft Access 安装"对话框

　　(5) 在系统打开的"选择数据库"对话框中，选中【例 9-1】创建的数据库 db1 后(如图 9-20 所示)，单击"确定"按钮，返回"ODBC Microsoft Access 安装"对话框。

　　(6) 单击"ODBC Microsoft Access 安装"对话框中的"确定"按钮，然后在如图 9-21 所示的"ODBC 数据源管理器"对话框中单击"确定"按钮，完成系统 DSN 的安装。

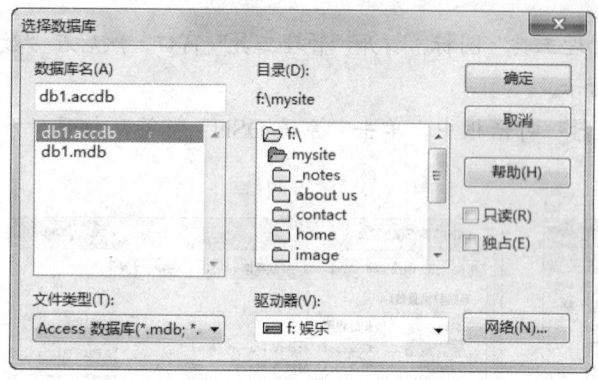

　　　　图 9-20　选中数据库文件　　　　　　　图 9-21　完成系统 DSN 的安装

9.1.5　OLE DB 简介

　　OLE DB 是一种提供统一数据访问接口的技术标准。可以访问的数据包括标准的关系型数据库中的数据，还包括邮件数据、Web 上的文本或图形、目录服务(Directory Services)，以及主机数据(如 IMS 和 DB2)、服务器数据库(如 Oracle 和 SQL Server)和桌面型数据库(如 Microsoft Access)。

　　OLE DB 标准的核心内容就是要求各种各样的数据存储(Data Store)都提供一种相同的访问接口。这种接口封装了各种数据系统的访问操作，使数据的使用者(应用程序)可以使用同样的方法访问各种数据，而不用考虑数据的具体存储地点、格式或类型。OLE DB 还提供了一组标准的服务组件，用于提供查询、缓存、数据更新、事务处理等操作。因此，数据提供方只需要实现一些简单的数据操作，使用方就可以获得全部的数据控制能力。

OLE DB 将传统的数据库系统划分为多个逻辑组件，这些组件之间相对独立又相互通信。这种组件模型中的各个部分被冠以不同的名称。

- 数据提供者(Data Provider)：提供数据存储的软件组件，小到普通的文本文件，大到主机上的复杂数据库，或者电子邮件存储。
- 数据服务提供者(Data Service Provider)：位于数据提供者之上、从旧的数据库管理系统中分离出来、独立运行的功能组件，例如查询处理器(Query Processor)和游标引擎(Cursor Engine)，这些组件使数据提供者提供的数据以表状数据(Tabular Data)的形式向外表示(不管真实的物理数据是如何组织和存储的)，并实现数据的查询和修改功能。
- 业务组件(Business Component)：利用数据服务提供者、专门完成某种特定业务信息处理、可以重用的功能组件。分布式数据库应用系统中的中间层(Middle-Tier)就是这种组件的典型例子。
- 数据使用者(Data Consumer)：任何需要访问数据的系统程序或应用程序，除了典型的数据库应用程序之外，还包括需要访问各种数据源的开发工具或语言。

OLE DB 和 ODBC 标准都是为了提供统一的访问数据接口，ODBC 标准的对象是基于 SQL 的数据源(SQL-Based Data Source)，而 OLE DB 的对象则是范围更为广泛的任何数据存储。所以，符合 ODBC 标准的数据源是符合 OLE DB 标准的数据存储的子集，同时还提供有相应的 OLE DB 服务程序(Service Provider)。

OLE DB 标准的具体实现是一组 API 函数，就像 ODBC 标准中的 API 函数一样，不同的是，OLE DB 中的 API 函数是符合 COM 标准、基于对象的。使用 OLE DB 中的 API 函数，可以编写能够访问符合 OLE DB 标准的任何数据源的应用程序，也可以编写针对某种特定数据存储的查询处理程序和游标引擎，因此 OLE DB 标准实际上是规定了数据使用者和提供者之间的一种应用层的协议(Application-Level Protocol)。

9.1.6　ADO 对象模型

ADO 是应用层的编程接口，它通过 OLE DB 提供的接口访问数据，这样各种编程语言都能够编写符合 OLE DB 标准的应用程序。

ADO 封装了 OLE DB 中最常用的一些特性，ADO 可以在 Visual Basic 或 Visual C++中使用，也可在服务器端脚本中使用。在使用 ADO 时，ASP 应用程序和底层数据库间的关系如图 9-22 所示。

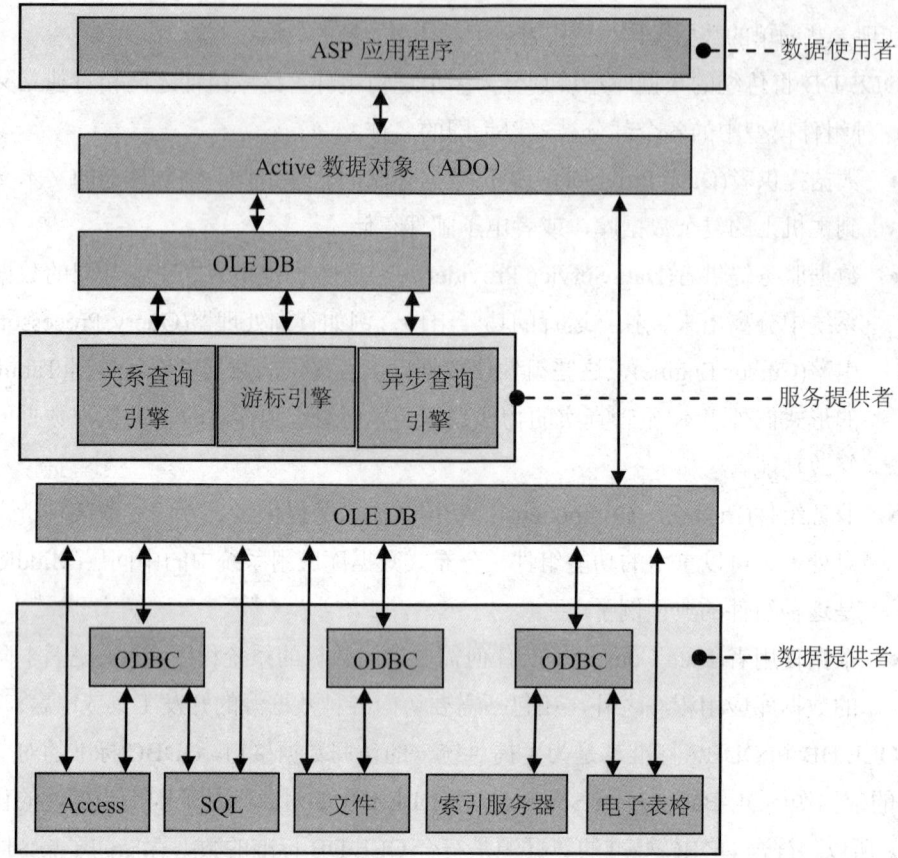

图 9-22　ASP 应用程序和底层数据库间的关系

从图 9-22 中可以看出,应用程序既可以通过 ADO 访问数据,也可以直接通过 OLE DB 访问数据, 而 ADO 则通过 OLE DB 访问底层数据。

OLE DB 分成两部分:一部分由数据提供者实现,包括一些基本功能,如获取数据、修改数据、添加数据项等;另一部分由系统提供,包括一些高级服务,如游标功能、分布式查询等。这样的层次结构既为数据使用者(即应用程序)提供了多种选择方案,又为数据提供方简化了服务功能的实现手段,它只需要按 OLE DB 规范编写一个 COM 组件程序即可, 使得第三方发布数据更为简便。而在应用程序方可以得到全面的功能服务,这充分体现了 OLE DB 两层结构的优势。

9.1.7　ADO 对象简介

ADO 实际上是 OLE DB 的应用层接口,这种结构也为一致的数据访问接口提供了很好的扩展性, 而不再局限于特定的数据源。因此, ADO 可以处理各种 OLE DB 支持的数据源。ADO 本身由多个对象组成,这些对象分别负责提供各种数据库操作行为,大致上可以分为连接、修改和查询 3 个部分, 如图 9-23 所示。

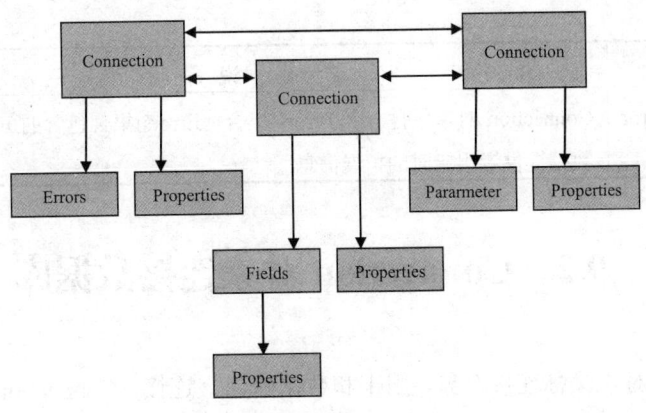

图 9-23　ADO 对象模型

在 ADO 模型中，主体对象只有 Connection、Command 和 Recordset 3 个。一个典型的 ADO 应用，使用 Connection 对象建立与数据源的连接；然后用一个 Command 对象给出对数据库操作的命令，比如查询或更新数据等；而 Recordset 用于对结果集数据进行维护或浏览等操作。其他 4 个集合对象 Errors、Properties、Parameters 和 Fields 分别对应 Error、Property、Parameter 和 Field 对象。整个 ADO 对象模型由这些对象组成，如表 9-6 所示。

表 9-6　ADO 中的对象

对　　象	说　　明
Connection 对象	连接。创建与数据库互动所需的连接，任何数据库的操作行为都必须在连接基础下进行。因此在使用 ADO 之前，首先要创建一个 Connection 对象。必须注意的是，这个动作不是绝对的，ADO 本身会在没有 Connection 对象的情形之下，自行创建所需的连接对象
Command 对象	修改。针对连接的数据库进行数据变动，将用户提供的指令传送到数据库。进行新增、删除或是修改资料等变动处理，指令便是使用于变动数据的 SQL 语句
Recordset 对象	查询。向连接的数据库，提出取得符合特定条件的数据内容。应用程序从 Recordset 对象取得所要处理的特定数据内容，这数据可能是某个特定数据表的全部或是特定内容，或是跨越多个数据表所取得的关系型数据，这些数据以二维数组的形式提供
Fields 集合和 Field 对象	Fields 集合处理记录中的各个列。记录集中返回的每一列在 Fields 集合中都有一个相关的 Field 对象。Field 对象使得用户可以访问列名、列数据类型以及当前记录中列的实际值等信息
Parameters 集合和 Parameter 对象	Command 对象包含一个 Parameters 集合。Parameters 集合包含参数化的 Command 对象的所有参数，每个参数信息由 Parameter 对象表示
Properties 集合和 Property 对象	Connection、Command、Recordset 和 Field 对象都含有 Proiperties 集合。Properties 集合用于保存与这些对象有关的各个 Property 对象。Property 对象表示各个选项设置或其他没有被对象的固有属性处理的 ADO 对象特征

(续表)

对　　象	说　　明
Errors 集合和 Error 对象	Connection 对象包含一个 Errors 集合。Errors 集合包含的 Error 对象给出了关于数据提供者出错时的扩展信息

9.2　Connection 对象连接数据库

Connection 对象又称连接对象，用来和数据库建立连接。Connection 对象建立连接后，才可以利用 Command 对象或 Recordset 对象对数据库进行各种操作。

9.2.1　与数据库建立连接

建立 Connection 对象是采用 Server 对象的 CreateObject()方法进行的，其语法结构如下：

```
Set Connection 对象= Server.CreateObject("ADODB.Connection")
```

其中 ADODB.Connection 为所要创建的 ADO 连接对象。另外，还可用<OBJECT>标记创建 Connection 对象，例如：

```
<OBJECT RUNAT=Server ID=cn PROGID="ADODB.Connection"></OBJECT>
```

注意：

在没有明确建立 Connection 对象的情形之下，ADO 本身也会自行创建所需的连接对象，但这样将无法利用 Conneciton 对象的许多功能。

1. 用 DSN 连接数据库

一旦连接对象创建之后，接下来就可以通过这个对象连接数据库，这时直接引用 Connection 对象的 Open()方法即可，其语法结构如下：

```
Connection 对象.Open 连接字符串或变量
```

在"连接字符串或变量"中各参数的意义，如表 9-7 所示。

表 9-7　Connection 对象的 Open()方法的参数

参　　数	说　　明
Dsn	ODBC 数据源名称
User	数据库登录账号
Password	数据库登录密码
Driver	数据库的类型(驱动程序)

(续表)

参　　数	说　　明
Dbq	数据库的物理路径
Provider	数据提供者
Data Source	数据库的物理路径

如果用到两个以上的参数，中间用分号隔开，顺序没有关系。有些参数不能同时使用，比如用了 Driver 一般就不用 Provider，用了 Dsn 也就不用 Driver 和 Provider，如下例所示：

```
<%cn.Open "booknetdsn","sa",""%>
```

也可以先设置 Connection String 属性，再调用 Open()方法。例如：

```
<%
    cn.ConnectionString= "DSN=booknetdsn; "
    cn.Open
%>
```

或者直接将连接串作为参数调用：

```
<%cn.Open "DSN=booknetdsn;UID=sa;PWD=""%>
```

注意：

创建有 ODBC 数据源的连接方法书写简便，也不容易出错。更重要的是，不管数据库放在哪里，只要对数据源重新进行设置即可，不需要更改程序代码。如果要移植程序到另外的服务器上，则需要重新设置数据源。

2. 创建基于 OLE DB 连接字符串的连接

如果在 "ODBC 数据源管理器" 中没有建立一个 DSN，那么 ADO 便使用提供的 OLE DB 连接字符串来识别 OLE DB 提供者并将提供者指向数据源，如下例所示：

```
<%
    cn.Open "Provider=SQLOLEDB.1;User ID=sa;Password=;"&_
    "Initial Catalog=booknet;Data Source=zsh"
%>
```

其中，Provider 指定数据提供者。Initial Catalog 指向在 SQL Server 上的待访问的数据库。Data Source 指定 SQL Server 的计算机名或 IP 地址。

对于 Access 数据库也可以采用这种方式进行连接，如下例所示：

```
<%cn.Open "Provider=Microsoft.Jet.OLEDB.4.0;Data Source=e:\book.mdb"%>
```

3. 用 ODBC 连接字符串连接数据库

SQL 数据库也可以不设立数据源，要用到 Driver 和 Dbq(数据库的物理路径)两个参数，如下例所示：

```
<%cn.Open "Driver=;Database=booknet;Server=(local);UID=sa;PWD="%>
```

其中，Driver 指定数据源驱动程序的名称，SQL Server 使用{SQL Server}进行标识。Database 指定所请求的默认数据库；Server 指定数据源服务器的名称，设为(local)时，表示使用 SQL Server 的本地副本。

注意：

创建没有 ODBC 数据源连接的应用程序在移植到别的服务器上后，就可以立即使用，因此，它是应用程序中比较常用的与数据库连接的方法。

对于其他类型的数据库，它们的连接方法如表 9-8 所示。

表 9-8　ODBC 连接字符串

数据源驱动器	ODBC 连接字符串
Microsoft Access	Driver={Microsoft Access Driver(*.mdb)};DBQ=指向.mdb 文件的物理路径
Oracle	Driver={Microsoft ODBC for Oracle};SERVER=指向服务器的路径
Microsoft Excel	Driver={Microsoft Excel Driver(*.xls)};DBQ=指向 .xal 文件的物理路径；DriverID=278
Microsoft Excel 97	Driver={Microsoft Excel Driver(*.xls)};DBQ=指向 .xal 文件的物理路径；DriverID=790
Paradox	Driver={Microsoft Paradox Driver(*.db)};DBQ=指向 .db 文件的物理路径；DriverID=26
文本	Driver={Microsoft Text Driver(*.txt;*.csv)};DefaultDir=指向.txt 文件的物理路径
Visual FoxPro(带有一个数据库容器)	Driver={Microsoft Visual FoxPro Driver};SourceType=DBC;SourceDb=指向.dbc 文件的物理路径
Visual FoxPro(不带数据库容器)	Driver={Microsoft Visual FoxPro Driver};SourceType=DBF;SourceDb=指向.dbf 文件的物理路径

【例 9-4】以本章【例 9-1】创建的数据库 db1.mdb 和【例 9-3】创建的系统 DSN 为基础，创建 Connection 对象并与数据库建立连接，读取数据库指定表中的第一条记录。

(1) 双击打开【例 9-1】创建的 db1 数据库，然后在该数据库的数据表"表 1"中输入如图 9-24 所示的数据。

(2) 完成数据的输入后选择"文件"|"保存"命令，将数据表"表 1"保存，然后关闭 Access 数据库。

(3) 打开记事本工具，输入以下代码：

```
<Center><H4>数据表"表 1"中的第一条记录</H4></Center>
 <Hr>
<%
  Set conn= Server.CreateObject("ADODB.Connection")     '创建 Connection 对象 conn
  conn.Open "netdsn","sa",""                            '使用 DSN 建立 conn 与数据库的连接
  Set rs = Server.CreateObject ("ADODB.Recordset")       '创建 Recordset 对象 rs
  sql = "Select * from 表 1"                             '指定一个 SQL 查询语句
  rs.Open sql,conn,1,1                                   'Recordset 对象使用 SQL 查询语句打开数据库
  Response.Write rs.Fields("C-Id")&"<Br>"               '显示数据库中的内容
  Response.Write rs.Fields("C-Name")&"<Br>"
  Response.Write rs.Fields("C-address")&"<Br>"
  Response.Write rs.Fields("C-Tel")&"<Br>"
  Response.Write rs.Fields("C-Mail")
%>
```

（4）将以上代码保存为 Connection.asp 后，运行 Connection.asp 后的结果如图 9-25 所示。

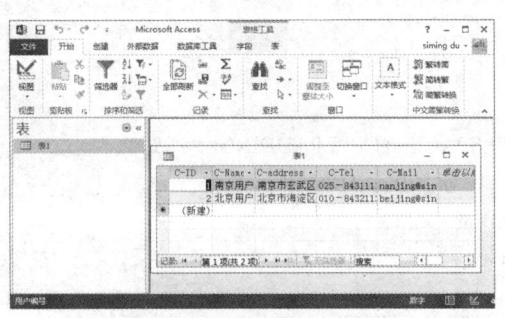

图 9-24　在数据表"表 1"中输入数据　　　　　　　　　图 9-25　　输出结果

【例 9-5】以【例 9-4】在数据表"表 1"中输入的数据为基础，创建一个具有多种与数据库连接方式的连接文件，并在 ASP 程序包含它以显示数据库中表的内容。

（1）打开笔记本工具，创建一个名称为 Conn.asp 的文件，代码如下所示：

```
<%
dim Conn
Set conn= Server.CreateObject("ADODB.Connection")
'使用 DSN 与数据库建立连接的第一种方法
conn.Open "netdsn","sa",""
'使用 DSN 与数据库建立连接的第二种方法
'conn.ConnectionString = "DSN=netdsn;UID=sa;PWD=;"
'conn.Open
'使用 DSN 与数据库建立连接的第三种方法
'conn.Open "dsn=netdsn;UID=sa;PWD=;"
'使用 OLE DB 字符串与数据库建立连接
'conn.Open "Provider=SQLOLEDB.1;User ID=sa;Password=;Initial Catalog=booknet;Data Source=local"
'使用 ODBC 字符串与数据库建立连接
```

```
'dim strConn
'strConn = "Driver={SQL Server};Database=booknet;Server=D:\TEST;UID=sa;PWD=;"
'conn.Open strConn
%>
```

(2) 将 Conn.asp 文件保存至服务器主目录中。

(3) 创建一个名称为 Connection2.asp 的文件，其代码如下所示：

```
<Title>数据库连接</Title>
<!--#include file="conn.asp" -->
<Center><H4>显示数据库中表的内容</H4></Center>
<Hr>
<%
    Set rs = Server.CreateObject ("ADODB.Recordset")
    sql = "Select * from  表 1"
    rs.Open sql,conn,1,1
    With Response
      if rs.EOF then
        Response.Write "现在数据库为空！"
      else
        Response.Write "<TABLE BORDER=1 CELLSPACE=0 CELLPADDING=5>" &_
          "<TR HEIGHT=12><TD WIDTH=50><B> 编号 </B></TD>" &_
          "<TD WIDTH=100><B> 名称 </B></TD>" &_
          "<TD WIDTH=200><B> 地址 </B></TD>"&_
          "<TD WIDTH=80><B> 电话 </B></TD></TR>"
      end if
      do Until rs.EOF
        Response.Write "<TR HEIGHT=12><TD WIDTH=50>" & rs.Fields("C-Id")& "</TD>" &_
          "<TD WIDTH=100>" & rs.Fields("C-Name") & "</TD>" &_
          "<TD WIDTH=200>" & rs.Fields("C-address") & "</TD>"&_
          "<TD WIDTH=80>" & rs.Fields("C-Tel") & "</TD></TR>"
        rs.MoveNext
      loop
      Response.Write "</TABLE>"
    End With
    rs.close
    Set rs = Nothing
    conn.close
    set conn=Nothing
%>
```

(4) 将 Connection2.asp 文件保存至服务器主目录后，运行该文件，结果如图 9-26 所示。

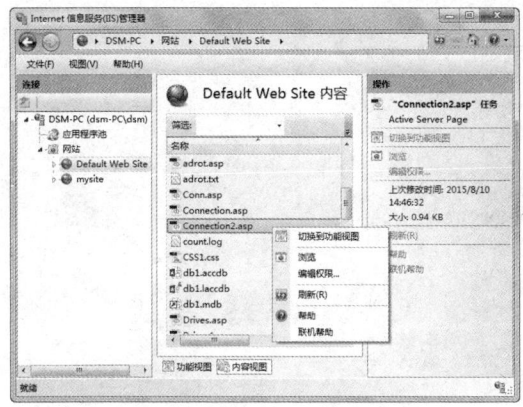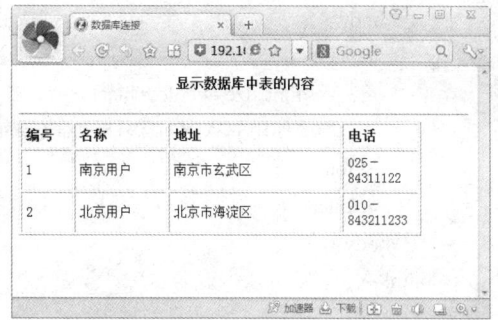

图 9-26　Connection2.asp 运行结果

9.2.2　Connection 对象的属性

Connection 对象提供了丰富的属性和方法，用于创建、保存和设置连接信息。表 9-9 中列举了 Connection 对象的属性及其属性说明。

表 9-9　Connection 对象的属性

属　　　性	说　　　明
Attributes	设置 Connection 对象控制事务处理时的行为
CommandTimeout	设置 Execute()方法的最长执行截止时间
ConnectionString	指定 Connection 对象的数据库连接信息
ConnectionTimeout	设置 Open()方法与数据库连接的执行截止时间
CursorLocation	控制光标的类型。确定是使用客户端(adUseClient)游标引擎，还是使用服务器端(adUseServer)游标引擎。默认值是 adUseServer
DefaultDatabase	在数据提供者提供多个数据库的情况下，如果 ConnectString 中未指定数据库名称，就使用这里所指定的名称
IsolationLevel	指定和其他并发事务交互时的行为或事务
Mode	指定对 Connection 的读写权限
Provider	如果 ConnectionString 中未指定 OLE DB 数据或服务提供者的名称，就使用这时指定的名称。默认值是 MSDASQL(Microsoft OLE DB Provider for ODBC)
State	指定连接的状态。若是 0 或 adStateClosed，则连接是关闭的；若是 1 或 adStateOpen，则连接是打开的

下面的代码创建了一个 Connection 对象，并访问其 Version 属性：

```
<%
    set conn=server.createObject("ADODB.Connection")
%>
<html>
```

```
    <head>
      <title>Connection Verion</title>
    <body>
      <center>
            <font size=4 color=black>
            当前使用的 ADO 版本为<%=Conn.Version%>
      </font>
      </center>
    </body>
</html>
```

以上代码运行后的结果，如图 9-27 所示。

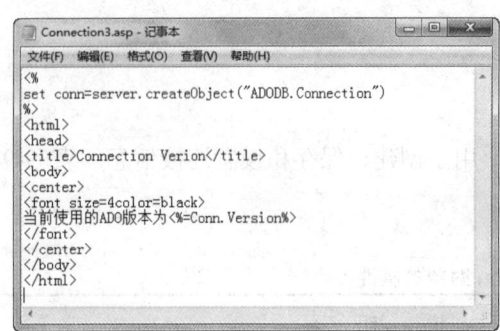 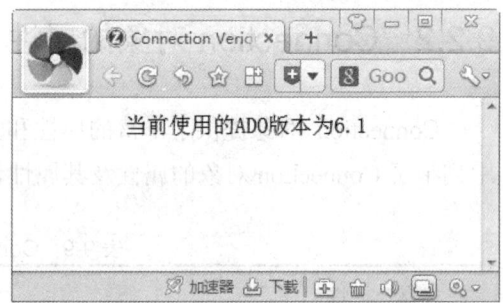

图 9-27　Connection 对象的 Version 属性

下面将对表 9-9 中常用的几个 Connection 对象的属性进行介绍。

1. Attributes 属性

Attributes 属性通过两个常数确定当前事务失败或成功后是否自动开始一次新的事务。如果设为 131072 或 ADO 常量 adXactCommitRetaining，则调用 CommitTrans()方法时自动启动一次新的事务；如果设为 262144 或 ADO 常量 adXactAbortRetaining，则调用 RollbackTrans()方法后，自动开始一次新的事务。如果要达到两种效果，则该属性应设为两者的和。

2. CommandTimeout 属性

CommandTimeout 属性用于设置 Connection 对象的 Execute()方法的最长执行时间，其默认值为 30 秒。如果超过时间未完成命令，则终止命令并产生一个错误。命令无法在指定时间内执行完成，可能是因为网络延时或服务器负载过重而无法及时响应造成的。如果将该属性设为 0，则无限期地等待直到执行完成。如下例将把 CommandTimeout 的最长时间设置为 60 秒：

```
<%db. CommandTimeout=60%>
```

3. ConnectionString 属性

ConnectionString 属性指定数据提供者或服务提供者打开到数据源的连接所需的特定信息。除了可以使用 Connection 对象的 Open()方法打开数据库外，还可以使用 Connection 对象的 ConnectionString 属性打开数据库，如下例代码所示：

```
<%
    Dim db
    Set db=Server.CreatObject("ADODB.Connection")
    db.ConnectionString="Dbq="&Server.Mappath("db1.mdb")&";_
    Driver={Microsoft Access Driver(*.mdb)}"
    db.Open
%>
```

4. ConnectionTimeout 属性

ConnectionTimeout 属性用于确定 ADO 试图与一个数据源建立连接时的最大连接时间，默认值是 15 秒。如果超过时间未完成连接，则终止连接并产生一个错误。如果将该属性设为 0，则一直等待直到连接成功为止。如下例将把 ConnectionTimeout 的默认值设置为 30 秒：

```
<%db.ConnectionTimeout=30%>
```

5. Mode 属性

Mode 属性用来设置连接数据库的权限，利用该属性就可以在打开数据库时限制数据库的连接方式，如只读或只写。如果不进行设置，可具有对数据库进行读、写操作的权限，Mode 属性的取值及其相关说明，如表 9-10 所示。

表 9-10　Mode 属性的取值及其相关说明

MODE 属性值	整　数　值	说　　明
adModeUnknown	0	未指定数据源的连接许可权(默认值)
adModeRead	1	连接是只读的
adModeWrite	2	连接是只写的
adModeReadWrite	3	连接是可读写的
adModeShareDenyRead	4	拒绝其他用户打开到数据源的读连接
adModeShareDenyWrite	8	拒绝其他用户打开到数据源的写连接
adModeShareExclusive	12	以独占方式打开数据源
adModeShareDenyNone	16	其他用户不能以任何方式打开连接

9.2.3 Connection 对象的方法

Connection 对象的方法及其相关说明,如表 9-11 所示。

表 9-11 Connection 对象的方法

方 法	说 明
Open()	建立 Connection 对象和数据库之间的连接
Close()	关闭 Connection 对象和数据库之间的连接
Execute()	执行数据库查询(可以执行各种操作)
Cancel()	取消未执行完的异步 Execute()或 Open()方法
BeginTrans()	开始事务处理
CommitTrans()	提交一个事务处理结果
RollbackTrans()	取消一个事务处理结果

下面将对表 9-11 中常用的几个 Connection 对象的方法进行介绍。

1. Open()方法

Open()方法用来建立 Connection 对象和数据库之间的连接。只有用 Open()方法和数据库建立连接后,才可以继续进行各种操作。

2. Close()方法

Close()方法用来关闭一个已打开的 Connection 对象及其相关的各种对象。它的主要作用是用以切断 Connection 对象与数据库之间的连接通道。当该通道被关闭后,所有依赖该 Connection 对象的 Command 或 Recordset 对象也将立即被切断关系,方法如下:

```
<%
   db.Close
   Set db=nothing
%>
```

注意:

db.Close 用来关闭连接,这样可以释放与连接有关的系统资源。Connection 对象本身并没有释放,还可以更改该对象的属性并重新打开。如果要从内存中完全释放 Connection 对象占用的资源,可以将其设为 Nothing。

3. Execute()方法

Execute()方法执行指定的查询、SQL 语句、存储过程或数据提供者指定的文本,其语法结构有两种:

```
Set Recordset 对象=Connection 对象.Execute(SQL 字符串)
Connection 对象.Execute(SQL 字符串)
```

注意：

当对数据库查询显示记录时，常采用第一种 Execute()执行方法，它将返回一个 Recordset 对象；而执行添加、删除和更新操作时，常采用第二种 Execute()执行方法，它不返回 Recordset 对象。

在不返回 Recordset 对象时，可使用一个 number 参数来返回此操作影响的记录条数，如下例所示：

```
<%
    strSql="Delete From users Where name='陈功'"
    db.Execute strSql,number
    Response.Write "共删除"&number&"条记录"
%>
```

4. BeginTrans()方法

BeginTrans()方法用于开始一个事务处理。其语法结构如下：

```
Connection 对象. BeginTrans
```

注意：

所有的数据库操作都属于事务处理。当开始一个事务处理后，就打开 Web 页面与数据库的事务处理通道，此时可以从 Web 页面上直接更新数据库内容。但只有在提交事务处理结果后，数据库的内容才能被真正更新，否则，所有的操作都无效。

9.3　Command 对象

Command 对象定义将对数据源执行的指定命令，这些命令可以是 SQL 语句、表名、存储过程或其他数据提供者支持的文本格式。Command 对象的作用相当于一个查询，使用它可以查询数据库并返回记录集，也可执行大量操作或处理数据库结构。

用 Command 对象执行查询的方式与用 Connection、Recordset 对象执行查询的方式一样，但使用 Command 对象可以改善查询。用 Command 对象的参数查询，可先在数据源上准备一种查询方式，然后用不同的值来重复执行查询，以避免重复发出类似的 SQL 查询语句。

9.3.1　创建 Command 对象

创建 Command 对象的语法结构如下：

```
Set Command 对象=Server.CreatObject("ADODB.Command")
```

然后，可用 ActiveConnection 属性指定要利用的 Connection 对象名称，语法如下：

```
Command 对象.ActiveConnection=Connection 对象
```

1. 通过 Connection 对象创建 Command 对象

每个 Command 对象都有一个相关联的 Connection 对象。在创建 Command 对象之前，一般应该先建立 Connection 对象。

通过 Connection 对象创建 Command 对象，如下例所示：

```
<%
    Dim conn,cmd
    '创建 Connection 对象 conn
    Set conn= Server.CreateObject("ADODB.Connection")
    '使用 DSN 建立 conn 与数据库的连接
    conn.Open "booknetdsn","sa",""
    '创建 Command 对象 cmd
    Set cmd= Server.CreateObject("ADODB.Command")
    '将 Connection 对象 conn 指定给 Command 对象 cmd
    cmd.ActiveConnection=conn
%>
```

2. 直接创建 Command 对象

对于 Command 对象，也可以不先创建 Connection 对象就直接使用，只需要设置 Command 对象的 ActiveConnection 属性为一个连接字符串即可。此时，ADO 会自行创建一个隐含的 Connection 对象，但并不给它分配对象变量。

注意：

创建 Command 对象的过程中，如果没有把 ActiveConnection 属性设置为一个明确的 Connection 对象，即使使用相同的连接字符串，ADO 也会为每个 Command 对象创建一个新的连接。

不通过 Connection 对象直接创建 Command 对象，如下例所示：

```
<%
    Dim cmd
    Set cmd= Server.CreateObject("ADODB.Command ")
    cmd. ActiveConnection= "addr"
%>
```

9.3.2　Command 对象的属性

Command 对象的属性与方法相对较少，其属性及说明如表 9-12 所示。

表 9-12　Command 对象的属性

属　　性	说　　明
ActiveConnection	指定 Connection 的连接对象
CommandText	指定数据库的查询信息
CommandType	指定数据查询信息的类型
CommandTimeout	指定 Command 对象的 Execute()方法的最长执行时间
Prepared	指定数据查询信息是否要先行编译、存储

下面对表 9-12 中常用的几个 Command 对象的属性进行介绍。

1. ActiveConnection 属性

ActiveConnection 属性设置或返回 Command 对象的连接信息，该属性可以是一个 Connection 对象或连接字符串。其语法结构为：

Command 对象.ActiveConnection=Connection 对象

如果没有明确建立 Connection 对象，则其语法结构为：

Command 对象.ActiveConnection=数据源名称字符串

2. CommandText 属性

CommandText 属性设置或返回对数据源的命令串，该命令串可以是 SQL 语句、表、存储过程或数据提供者支持的任何特殊有效的命令文本。其语法结构如下：

Command 对象.CommandText=SQL 语句或数据表名或查询名或存储过程名

注意：

如果为 CommandText 属性指定的是数据表名，则将查询和返回整个数据表中的所有内容。

3. CommandType 属性

CommandType 属性用于指定 Command 对象中数据查询信息的类型，其语法结构如下：

Command 对象.CommandType=类型值

CommandType 属性的取值及其相关说明，如表 9-13 所示。

表 9-13　CommandType 属性的取值及其相关说明

CommandType 属性	整　数　值	说　　明
AdCmdText	1	SQL 命令类型
AdCmdTable	2	数据表名
AdCmdStoredProc	4	查询名或存储过程名
AdCmdUnknown	8	未知的。CommandText 参数类型无法确定
AdExecuteNoRecords	128	不返回记录集的命令或存储过程
AdCmdFile	256	已存在的记录集的文件名
AdCmdTableDirect	512	CommandText 是一个表，在查询中返回该表的全部行和列

为 Command 对象指定 CommandType 值，如下例所示：

```
<%
  …
  Set cmd= Server.CreateObject("ADODB.Command ")
  cmd. ActiveConnection=conn
  cmd.CommandType=1
  cmd.CommandText="Select * From users"
  cmd.CommandType=2
  cmd.CommandText="users"
%>
```

注意：

在未指定 CommandType 值的情况下，系统会自行判定查询信息的类型。指定 CommandType 值可以节省系统判定过程的时间，加快系统运行的速度。

4. CommandTimeout 属性

CommandTimeout 属性设置执行一个 Command 对象时的等待时间，默认值是 30 秒。如果在这个时间内 Command 对象没有执行完，则终止命令并产生一个错误。

5. Prepared 属性

Prepared 属性指出在调用 Command 对象的 Execute()方法时，是否将查询的编译结果存储下来。如果将该属性设为 True，则会把查询结果编译并保存下来，这样将影响第一次的查询速度，但一旦数据提供者编译了 Command 对象，数据提供者在以后的查询中将使用编译后的版本，从而极大地提高速度。其语法结构如下：

Command 对象.Prepared=布尔值

9.3.3　Command 对象的方法

Command 对象的方法及其相关说明，如表 9-14 所示。

表 9-14　Command 对象的方法

方　　法	说　　　明
Execute()	执行数据库查询(可以执行各种操作)
CreateParameter()	用来创建一个 Parameter 子对象
Cancel()	取消一个未确定的异步执行的 Execute()方法

使用 Command 对象有几个重要的步骤，即创建 Command 对象、指定对象数据库连接、指定 SQL 指令和引用 Execute()方法。

- 创建 Command 对象：和连接数据库一样，运用 Command 对象之前首先必须引用 CreateObject 对象，创建其对象实体，设定对象识别名称。如下例所示：

```
Dim objCommand
Set objCommand =Server.CreateObject("ADODB.Command")
```

注意：

其中，objCommand 为所要创建的指令对象名称，应用程序在对象实体创建之后，以此作为名称识别。

- 指定对象数据库连接：Command 对象以特定连接为基础，针对连接的数据库进行存取操作，应用程序必须设置 Command 对象所要存取的数据库连接对象。
- SQL 指令：Command 对象本身并不具备数据变动的功能，其主要功能在于将指定的 SQL 语句传送至数据库，由数据库根据传送过来的 SQL 语句进行数据存取操作，ASP 网页则负责将特定的 SQL 语句指定给 Command 对象。
- 引用 Execute()方法：当 Command 对象设定完成之后，最后只需要引用 Execute()方法，即可将指定的 SQL 通过连接对象传送至服务器端数据库做处理。

9.3.4　参数查询

如果要创建一个使用多次但每次使用不同值的查询，那么应在查询中使用参数，即创建参数查询。参数是查询时所提供值的占位符，它将 WHERE 子句中固定值用"?"代替，称作占位符号。这样就避免了在每次查询中重新建立 SQL 查询语句。

一个 Parameter 对象就是一个参数，Parameters 集合就是若干个参数的集合。Parameter 对象和 Parameters 集合都有各自的属性和方法。

1. Parameters 集合的属性和方法

Command 对象包含一个 Parameters 集合。Parameters 集合包含参数化的 Command 对象的所有参数，每个参数信息由 Parameter 对象表示。Parameters 集合的属性和方法及其相关说明，如表 9-15 所示。

表 9-15　Parameters 集合的属性和方法

名　　　称	说　　　明
Count 属性	返回 Command 对象的参数个数
Append()方法	增加一个 Parameter 对象到 Parmeters 集合中
Delete()方法	从 Parameters 集合中删除一个 Parameter 对象
Item()方法	取得集合内的某个对象
Refresh()方法	重新整理 Parameters 数据集合

2. 创建 Parameter 对象

要执行一个参数查询，必须先调用 CreateParameter()方法创建一个 Parameter 对象，然后调用 Append()方法将其添加到 Parameters 集合中，再将值赋给参数。创建 Parameter 对象的语法结构如下：

Set Parameter 对象=Command 对象.CreateParameter(Name,Type,Direction,Size,Value)

其中 Name 表示参数名，Type 表示参数类型，Direction 表示参数的数据流向，Size 表示字符参数串长度，Value 表示参数的值。

创建 Parameter 对象的过程中，参数的类型由 Type 来定义，它的取值及其相关说明如表 9-16 所示。

表 9-16　Type 的取值范围

常　　　量	值	说　　　明
AdBigInt	20	八位符号整数
AdBinary	128	二进制值
AdBoolean	11	布尔值
AdBSTR	8	以空值结束的 Unicode 字符串
AdChar	129	字符串值
AdCurrency	6	货币值，8 字节长
AdDate	7	日期值
AdDBDate	133	日期值，格式是 yyyymmdd
AdBDTime	134	时间值，格式是 hhmmss
AdDBTimeStamp	135	日期时间值，格式是 yyyymmddhhmmss
AdDecimal	14	有固定精度的数值
AdDouble	5	双精度浮点值
AdEmpty	0	无指定值
AdError	10	32 位错误码
AdGUID	72	全局唯一指示符
AdIDispatch	9	指向 OLE 对象的接口指针
AdInteger	3	四位符号整数

(续表)

常　　量	值	说　　明
AdIUnknown	13	指向 OLE 对象的 IUnknown 接口指针
AdLongarBinary	205	长整型二进制(仅用于 Parameter 对象)
AdLongarChar	201	长字符串值(仅用于 Parameter 对象)
AdLongarWChar	203	以空值结束的长字符串值(仅用于 Parameter 对象)
AdNumeric	131	有固定精度的数值
AdSingle	4	单精度浮点值
AdSmallInt	2	二位符号整数
AdTinyInt	16	一位符号整数
AdUnsignedBigInt	21	八位无符号整数
AdUnsignedInt	19	四位无符号整数
AdUnsignedSmallInt	18	二位无符号整数
AdUnsignedTinyInt	17	一位无符号整数
AdUserDefined	132	用户定义的变量
AdvarBinary	204	二进制值(仅用于 Parameter 对象)
AdvarChar	200	字符串值(仅用于 Parameter 对象)
AdVariant	12	OLE 的 Variant 类型
AdVarWChar	202	以空值结束的 Unicode 字符串(仅用于 Parameter 对象)
AdWChar	130	以空值结束的 Unicode 字符串

创建 Parameter 对象的过程中，参数的数据流向由 Direction 定义，它的取值及其相关说明，如表 9-17 所示。

表 9-17　Direction 的取值范围

常　　量	值	说　　明
AdParamInput	1	输入参数，即传送数据给一个存储过程
AdParamOuput	2	输出参数，即从得到 Command 对象执行后的输入值
AdParamInputOutput	3	输入和输出参数，即传送并接收数据
AdParamReturnvalue	4	返回值，用来读取从存储过程返回的状态值

3. Parameter 对象的属性

一个 Parameter 对象表示一个基于带参数的查询或存储进程的 Command 对象相关的参数。Parameter 对象的一些属性是从传递给 Command 对象 CreateParameter()方法的参数那里继承而来的。Parameter 对象的属性及其相关说明，如表 9-18 所示。

表 9-18　Command 对象的 CreateParameter()方法的参数意义

参　　数	说　　明
Name	参数名称

(续表)

参　　　数	说　　　明
Type	参数类型
Direction	参数方向，传入还是传出
Size	参数大小，指定最长字节，可以省略
Value	参数值
Attributes	指定该参数的数值性质

其中，Attributes 参数用来指定参数值的性质，其取值及其相关说明如表 9-19 所示。

表 9-19　Attributes 参数的取值范围

常　　　量	值	说　　　明
AdParamLong	128	允许有相当大的数值
AdParamNullable	64	允许 NULL 值
AdParamSigned	16	允许数值有正负符号

4. Parameter 对象的方法

Parameter 对象只有一个 AppendChunk()方法，用来处理传递给一个参数的长文本或二进制数据。它允许把一个长文本或二进制信息加入到 Parameter 对象的末尾，其语法结构如下：

Parameter 对象.AppendChunk(长文本或二进制数据)

注意：

在使用该方法前，Parameter 对象的 Attributes 参数必须设置为 adFLDLong，这样 Parameter 对象能够接受该方法加入的长文本或二进制数据。当多次调用该方法时，新数据就可以连续性地加入到现存的参数中。

9.4　习　　　题

9.4.1　填空题

1. 数据库本身由多个数据表所组成，表中每一行代表一个_____，每一列代表一个_____。

2. 索引本身根据其功用可以分为两种：_____和_____。

3. _____指定 SELECT 语句查询及与查询相关的表或视图。

4. 建立 Connection 对象是采用 Server 对象的_____方法进行的。

9.4.2　选择题

1. 目前常用的数据库管理系统属于(　　)。

　　A. 关系型　　　　　B. 层次型　　　　　C. 网状型　　　　　D. 结构型

2. 在 ODBC 数据源管理器中，DSN 还分为用户 DSN、系统 DSN 和文件 DSN 三种。用户可以通过 ODBC 数据源管理器创建(　　)类型的 DSN。

　　A. 1 种　　　　　B. 2 种　　　　　C. 3 种　　　　　D. 以上全错

3. 在开发基于数据库的 Web 应用程序时，构建(　　)都是可以的

　　A. 系统 DSN 和文件 DSN　　　　　B. 文件 DSN 和用户 DSN

　　C. 系统 DSN 和用户 DSN　　　　　D. 以上全错

9.4.3　问答题

1. ADO 包含哪些对象和数据集合，它们之间存在怎样的关系？

2. ODBC 的主要功能是什么？

3. OLE DB 有哪两层结构，它有什么优势？

4. 在 ADO 模型中有哪些对象？

5. 简述 Command 对象和 Connection 对象之间的关系。

6. 在程序执行过程中，如何获取到错误的描述信息？

7. 连接 Access 或者 SQL Server 数据库有哪几种方法？

9.4.4　操作题

1. 在 Access 2013 中创建一个名称为 CDB.mdb 的数据库，并在该数据库中设置一个如表 9-20 所示的数据表 Custom。

表 9-20　数据表 Custom

字 段 名 称	数 据 类 型	说　　明	字 段 大 小	必 填 字 段	是否允许空字符串	备　　注
Id	自动编号	编号	—	—	—	主键
Name	文本	名称	12	是	否	—
address	文本	地址	80	否	是	—
Tel	文本	电话	20	是	是	—
Mail	文本	E-Mail	25	否	是	—

2. 以上题创建的数据库为基础，参考本章练习所介绍的方法，创建数据库连接。

3. 在 ASP 页面中显示数据库的全部信息，并可以添加、修改和删除记录。

第10章　Recordset对象查询和操作记录

教学目标

通过对本章的学习，读者应掌握 Recordset 对象的各种属性和方法，并能够利用 Recordset 对象对数据库进行各种操作。

教学重点与难点

● 用 Recordset 对象处理结果
● Recordset 的应用
● Fields 集合和 Field 对象

Recordset 对象是一个记录的集合，是按字段(或列)和记录(或行)的形式构成的二维表。每个 Recordset 对象表示表中的记录或运行一次查询所得到的结果。使用 Recordset 对象，可以在记录一级上对数据库中的数据进行各种操作，如增加、删除和定位记录以及更新数据库等。

10.1　Recordset 对象概述

对于检索数据、检查结果、更改数据库，ADO 提供了 Recordset 对象。Recordset 对象是一个记录的集合，用于检索和更新数据库。数据库应用程序通常用 Connection 对象建立连接并用 Recordset 对象处理返回的数据。

尽管 Connection 对象简化了连接数据库和查询任务，但 Connection 对象仍有许多不足：检索和显示数据库信息的 Connection 对象不能用于创建脚本；用户必须确切地知道要对数据库做出的更改，然后才能使用查询实现更改。

10.1.1　认识 Recordset 对象

Recordset 对象可以创建一个记录集合，并将所需的记录从表中取出。同时，使用虚拟表格的方式，每一行为一条记录，每一列则代表一个字段，提供给 ASP 程序处理，如图 10-1 所示。

分类编号	产品代号	产品名称	产品简述
55	0001000001	LA-Gear Mouse PAD	MODEL No.TMP– 0312
55	0001000002	LA-Gear Mouse PAD 1	MODEL No.TMP– 04

记录指针 →

图 10-1　Recordset 对象的记录指针

- Recordset 中的记录指针具有游标类型(CursorType)。不同的游标类型可对记录集进行不同的操作，默认值为 0，代表记录指针只能向前移动记录集；也可定义成其他值，允许记录指针在记录集中上下移动。
- 数据源本身具有锁定的能力。具有这项功能最主要的目的在于避免两个 SQL 查询操作同时写同一条记录。
- 当前记录指针的位置。Recordset 的 MoveFirst()方法可以将记录指针移到第一条记录的位置；MoveLast()方法可将记录指针移到记录集的最后一条；MoveNext()方法可使指针移到下一条；MovePrevious()方法则是移到上一条。

10.1.2　Recordset 对象的工作流程

Recordset 对象在使用前同样需要使用 Connection 对象建立数据库的连接，其步骤如下。

1. 创建 Connection 对象，打开数据源

创建一个 Connection 对象，并保存在 OBJConn 变量中，然后打开数据源，程序代码如下：

```
Set OBJConn = Server.CreateObject("ADODB.Connection")
OBJConn.Open strDSN                              ' 打开数据源
```

2. 创建 Recordset 对象

在取得与数据库的连接之后，接着即可创建 Recordset 对象，其程序代码如下：

```
Set Rs = OBJConn.Execute(SQLstr)
```

3. 打开 Recordset 对象取得数据

在 Recordset 对象创建完成之后，即可打开 Recordset 对象的内容。此 Recordset 对象的内容可以是表、SQL 查询语句，如果是表，其命令有如下两种方式：

```
Rs.Open "产品基本信息", OBJConn, adOpenStatic, adLockReadOnly, adCmdTable
Set Rs = OBJConn.Execute(CommandText, RecordsAffected, Options)
```

上述程序代码使用 Recordset 对象 Rs 的 Open()方法打开"产品基本信息"表，第 2 个参数为 Connection 对象 OBJConn，其后 3 个参数为定义在文件 adovbs.inc 中的常数，定义 Recordset 对象的存取方式。

4. 处理 Recordset 对象的记录

在打开 Recordset 对象的记录集合之后，即可开始使用 Recordset 对象的属性及方法进行表的操作或取得当前的状态。例如取得 Recordset 对象的状态属性 State，代码如下：

```
If Rs.State = 1 Then
     Response.Write("<b>Rs 对象目前处于打开的状态</b><br>")
Else
     Response.Write("<b>Rs 对象目前处于关闭的状态</b><br>")
End If
```

注意：

上述程序代码是利用 If…Then…Else 语句的方式检查状态属性State，查看当前 Recordset 对象的打开状态。如果返回值为1，代表状态已打开；返回值为 0，则代表状态已关闭。

5. 关闭 Recordset 对象

关闭 Recordset 对象的代码如下：

```
Rs.Close
Set Rs = Nothing
```

在执行上述程序代码之后，将会关闭 Recordset 对象，并且由 Set Rs = Nothing 释放 Recordset 对象。

6. 关闭与数据库的连接

要关闭数据库连接，可使用 Connection 对象的 Close 方法，代码如下：

```
OBJConn.Close
set OBJConn = Nothing
```

10.1.3　Recordset 对象的属性

Recordset 对象的属性及其相关说明，如表 10-1 所示。

表 10-1　Recordset 对象的属性

属　性	说　　明
AbsolutePage	设置或返回当前记录所在的页号。用该属性可使当前记录跳到指定的页，如：<% rs.AbsolutePage = 6 %>
AbsolutePosition	设置或返回当前记录在记录集中的位置。用该属性可使某一记录成为当前记录，如：<% rs.AbsolutePosition = 10 %>
ActiveConnection	定义 Recordset 对象与数据库的连接。该属性或者指向一个当前打开的 Connection 对象，或者定义一个新的连接
BOF	若记录指针位于第一条记录之前，则为 True，否则为 False
BookMark	设置或返回一个记录的书签，如 mark=rs.BookMark 或 rs.BookMark=mark
CacheSize	设置本地机可以缓存的记录数，默认值为 1
CursorType	设置记录集所用的游标类型，详见表 10-3

(续表)

属　　性	说　　明
CursorLocation	设置游标位置，若设成 1 或 adUseClient，使用客户端提供的本地游标；若设成 2 或 adUseServer(默认值)，则使用数据提供者的游标
EditMode	指出当前记录的编辑状态，取值如下。 ◆　0 或常量 adEditNone：在当前处理过程中没有编辑操作。 ◆　1 或常量 adEditInProgress：当前记录已被更改，但尚未保存到数据库。 ◆　2 或常量 adEditAdd：当前缓冲区内数据是用 AddNew()方法写入的新记录，但尚未保存到数据库。 ◆　3 或常量 adEditDelete：当前记录已被删除
EOF	若记录指针位于最后一条记录之后，为 True，否则为 False
Filter	定义筛选器来获取特定的记录，如 rs.Filter="AuthorID">1000
LockType	设置记录集所用的锁定类型，详见表 10-5
MaxRecords	确定一次所能返回的最大记录数，默认值为 0，表示返回全部请求的记录。在记录集关闭时该属性可读写，在打开记录集后只读
PageCount	记录集所包含的页数，每页记录数由 PageSize 决定
PageSize	指定一页中包含的记录数
RecordCount	记录集所包含的记录条数
Sort	设置记录集的排序方式
Source	设置记录集数据来源，可以是 Command 对象、SQL 语句、表名或存储过程
State	确定记录集的打开/关闭状态，取值如下。 ◆　0 或 adStateClosed：表示记录集已关闭。 ◆　1 或 adStateOpen：表示记录集已打开。 ◆　2 或 adStateConnecting：表示正在连接。 ◆　3 或 adStateExecuting：表示记录集正在执行一个命令。 ◆　4 或 adStateFetching：表示记录集正在获取数据
Status	当前记录所处的状态，详见表 10-1

10.1.4　Recordset 对象的方法

Recordset 对象的方法及其相关说明，如表 10-2 所示。

表 10-2　Recordset 对象的方法

方　　法	说　　明
AddNew()	增加一条记录
CancelBatch()	取消一个批处理更新
CancelUpdate()	在更新前取消对当前的所有更改

(续表)

方　　法	说　　明
Clone()	建立记录集的一个副本
Delete()	删除一条或多条记录
GetRows()	从记录集中得到多条记录并存入数组中
Move()	将记录指针移到指定的位置
MoveFirst()	将记录指针移到第一条记录处
MoveLast()	将记录指针移到最后一条记录处
MoveNext()	将记录指针移到下一条记录处
MovePrevious()	将记录指针移到前一条记录处
NextRecordSet()	从能产生多个结果的命令中返回下一个记录集
Open()	打开记录集
Requery()	重新执行查询来刷新记录集
Resync()	刷新服务器内的同步数据
Save()	将记录集保存到一个文件中
Supports()	判断记录集是否支持指定的功能
Update()	将修改结果保存到数据库中
UpdateBatch()	将缓冲区内批量修改结果保存到数据库中

【例 10-1】创建一个搜索页面，当用户在表单中输入出版社名称并单击"提交"按钮后，可返回数据库中该出版社所有图书的详细信息，程序运行效果如图 10-2 和图 10-3 所示(在操作本实例前，用户应结合本书第 9 章所介绍的内容创建搜索页面的数据库并输入数据)。

(1) 创建一个名称为"出版社查询.asp"的网页，代码如下所示：

```
<%@ Language=VBScript %>
<% Response.Buffer = True %>
<HTML>
  <TITLE>出版社查询</TITLE>
  <HEAD>
  <SCRIPT Language="VBScript" RUNAT="Server">
  Sub rs_Display()
    dim strConn,strSQL,strWriter
    strPress = Request.Form("PressName")
    if strPress<>"" then
      '创建 Connection 对象 conn
      Set conn=Server.CreateObject("ADODB.Connection")
      '使用 DSN 建立 conn 与数据库的连接
      strConn="Driver={SQL Server};Database=booknet;Server=ZHANGSHIHUA\TEST;UID=sa;
              PWD=;"
      conn.Open strConn
      strSQL = "SELECT * FROM Books"
```

```
            strSQL = strSQL & " WHERE Press LIKE '%" & Trim(strPress) & "%'"
            Set rs = Server.CreateObject("ADODB.Recordset")
            rs.Open strSQL,conn
            With Response
              if rs.EOF then
                  .Write "没有查询到相关的记录！"
              else
                  Write "<TABLE BORDER=1 CELLSPACE=0 CELLPADDING=5>" &_
                      "<TR HEIGHT=12><TD WIDTH=70><B> 图书编号 </B></TD>" &_
                      "<TD WIDTH=300><B> 书名 </B></TD>" &_
                      "<TD WIDTH=150><B> 作者 </B></TD>" &_
                      "<TD WIDTH=40><B> 价格 </B></TD></TR>"
              end if
              do Until rs.EOF
                  .Write "<TR HEIGHT=12><TD WIDTH=70>" & rs("BookID") & "</TD>" &_
                      "<TD WIDTH=300>" & rs("BookName") & "</TD>" &_
                      "<TD WIDTH=150>" & rs("Writer") & "</TD>" &_
                      "<TD WIDTH=40>" & rs("Price") & "</TD></TR>"
              rs.MoveNext
              loop
              .Write "</TABLE>"
              End With
              rs.Close
              conn.Close
          end if
      end sub
      </SCRIPT>
      <body>
      <Center><H2>按出版社名称查询</H2><HR>
        <FORM NAME="thisForm" METHOD=POST
                ACTION="<%=Request.ServerVariables("Script_Name")%>" >
          <P>请输入出版社名称:<INPUT TYPE="text" NAME="PressName" SIZE=20>
          <INPUT TYPE="submit" NAME="btnSubmit" value="提 交">
          <INPUT TYPE="reset" NAME="btnReset" value="重 置"></P>
        </FORM>
        <Hr>
        <%
          call rs_Display()
        %>
      </Center></BODY></HTML>
```

(2) 启动 IE 浏览器后，运行"出版社查询.asp"文件，效果如图 10-2 和图 10-3 所示。

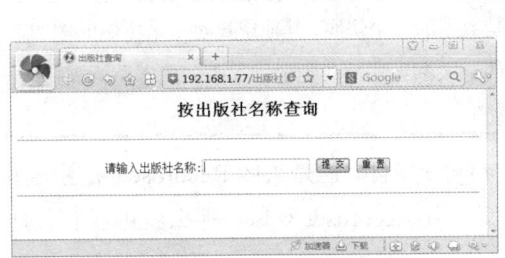

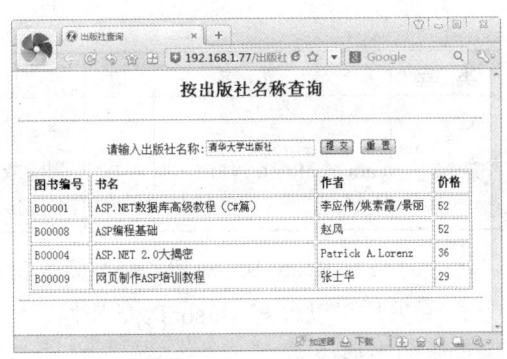

图 10-2　查询页面　　　　　　　　　　　　　图 10-3　查询结果

10.2　使用 Recordset 对象

Recordset 对象可以根据查询条件，检索并且显示一组数据库记录。Recordset 对象保持查询返回的记录位置，允许一次一项逐步扫描结果，根据 Recordset 对象的指针类型属性设置，可以滚动显示和更新记录。指针可以在一组记录中定位到特定的项，还用于检索和检查记录，然后在这些记录的基础上执行操作。

10.2.1　游标类型

游标类型(CursorType)代表不同的数据获取方法。打开记录集时，可在 Open()方法中指定 Recordset 对象所用的游标类型，或者在调用 Open()方法前用 CursorType 属性设置游标类型。记录集打开后，CursorType 属性是只读的，可以用该属性返回游标类型。

游标类型的取值与相关说明，如表 10-3 所示。

表 10-3　游标类型(CursorType)

类　型	常　量　名	值	说　　　明
仅向前	AdOpenForwardOnly	1	只能向前浏览记录。对简单的浏览可提高性能，但很多属性和方法(如 BookMark、RecordCount、AbsolutePage、AbsolutePosition 等)不能使用
键集	adOpenKeyset	2	其他用户对记录所做的修改将反映到记录集中，但其他用户增加或删除的记录不会反映到记录集中。键集游标支持 BookMark 属性，支持全功能的浏览，可以使用 RecordCount、AbsolutePage 和 AbsolutePosition 等属性
动态	adOpenDynamic	3	动态游标功能最强，但消耗资源也最多。使用动态游标时，其他用户对记录所做的增加、删除或修改的记录都会反映到记录集中。动态游标支持全功能的浏览

类　型	常　量　名	值	说　　明
静态	adOpenStatic	4	静态游标只是数据的一个快照,其他用户对记录所做的增加、删除或修改的记录都无法反映到记录集中。静态游标支持向前或向后移动

　　一旦打开 Recordset 对象,就不能改变 CursorType 属性。但是关闭 Recordset(采用关闭方式)对象后可以改变 CursorType 属性,然后重新打开 Recordset 对象,那么就可以有效地改变它的类型。

　　注意:

　　用户可依据需求,指定 CursorType 为上述指针中的任何一种,如省略则取其默认值 adOpenForwardOnly。这是功能最少的记录集,耗费的资源也最少。

　　以上几个游标类型将直接影响到 Recordset 对象所有的属性和方法,当显示一个表时,不同的指针类型将会影响到这个表的属性和方法,如表 10-4 所示。

表 10-4　游标类型对 Recordset 属性的影响

Recordset 属性或方法	adOpenForwardOnly	adOpenKeyset	adOpenDynamic	adOpenStatic
AbsolutePage 属性	不支持	不支持	可读写	可读写
AbsolutePosition 属性	不支持	不支持	可读写	可读写
BOF 属性	只读	只读	只读	只读
CursorType 属性	可读写	可读写	可读写	可读写
EOF 属性	只读	只读	只读	只读
Filter 属性	可读写	可读写	可读写	可读写
LockType 属性	可读写	可读写	可读写	可读写
PageCount 属性	不支持	不支持	只读	只读
PageSize 属性	可读写	可读写	可读写	可读写
RecordCount 属性	不支持	不支持	只读	只读
AddNew()方法	支持	支持	支持	支持
CancelBatch()方法	支持	支持	支持	支持
CancelUpdate()方法	支持	支持	支持	支持
Clone()方法	支持	支持	支持	支持
Delete()方法	支持	支持	支持	支持
Move()方法	不支持	支持	支持	支持
MoveFirst()方法	支持	支持	支持	支持

(续表)

Recordset 属性 或方法	adOpenForwardOnly	adOpenKeyset	adOpenDynamic	adOpenStatic
MoveLast()方法	不支持	支持	支持	支持
MoveNext()方法	支持	支持	支持	支持
MovePrevious()方法	不支持	支持	支持	支持
Open()方法	支持	支持	支持	支持
Update()方法	支持	支持	支持	支持
UpdateBatch()方法	支持	支持	支持	支持

以下代码使用一个 Connection 对象 objConn 和前向游标打开了一个记录集:

```
<%
    database="db1.mdb"
    '定义数据库的驱动程序和物理路径
    StrConnect="Driver={Micrsoft Access Driver(*.mdb)}";_
            DBQ="&Server.MapPath(database)"
    '创建 Connection 对象
    Set objConn=Server.CreateObject("ADODB.Connection")
    objConn.Open StrConnect
    Set rs=Server.CreateObject("ADODB.RecordSet")
    '从数据库中读取所有记录,并保存在 rs 中
    rs.Open"Select*from Record",objConn,adOpenForwardOnly
    re.Close
    objConn.Close
%>
```

【例 10-2】创建一个能进行数据搜索和操作的页面,在该页面中能根据图书的名称在数据库中进行查询符合条件的图书,还可以链接到相应的页面对该记录进行编辑和删除操作,程序运行效果如图 10-4 所示(在操作本实例前,用户应结合本书第 9 章所介绍的内容创建搜索页面的数据库并输入数据)。

(1) 创建一个名称为"链接查询.asp"的网页,代码如下所示:

```
<%@ Language=VBScript %>
<% Response.Buffer = True %>
<HTML>
    <TITLE>图书查询</TITLE>
    <HEAD>
    <SCRIPT Language="VBScript" RUNAT="Server">
        Sub rs_Display()
        dim strConn,strSQL,strBookName
        strBookName = Request.Form("BookName")
```

```
Set conn=Server.CreateObject("ADODB.Connection")
strConn="Driver={SQL Server};Database=booknet;&-
Server=ZHANGSHIHUA\TEST;UID=sa;PWD=;"
conn.Open strConn
strSQL = "SELECT * FROM Books"
strSQL = strSQL & " WHERE BookName LIKE '%" & Trim(strBookName) & "%'"
strSQL = strSQL & " ORDER BY BookName"
Set rs = Server.CreateObject("ADODB.Recordset")
rs.Open strSQL,conn
With Response
  if rs.EOF then
     .Write "没有查询到相关的记录！"
  else
     .Write "<TABLE BORDER=1 CELLSPACE=0 CELLPADDING=5>" &_
         "<TR HEIGHT=12><TD WIDTH=20><B> BookID </B></TD>" &_
         "<TD WIDTH=270><B> 书名 </B></TD>" &_
         "<TD WIDTH=200><B> 作者 </B></TD>" &_
         "<TD WIDTH=40><B> 价格 </B></TD>" &_
         "<TD WIDTH=40><B> 修改 </B></TD>" &_
         "<TD WIDTH=40><B> 删除 </B></TD></TR>"
  end if
  do Until rs.EOF
     .Write "<TR HEIGHT=12><TD WIDTH=20>" & rs("BookID") & "</TD>" &_
         "<TD WIDTH=270>" & rs("BookName") & "</TD>" &_
         "<TD WIDTH=200>" & rs("Writer") & "</TD>" &_
         "<TD WIDTH=40>" & rs("Price") & "</TD>" &_
         "<TD WIDTH=40><A HREF=" & chr(34) & "10-5-编辑页面.asp?BookID=" &_
             rs("BookID") & "" & chr(34) & ">" & "编辑" & "</A></TD>" &_
           "<TD WIDTH=40><A HREF=" & chr(34) & "10-6-删除.asp?BookID=" &_
         rs("BookID") & "" & chr(34) & ">" & "删除" & "</A></TD>" &_"</TR>"
         rs.MoveNext
  loop
  .Write "</TABLE>"
End With
rs.Close
conn.Close
end sub
</SCRIPT>
<BODY>
<Center><H4>带超链接的图书查询页面</H4>
  <Hr>
  <FORM NAME="thisForm" METHOD=POST
ACTION="<%=Request.ServerVariables("Script_Name")%>" >
  <P>请输入书名:<INPUT TYPE="text" NAME="BookName" SIZE=20>
```

```
            <INPUT TYPE="submit" NAME="btnSubmit" value=" 查  找 ">
            <INPUT TYPE="reset" NAME="btnReset" value=" 重  置 ">
            <INPUT TYPE="button" NAME="btnInsert" value="插  入"&-
            onclick="location.href='10-7-插入页面.htm'">
        </P>
    </FORM>
    <%
        call rs_Display()
    %>
    <HR>
</Center></BODY></HTML>
```

(2) 运行 "链接查询.asp" 网页后，用户不仅能根据图书的名称在数据库中搜索符合条件的图书，还可以链接到相应的页面对页面记录进行编辑和删除操作，如图 10-4 所示。

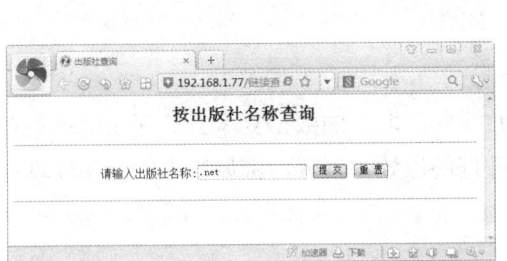
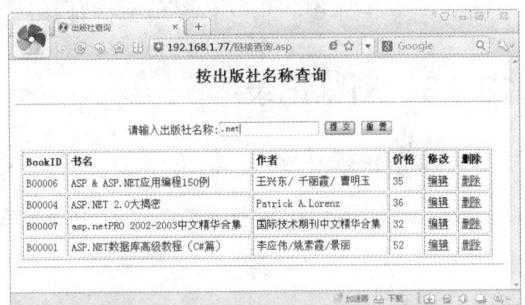

图 10-4　编辑和删除操作的页面记录列表

10.2.2　锁定类型

锁定类型(LockType)是针对数据库操作中并发事件的发生而提出的系统安全控制方式。锁定类型不仅影响 Recordset 对象的并发事件的控制处理方式，而且决定了记录集是否能更新以及记录集的更新是否能批量地进行。

打开记录集时，可以在 Open()方法中指定锁定类型，或者在调用 Open 方法前用 LockType 属性来设置锁定类型。锁定类型的取值与相关说明，如表 10-5 所示。

表 10-5　锁定类型(LockType)

类　　型	常　量　名	值	说　　　　明
只读	adLockReadOnly	—	以只读方式打开记录集时，不能改变任何数据，只读方式是默认的锁定方法
保守式	adLockPessimistic	2	当编辑时立即锁定记录，这是最安全的锁定方法

（续表）

类　型	常　量　名	值	说　　　明
开放式	adLockOptimistic	3	数据提供者只有在调用 Update()方法时才锁定记录,而在此之前其他操作者仍可对当前记录进行增加、删除或修改等操作
开放式批处理	adLockBatchOptimistic	4	当编辑记录时记录不会被锁定,而增加、删除或修改记录是在批处理方式下完成的

　　如果数据源没有返回记录,那么提供者将 BOF 和 EOF 属性同时设置为 True,并且不定义当前记录位置。如果游标类型允许,仍然可以将新数据添加到该空 Recordset 对象。

　　注意:

　　锁定类型的设定会影响数据的修改程序,若是没有指定锁定类型,则会返回一个默认只读的记录集对象,其中的数据无法被修改。

10.2.3　浏览记录

　　记录集对象引用 Open()方法成功之后,SQL 语句所取得的数据复本会储存在记录集对象之中,此时的记录集对象类似一个包含特定数据的原始数据表,例如以下的程序片段:

```
ObjRst.Open "select * from Customers ","dsn=test;"
```

　　这段程序代码返回的记录集对象 ObjRst,实际上就是 Customers 数据表的内容,可以通过移动记录集对象的指针,浏览数据表中每一条记录的特定字段内容。

　　指针总是指向记录集当前的数据位置,Recordset 对象提供 4 个重要的数据浏览方法:MoveFirst()、MovePrevious()、MoveNext()和 MoveLast(),分别将当前指针移到记录集的首记录、前一个记录、后一个记录和末记录,如图 10-5 所示。

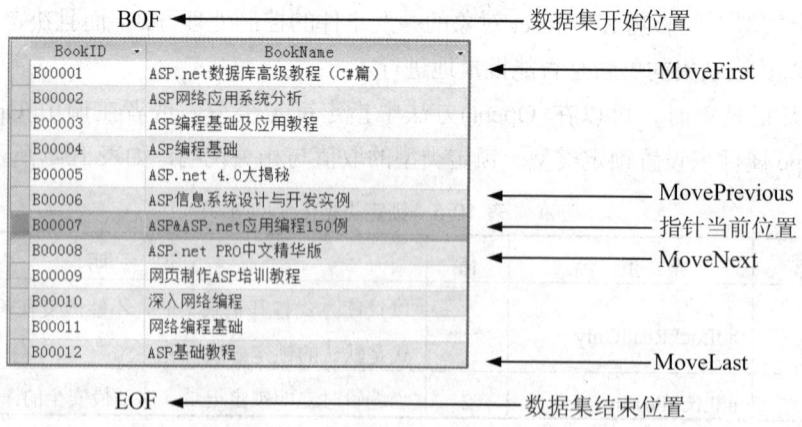

图 10-5　指针的移动

　　当指针位于记录集的结束位置,则函数 EOF 的返回值为 True,否则为 Flase。对于查询返回的记录集对象，其默认的指针位置为首记录。通过指定数据对象的字段名称，可以取得记录集当前指针位置所在的这条记录中的字段内容。

　　记录集在浏览记录时会受到其打开时候所指定的游标类型的限制。例如，一个设定为 adOpenForwardOnly 的记录集，只能往前移动，因此引用 MoveFirst()或是 MovePrevious() 将会引发不允许操作的错误。而 adOpenDynamic 则拥有最大的自由度，可以随意引用任何一个方法浏览记录集。

　　如图 10-5 所示，有两个标示为 BOF 和 EOF 的特殊指针位置，分别代表记录集开始与结束的位置，这两个位置只是一个空值。当指针已经移动至首记录时，使用 MovePrevious() 可以达到 BOF 的位置；反之引用 MoveLast()，可以将指标移到 EOF。

　　记录集对象提供了 BOF 和 EOF 属性，用来判断当前指针是否位于记录集的开始或结束的位置，因此在应用程序中，通常都会通过查看记录集对象的 BOF 或是 EOF 属性值是否为 True，以了解指针是否位于记录集的开头或是结束的位置，代码如下：

```
blnEof = objRst.EOF
```

10.2.4　添加记录

　　添加记录有两种方法：一种是用 SQL INSERT INTO 语句；另一种是用 Recordset 对象的 AddNew()方法。

　　如果用户希望在数据库特定表中添加一条记录，则必须使用 INSERT 语句，INSERT 语句的语法结构如下：

```
INSERT INTO  表名  [(字段名称 1 [, 字段名称 2[, …]])]
VALUES (数据 1 [, 数据 2 [,…])
```

在使用 INSERT 语句添加数据时必须注意以下几点：

- 表名后括号内的字段名称的排列顺序与 VALUES 后括号内数据的排列顺序必须一致，否则进行数据添加时会失败。
- 对未设置的字段，添加数据时其默认值为 Null。
- 对于新添加的数据记录，在建立时就给予其默认值，而值为 Null。

　　【例 10-3】打开一个 Recordset 对象，然后用 AddNew()方法插入一条空记录，填充空记录的各个字段，再调用 Update()方法把记录写到数据库中。

　　(1) 确定 adovbs.inc 文件在应用程序的当前目录中。

　　(2) 建立显示添加记录内容的页面元素的"添加记录.html"文件，代码如下：

```
<html><head><title>添加一条新记录</title></head>
 <body>
  <Center><H4>添加一条新记录</H4></Center>
  <Hr>
```

```
<FORM Method=POST Action="添加记录.asp" >
<table border="0" width="100%">
  <tr><td align="right" width="20%"><B>书名：</B></td>
    <td width="80%"><input type="text" name="BookName" size=50>
      <Font color=Red> **必须输入**</Color></td></tr>
  <tr><td align="right"><b>作者：</b></td>
    <td><input type="text" name="Writer" size=30></td></tr>
  <tr><td align="right"><b>出版社：</b></td>
    <td><input type="text" name="Press" size=50></td></tr>
  <tr><td align="right"><b>出版日期：</b></td>
    <td><input type="text" name="PublishDate" size=10></td></tr>
  <tr><td align="right"><b>定价：</b></td>
    <td><input type="text" name="Price" size=10></td></tr>
  <tr><td align="right"><b>内容简介：</b></td>
    <td> <TEXTAREA COLS=50 ROWS=4 name="Statement"></TEXTAREA></td></tr>
  <tr><td align="right"><b>类别：</b></td>
    <td><input type="text" name="category" size=10></td></tr>
  <tr><td align="right"><b>子类：</b></td>
    <td><input type="text" name="SubCategory" size=10></td></tr>
  <tr><td align="right"><b>库存量：</b></td>
    <td><input type="text" name="Quantity" size=10></td></tr>
  <tr><td COLSPAN=2 ALIGN=Center>
    <input type="submit" value=" 保 存 ">
    <input type="reset" value=" 重 置 ">
    <input type="button" value=" 返 回 " onclick="location.href='index.asp'"></td></tr>
  </table>
  </FORM>
</body></html>
```

(3) 建立处理添加记录内容程序的"添加记录.asp"文件。

```
<%@ Language=VBScript %>
<!--#include file="adovbs.inc"-->
<%
    if IsNumeric(Request.Form("Quantity")) and _
    IsNumeric(Request.Form("Price")) and _
    IsDate(Request.Form("PublishDate")) then
      strConn="Driver={SQL Server};Database=booknet;&-
        Server=ZHANGSHIHUA\TEST;UID=sa;PWD=;"
      Set rs = Server.CreateObject("ADODB.Recordset")
      rs.CursorType = adOpenKeyset
      rs.LockType = adLockOptimistic
      rs.Open "Books",strConn,,,adCmdTable
      rs.AddNew                '添加一条新记录
      rs("BookID") = "B" & Zeros(5-len(rs.RecordCount + 1)) & CStr((rs.RecordCount + 1))
      rs("BookName") = Trim(Request.Form("BookName"))
      rs("Writer") = Trim(Request.Form("Writer"))
```

```
            rs("Press") = Trim(Request.Form("Press"))
            rs("PublishDate") = CDate(Trim(Request.Form("PublishDate")))
            rs("Statement") = Trim(Request.Form("Statement"))
            rs("Category") = Trim(Request.Form("Category"))
            rs("SubCategory") = Trim(Request.Form("SubCategory"))
            rs("Quantity") = CInt(Trim(Request.Form("Quantity")))
            rs("Price") = CCur(Trim(Request.Form("Price")))
            if rs.Supports(adUpdate) then
                rs.Update
                Response.Redirect("添加记录.html")
            end if
            rs.Close
        else
            Response.Write "输入的数量、价格、出版日期中有错，请重新输入！"
        end if
%>
<SCRIPT Language="VBScript" RUNAT="Server">
    Function Zeros(intNum)
        Dim I,strOut
        for I = 1 to intNum
            strOut = strOut & "0"
        next
            Zeros = strOut
    End Function
</SCRIPT>
```

(4) 运行程序后，效果如图 10-6 所示。用户可以通过该页面向数据库中添加记录。

 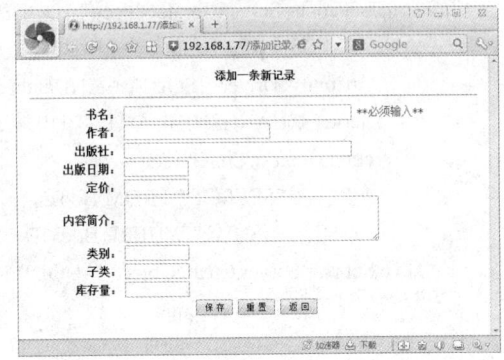

图 10-6　网页效果

10.2.5　更新记录

有两种方法可对记录进行更新：一种是用 SQL UPDATE 语句修改记录，另一种是用
Recordset 对象的 Update()方法修改记录。

要更新数据库中的记录，游标类型应设置成动态，更新数据使用 UPDATE 语句，其基本语法如下：

```
UPDATE 表名
SET  字段 1=数据 1, 字段 2=数据 2, …
WHERE  筛选条件
```

更新操作有以下 3 种情况。

- 所有记录全部更新：可以对表中所有的记录同时进行内容的更新。
- 不更新索引键值而只更新其他字段的内容：仅仅更新每一条记录内的非索引字段内容。
- 更新索引键值：必须连带地更新其他表中相关联的记录内容。

【例 10-4】打开一个记录集，然后更改其数据，再调用 Update()或 UpdateBatch()方法把所做的更改写入到数据库中。

(1) 确定 adovbs.inc 文件在应用程序的当前目录中。

(2) 建立显示和处理修改记录内容页面的"更新记录.asp"文件，代码如下所示：

```asp
<%@ Language=VBScript %>
<!--#include file="adovbs.inc"-->
<% Response.Buffer = True %>
<SCRIPT Language="VBScript" RUNAT="Server">
    Dim rs
    Dim conn
    Dim strBookID
    sub Get_Record()
        strBookID = Request.QueryString("BookID")
        '创建 Connection 对象 conn
        Set conn=Server.CreateObject("ADODB.Connection")
        '使用 DSN 建立 conn 与数据库的连接
        strConn="Driver={SQL Server};Database=booknet;
        Server=ZHANGSHIHUA\TEST;UID=sa;PWD=;"
        conn.Open strConn
        strSQL = "SELECT * FROM Books "
        strSQL = strSQL&" WHERE BookID =" & Trim(strBookID)
        Set rs = Server.CreateObject("ADODB.Recordset")
            rs.Open strSQL,conn
    End sub
    sub Update_Record()
        if IsNumeric(Request.Form("Quantity")) and _
            IsNumeric(Request.Form("Price")) and _
            IsDate(Request.Form("PublishDate")) then
                Set rs = Server.CreateObject("ADODB.Recordset")
                rs.CursorType = adOpenStatic
                rs.LockType = adLockOptimistic
                strConn="Driver={SQL Server};Database=booknet;
```

```
                    Server=ZHANGSHIHUA\TEST;UID=sa;PWD=;"
            strSQL = "SELECT * FROM Books"
            strSQL = strSQL & " WHERE BookID =" & Trim(strBookID)
            rs.Open strSQL,strConn,,,adCmdText
            if rs.EOF then
                    Response.Write "没有查询到相关的记录！"
                    Exit sub
            end if
            if rs.Supports(adUpdate) then
                    rs("BookName") = Trim(Request.Form("BookName"))
                    rs("Writer") = Trim(Request.Form("Writer"))
                    rs("Press") = Trim(Request.Form("Press"))
                    rs("PublishDate") = CDate(Trim(Request.Form("PublishDate")))
                    rs("Statement") = Trim(Request.Form("Statement"))
                    rs("Category") = Trim(Request.Form("Category"))
                    rs("SubCategory") = Trim(Request.Form("SubCategory"))
                    rs("Quantity") = CInt(Trim(Request.Form("Quantity")))
                    rs("Price") = CCur(Trim(Request.Form("Price")))
                    rs.Update
                    if conn.Errors.Count > 0 then
                            Response.Write "Transacton Error"
                    else
                            Response.Write "Transacton Ok"
                    end if
                    Response.Redirect("index.asp")
            else
                    Response.Write "没有能够更新数据！"
            end if
            rs.Close
    else
            Response.Write "输入的数量、价格、出版日期中有错，请重新输入！"
    end if
    rs.Close
    conn.Close
    Set rs = Nothing
    Set conn = Nothing
end sub
Function Zeros(intNum)
    Dim I,strOut
    for I = 1 to intNum
        strOut = strOut & "0"
    next
        Zeros = strOut
End Function
```

```
</SCRIPT>
<html><head><title>修改一条现有记录</title></head>
…
</body></html>
```

(3) 运行 index.asp 文件，单击记录后的"编辑"超链接，执行记录的编辑操作，结果如图 10-7 所示。

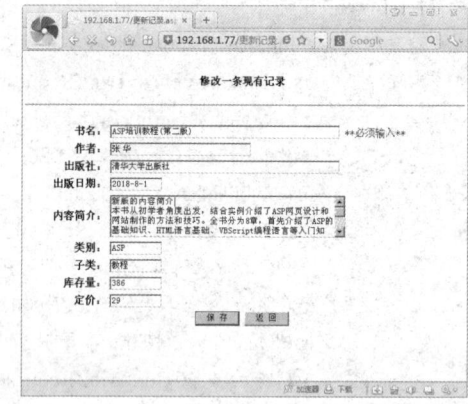

图 10-7　更新记录

10.2.6　删除记录

有两种方法可对记录进行更新：一种是用 SQL DELETE 语句删除记录，另一种是用 Recordset 对象的 Delete()方法删除记录。

使用 DELETE 语句在表中删除一条记录时，必须特别注意，一旦数据被删除，将无法恢复。如果没有指定 Where 子句，将删除表中的所有记录。以下是 DELETE 语句的语法结构：

DELETE FROM 　表名　 WHERE 　筛选条件

【例 10-5】打开一个记录集，然后用 Delete()方法删除其中的记录。

(1) 创建删除记录页面的"删除记录.asp"文件，代码如下所示：

```
<%
    strBookID = Request.QueryString("BookID")
    Set conn=Server.CreateObject("ADODB.Connection")
    strConn="Driver={SQL Server};Database=booknet;Server=ZHANGSHIHUA\TEST;UID=sa;PWD=;"
    conn.Open strConn
    strSQL = "DELETE FROM Books"
    strSQL = strSQL & " WHERE BookID =" & Trim(strBookID)
    conn.Execute strSQL,,adCmdText + adExecuteNoRecords
    conn.Close
    Response.Redirect("index.asp")
%>
```

(2) 运行 index.asp 文件，单击某记录后的"删除"超链接以进入删除记录的操作页面，如图 10-8 所示。

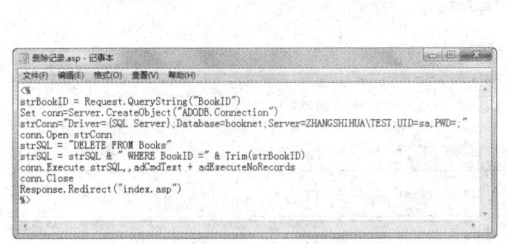

图 10-8　删除记录

10.2.7　Supports()方法

Supports()方法用来判断 Recordset 对象是否支持特定的功能，其语法结构如下：

```
Recordset.Supports(CursorOptions)
```

参数 CursorOptions 的取值及其相关说明，如表 10-6 所示。

表 10-6　Supports()方法的参数 CursorOptions 的取值及相关说明

常 量 名	值	说 明
adAddNew	16 778 240	确定是否支持 AddNew()方法
adApproxPosition	16 384	确定是否可以读写 AbsolutePage 和 AbsolutePosition 属性
adBookMark	8 192	确定是否支持 BookMark 属性
adDelete	16 779 264	确定是否支持 Delete()方法
adHoldRecords	256	确定是否可以提交所有待定修改并释放所有当前保留记录，而取回更多的记录或改变下一次取回的记录
adMovePrevious	512	确定是否支持 Move()、MoveFirst()、MovePrevious()方法
adResync	131 072	确定是否支持 Resync()方法
adUpdate	16 809 984	确定是否支持 Update()方法
adUpdateBatch	65 536	确定是否支持 UpdateBatch()方法

例如，以下脚本用于判断记录集是否支持更新、删除或新增记录：

```
<%If rst.Supports(adUpdate+adDelete+adAddNew) Then%>
```

如果记录集支持的功能与参数 CursorOption 指定的一致，返回 True，否则返回 False。虽然 Supports()方法可以对一个指定的功能返回 True，但数据提供者不能保证在所有环境下这些功能都是可用的。

10.2.8 Status 属性

Status 属性是当前记录集的状态标志，这些标志在记录被更改、删除、插入和改变位置时会受到影响。Status 属性的取值及其相关说明，如表 10-7 所示。

表 10-7 Status 属性的取值

常　量　名	值	说　　明
adRecOK	0	记录更新成功
adRecNew	1	当前记录是新的，并且还没有更新到数据库
adRecModified	2	当前记录被修改，并且还没有更新到数据库
adRecDeleted	4	当前记录被删除
adRecUnmodified	8	当前记录未被修改
adRecInvalid	16	书签是无效的，记录未被更新
adRecMutipleChanged	64	更改会影响到多条记录，记录未被更新
adRecPendingChanged	128	涉及未确定的插入，记录未被更新
adRecCanceled	256	操作被取消，记录未被更新
adRecCantRelease	1 024	记录被锁定，无法进行更新
adRecConcurrencyViolation	2 048	记录处于开放式锁定之中，无法进行更新
adRecIntegrityViolation	4 096	用户违反完整性规则，无法进行更新
adRecMaxChangeExceeded	8 192	存在太多的不确定更改，无法进行更新
adRecObjectOpen	1 6384	与一个打开的存储过程冲突，无法进行更新
adRecOutOfMemory	32 768	内存不够，无法进行更新
adRecPermissionDenied	65 536	用户没有足够权限，无法进行更新
adRecSchemaViolation	131 072	底层数据库会被破坏，记录没有更新
adRecDBDeleted	262 144	记录已从数据源中删除

10.2.9 分页显示

Recordset 对象提供了 PageSize、PageCount 和 AbsolutePage 等属性，用来对记录集实现分页显示功能。其中，PageCount 属性确定记录集中包含多少页的记录，PageSize 属性确定每页显示的记录数，AbsolutePage 属性确定当前记录位于哪一页上。

【例 10-6】按照记录的先后顺序，分页显示数据库中表的内容。

(1) 确定 adovbs.inc 文件在应用程序的当前目录中。

(2) 建立显示和处理分页表中内容页面的"分页显示.asp"文件。

```
<%@ Language=VBScript %>
<% Response.Buffer = True %>
<!--#include file="adovbs.inc"-->
```

```
<%
    Response.Expires = 0
    Dim strConn,strSQL
    Dim intCur,intTotal,I
    Dim conn,rs
    Const intPageSize = 5
    if Request.ServerVariables("CONTENT_LENGTH") = 0 then
        intCur = 1
    else
        intCur = CInt(Request.Form("CurPage"))
        Select Case Request.Form("Page")
            Case "首页"
                intCur = 1
            Case "上一页"
                intCur = intCur−1
            Case "下一页"
                intCur = intCur + 1
            Case "尾页"
                intCur = CInt(Request.Form("LastPage"))
        End select
    end if
    Set conn=Server.CreateObject("ADODB.Connection")
    strConn="Driver={SQL Server};Database=booknet;Server=ZHANGSHIHUA\TEST;UID=sa;PWD=;"
    conn.Open strConn
    strSQL = "SELECT * FROM Books"
    Set rs = Server.CreateObject("ADODB.Recordset")
    rs.CursorLocation = adUseClient
    rs.CursorType = adOpenStatic
    rs.CacheSize = intPageSize
    rs.Open strSQL,conn
    rs.PageSize = intPageSize
    If Not rs.EOF then
        rs.AbsolutePage = intCur
    end if
    intTotal = rs.PageCount
%>
<HTML><BODY>
……
</BODY></HTML>
```

(3) 网页运行后的结果如图 10-9 所示。

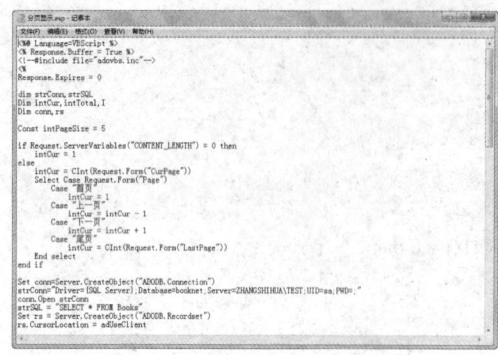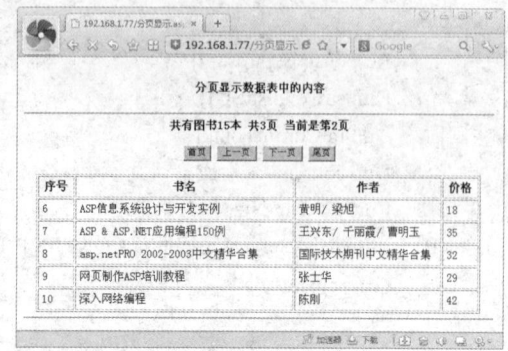

图 10-9　分页显示

10.3　认识 Fields 集合与 Field 对象

每个 Recordset 对象都包含一个 Fields 集合，该集合用来处理记录集中的字段。记录集中返回的每个字段在 Fields 集合中都有一个对应的 Field 对象。通过 Field 对象，可访问字段名、字段类型、字段值等信息。

10.3.1　Fields 集合简介

Fields 集合只有一个 Count 属性和一个 Item()方法。Count 属性返回记录集中字段(Field 对象)的个数，Item()方法用于建立某一个 Field 对象。

1. Fields 集合的属性

Fields 集合只有一个 Count 属性，该属性返回记录集中字段(Field 对象)的个数，其使用方法为：

```
Var=Recordset 对象.Fields.Count
```

Var 的值为字段的个数。如下例将使用脚本列出当前记录中每个字段的值：

```
For I=0 To rst.FieldsCount-1
    Response.Write rst(I)&"<Br>"
Next
```

2. Fields 集合的方法

Fields 集合只有一个 Item()方法，该方法用于建立某一个 Field 对象，其使用方法为：

```
Set Field 对象=Recordset 对象.Fields.Item(字段名或字段索引值)
```

其中，字段索引值是根据记录集中的先后顺序排序，从 0 到 FieldsCount - 1。如下例将通过名字或序号返回相关的字段的值：

```
rs.Fields.Item (2)
rs.Fields.Item ("Writer")
```

Item()方法是 Fields 集合的默认方法，而 Fields 集合是 Recordset 对象的默认集合。因此，Item()和 Fields 可省略，如上例可简化书写为：

```
rs (2)
rs ("Writer")
```

10.3.2　Field 对象简介

下面将简单介绍 Field 对象的属性和方法。

1. Field 对象的属性

Field 对象的属性及其说明，如表 10-8 所示。

表 10-8　Field 对象的属性及说明

属　　性	说　　明
ActualSize	返回字段的实际长度
Attributes	返回字段的特征，可取下列值之一或组合 ♦ 2 或 adFldMayDefer：只有在明确指明要取这个字段时，该字段的值才从数据源返回 ♦ 4 或 adFldUpdatable：字段可更新 ♦ 8 或 adFldUnknownUpdatable：无法确定字段是否可更新 ♦ 16 或 adFldFixed：字段包含固定长度的数据 ♦ 32 或 adFldIsNullable：字段可以接受空值，可用于检测非空字段 ♦ 64 或 adFldMayBeNull：可以从该字段读取空值 ♦ 128 或 adFldLong：字段类型为长整型 ♦ 256 或 adRowID：字段是一个行标识符 ♦ 512 或 adFldRowVersion：字段包含跟踪更新日期和时间的标记 ♦ 4096 或 adFldCacheDeferred：数据源将字段放入高速缓存中 用法：if rs("Writer").Attributes and adFldIsNullable then… 即若字段允许接受空值，则执行此段代码
DefinedSize	返回字段的定义大小，如 rs("Writer").DefinedSize
Name	返回数据库中字段的名字
NumericScale	说明字段的小数部分需要多少个数字位
Precision	说明字段的值需要多少个数字位
OriginalValue	返回字段修改前的值

（续表）

属　　性	说　　明
UnderlyingValue	从数据库返回字段的当前值
Type	字段的数据类型
Value	返回字段的值

2. Field 对象的方法

Field 对象有 AppendChunk()和 GetChunk()两个方法。AppendChunk()方法用于将大块文本和二进制数据写到字段中。当系统内存有限时，可用 AppendChunk()方法将数据分块写入，而不用一次将数据完全添加进去。该方法的使用方式如下：

```
Object.AppendChunk Data
```

其中，Data 是待写入字段中的数据。每次后续的 AppendChunk()方法调用总是把数据添加到已有数据的后面。如果正在添加数据到一个字段中，同时又去操作当前记录的其他字段值，则 ADO 会认为对这个字段添加数据的操作已完成。此时，再对这个字段调用 AppendChunk()方法，ADO 会认为是一个新的 AppendChunk()方法调用，并覆盖掉已有的数据。

GetChunk()方法从字段中获取大块文本或二进制数据的部分或全部内容。当系统内存有限时，可用 GetChunk()方法将数据分块读出，而不用一次全部读出。该方法的使用方式如下：

```
Object.GetChunk(Size)
```

其中，Size 是待获取的字节数或字符数。如果 Size 比余下的数据大，GetChunk 方法仅返回剩余的数据；如果字段是空的，则返回 Null。

每次后续的 GetChunk()方法调用总是从前一次调用结束的位置开始。但如果正从一个字段读取数据，然后又去操作当前记录的另一个字段的值，则 ADO 会认为这个字段的读取数据的操作已完成。此时，再对这个字段调用 GetChunk()方法，ADO 会认为是一个新的 GetChunk()方法调用，即重新从开始位置读起。

注意：

当 Field 对象的 Attribute 属性的 adFldLong 被置为 True 时，可在该字段上使用 GetChunk() 和 AppendChunk()方法。

10.4　认识 Errors 集合与 Error 对象

涉及 ADO 对象的操作可能产生一个或多个错误，这些错误都和数据提供者有关。每当错误发生时，就会有一个或多个 Error 对象被放置到 Connection 对象的 Errors 集合中。当另外一个 ADO 操作产生错误时，将清除 Errors 集合，并把新的 Error 对象集放到 Errors 集合内。

　　Errors 集合有一个 Count 属性，该属性用来指出 Errors 集合目前所包含的 Error 对象的个数。Errors 集合有一个 Item()方法，可以调用 Item()方法从 Errors 集合中获得某个具体的 Error 对象。Item()方法是 Errors 集合的默认方法，调用时可省略不写。此外，还可调用 Clear() 方法从 Errors 集合中清除所有的 Error 对象。Error 对象的属性及其相关说明，如表 10-9 所示。

表 10-9　Error 对象的属性及说明

属　　性	说　　明
Description	关于该项错误的描述文字
HelpContext	这是一个长整数，对应于产生错误对象的相关帮助主题
HelpFile	对应于产生错误的对象的相关帮助文件
NativeError	数据提供者所提供的针对错误的错误代码
Number	ADO 所产生的错误代码
Source	错误所产生的对象名称
SQLState	该属性是一个长度为 5 字节的字符串，包含按 SQL 标准所定义的错误

10.5　认识 Properties 集合与 Property 对象

　　Connection、Recordset、Field、Command 对象都有 Properties 集合，Properties 集合用来保存与这些对象有关的各个 Property 对象，Property 对象表示各个选项设置或其他没有被对象的固有属性处理的 ADO 对象特征。

　　ADO 对象一般包含两种类型的属性：一是固有属性，另一是动态属性。固有属性不是作为 Property 对象出现在 Properties 集合中。当创建新的 ADO 对象后，这些固有属性可立即使用。例如，可以用 Recordset 对象的 EOF 和 BOF 属性判断当前记录是否已到达边界。

　　动态属性是由后端数据提供者定义的，这些属性被放到 Properties 集合中。每个特定的 ADO 对象都有一个 Properties 集合。

　　Properties 集合有一个 Count 属性，用来指出 Properties 集合上有多少个 Property 对象。可以用 Item()方法从 Properties 集合中获得某个 Property 对象。Item()方法是 Properties 集合的默认方法，调用时可省略不写。如果要从数据提供者上取得 Properties 集合和扩展的属性信息，可以调用 Refresh()方法。

　　Property 对象的属性及其相关说明，如表 10-10 所示。

表 10-10　Property 对象的属性及说明

属　　性	说　　明
Attributes	指定何时和如何设定 Property 对象的值

(续表)

属　　性	说　　明
Name Property	指定 Property 对象的名称
Type Property	指定当前 Property 对象的值的数据类型
Value Property	设置 Property 对象的值

10.6　习　　题

10.6.1　填空题

1. Recordset 中的记录指针具有游标类型，它的默认值为＿＿＿＿＿＿＿。

2. ＿＿＿＿＿＿＿是针对数据库操作中并发事件的发生而提出的系统安全控制方式。

3. Fields 集合的＿＿＿＿＿＿＿属性返回记录集中字段(Field 对象)的个数，＿＿＿＿＿＿＿方法用于建立某一个 Field 对象。

10.6.2　选择题

1. Recordset 对象在使用前需要使用(　　)对象建立数据库的连接。

    A. Application   B. Connection

    C. Sever_OnStart   D. Session

2. 在 Recordset 对象创建完成之后，即可打开(　　)对象的内容。

    A. Application   B. Connection

    C. Recordset   D. Session

10.6.3　问答题

1. 在使用 INSERT 语句添加数据时需要注意哪些方面？

2. Recordset 对象使用 Connection 对象与数据库建立连接的操作步骤是什么？

10.6.4　操作题

1. 参考本章【例 10-1】的操作创建一个 ASP 查询页面。

2. 参考本章【例 10-2】的操作创建一个能够在数据库中添加记录的 ASP 页面。

第11章 ASP综合开发实例——
用户管理系统

教学目标

通过本章的实例讲解，读者应掌握利用 ASP 技术制作一个用户管理网页模块的方法。

教学重点与难点

- 验证码的实现方法
- MD5 加密算法
- 限制用户权限的方法
- 实现用户管理系统

　　许多网络应用系统中都包含用户管理功能，具备不同权限的用户在登录网站时可以执行的操作并不相同。例如，在网上论坛中，版主用户拥有可以删除其他所有用户帖子的权限，而一般用户只能发布、删除、修改自己的帖子。因此，用户在开发 ASP 动态网站时，需要设计与网站应用目标相符的用户管理模块。

11.1 功　能　描　述

　　专业的用户管理系统需要涉及安全性、有效性、合法性等多个方面的内容。下面将介绍一个系统要达到安全有效管理所需用到的相应技术，包括验证码技术、MD5 加密技术和客户端服务器验证技术等。

11.1.1 验证码技术简介

　　用户登录网站、发表评论时都需要输入相应的验证码。验证码就是将一个随机数字(或文字)显示在一幅图片上，并在图片上产生干扰因素。验证码能够防止网络攻击者利用编写的程序，自动注册或重复登录暴力破解密码的攻击行为。

1. 验证码的作用

　　对于动态网站而言，验证码非常重要，因为来自网络中的攻击者会使用各种攻击程序，注册大量的服务账户。攻击者可以使用这些账户为其他用户制造麻烦，例如，发送垃圾邮件或通过同时反复登录多个账户来延缓服务的速度。而在一般情况下，攻击者的自动注册程序不能识别验证码图片中的字符,验证码可以有效维护网站的正常用户注册与登录系统。

2. 验证码的实现流程

验证码的实现流程是：在服务器端随机生成验证码字符串，并保存在内存中，然后将该字符串写入图片，发送给浏览器端显示；在浏览器端，用户输入验证码图片上的字符串，然后提交服务器端，比较用户提交的字符串和服务器端保存的该验证码字符串是否一致，若一致则继续下一步，否则返回提示，如图 11-1 所示。

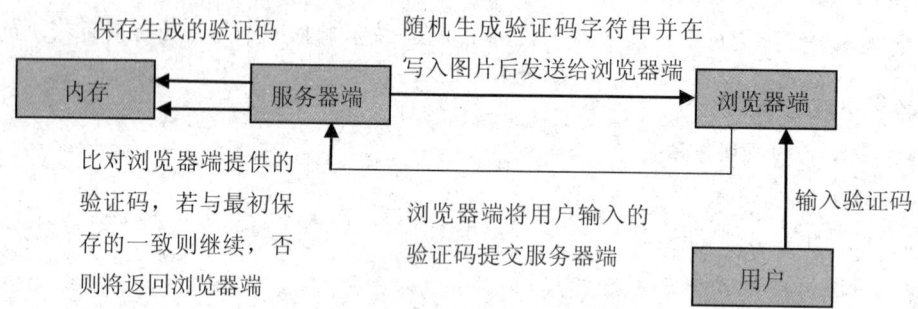

图 11-1　验证码的实现流程

注意：

一般情况下，攻击者编写的程序，很难识别验证码字符，从而顺利地完成自动注册、登录等操作，而用户则可以识别填写，因此验证码就实现了阻挡网络攻击的作用。

3. 验证码的程序原理

目前，流行的验证码实现原理如下。

- 服务器端文件名：SafeCode.asp。
- 生成随机码：SafeCode。
- 将随机码存入 Session("SafeCode")。
- 调用绘图函数或者直接写入二进制图片格式中，在内存中生成插入随机码的图片。
- 客户端文件名：Login.asp。

使用以下代码可以在客户端显示验证码：

```
<form name = form1 method = post cation = ChkSafeCode.asp>
    '定义文本域，并设置其类型(type)、名称(name)和大小(size)
    <input type = "text"name="confirm"size = 10><img src = "SafeCode.asp">
</form>
```

- 服务器端文件名：ChkSafeCode.asp。

使用 Request 对象的 Form()方法获得用户输入的验证码，比较用户输入的验证码与服务器端生成的验证码是否相当，若相当就继续执行下面的代码，若不相等则会显示相应提示内容，代码如下：

```
If Request.Form("confirm")＝Session("SafeCode")Then
…
Else
    Err ="验证码输入错误！"
End If
```

注意：

验证码的基本实现原理就是如上所示，其实就是验证码图片的生成与校验两个步骤。但是，为了加强验证码的防攻击作用，用户还需要在验证码图片中生成干扰元素。

4. 生成验证码图像

常见的 Web 开发服务器端技术中，很多都有绘图的应用程序接口(Application Program Interface，API)函数，使用这些函数生成图片非常简单。下面将介绍在 ASP 中不使用内置绘图函数来生成 BMP 格式验证码图片的方法。

一个 BMP 文件的格式大致分为 BITMAPFILEHEADER(图像文件头)、BITMAPINFOHEADER(图像信息头)、PALETTE(调色板)和 ImageDate(图像数据)4 部分。

定义图像文件头 BITMAPFILEHEADER(它是一个结构)的代码如下：

```
Typedef struct tagBITMAPFILEHEADER{
    WORD        bfType;
    DWORD       bfSize;
    WORD        bfReserved1;
    WORD        bfReserved2;
    DWORD       bfOffBits;
}BITMAPFILEHEADER
```

以上结构的长度是固定的，为 14 字节(WORD 为 2 字节，DWORD 为 4 字节)，其具体说明如下。

- bfType：指定文件类型，必须是 0x424D，即字符串 BM，也就是说所有.bmp 文件的头两个字节都是 BM。
- bfSize：指定文件大小，包括 14 字节。
- bfReserved1 与 bfReserved2：为保留字，无须考虑。
- bfOffBits：为从文件头到实际的图像数据的偏移字节数，也就是图像文件头、图像信息头和调色板的总长度。

定义图像信息头 BITMAPINFOHEADER(它也是一个结构)的代码如下：

```
Typedef struct tagBITMAPINFOHEADER{
```

```
    DWORD    biSize;
    LONG     biWidth;
    LONG     biHeight;
    WORD     biplanes;
    WORD     biBitCount;
    DWORD    biCompression;
    DWORD    biSizeImage;
    LONG     biXPelsPerMeter;
    LONG     biYPelsPerMeter;
    DWORD    biCkrUsed;
    DWORD    biClrImportant;
}BITMAPINFOHEADER
```

以上结构也是固定的，为 40 字节(WORD 为 2 字节，DWORD 为 4 字节，LONG 为 4 字节)，具体说明如下。

- biSize：指定该结构的程度，为 40 字节。
- biWidth：指定图像的宽度，其单位为像素。
- biHeight：指定图像的高度，其单位为像素。
- biplanes：必须为 1，无须考虑。
- biBitCount：指定表示颜色时要用到的位数，一般黑白图像为 1，256 色灰度图像为 8，真彩色图像为 24。
- biCompression：指定图像是否压缩。
- biSizeImage：指定实际的图像数据占用的字节数。
- biXPelsPerMeter：指定目标设备的水平分辨率，其单位是每米的像素个数。
- biYPelsPerMeter：指定目标设备的垂直分辨率，其单位是每米的像素个数。
- biCkrUsed：指定图像实际用到的颜色数，若该值为 0，则用到的颜色数为 2 的 biBitCount 次幂。
- biClrImportant：指定图像中重要的颜色数，若该值为 0，则认为所有的颜色都是重要的。

调色板(PALETTE)是一个数组，数组中的每个元素的类型是一个 RGBQUAD 结构，占 4 字节。定义调色板的代码如下：

```
Typedef struct tag RGBQUAD {
    BYTE rgbBlue;
    BYTE rgbGreen;
    BYTE rgbRed;
    BYTE rgbReserved;
}RGBQUAD;
```

以上结构的具体说明如下。

- rgbBlue：颜色的蓝色分量。
- rgbGreen：颜色的绿色分量。
- rgbRed：颜色的红色分量。
- rgbReserved：保留值。

注意：
有些图像需要调色板，而有些图像(如真彩色)，不需要调色板。

对于用到调色板的图像，图像数据就是该像素颜色在调色板数组中的下标值。对于真彩色，图像数据就是实际的 R、G、B 值。下面的内容中使用的是黑白 2 色图，因此调色板数组有两个元素：第一个元素的值可以表示为白，即 R 的值为 0，G 的值为 0，B 的值为 0；第二个元素的值表示为黑，即 R、G、B 的值都为 255。

要在网页或其他图像软件中查看 BMP 格式的图像，用户只需要将 BMP 文件的 4 个部分一次读出并输出在要显示的界面上即可。下面将介绍如何在图像上生成验证码。看下面 Letter 数组元素中 1 组成的图像，可以看出如果图像中将数组元素中 0 对应的像素设置为白色，1 对应的像素设置为黑色，则显示出的效果将是数字 0。

```
Letter(0) =  "00000000000000"
Letter(1) =  "00001111100000"
Letter(2) =  "00011111110000"
Letter(3) =  "00111000111000"
Letter(4) =  "00110000011100"
Letter(5) =  "01110000001100"
Letter(6) =  "01100000001110"
Letter(7) =  "01100000001110"
Letter(8) =  "11100000001110"
Letter(9) =  "11000000001110"
Letter(10) = "11000000001110"
Letter(11) = "11100000001110"
Letter(12) = "11100000001100"
Letter(13) = "11100000001100"
Letter(14) = "01100000001100"
Letter(15) = "01110000011100"
Letter(15) = "00111000011000"
Letter(16) = "00011111110000"
Letter(17) = "00001111100000"
Letter(18) = "00000000000000"
```

如果将其他要在验证码中显示的数字或字母都用这样的格式定义，然后依次在图像中显示，则验证码图像就生成了。下面来看一个具体的生成 BMP 格式的验证码的程序：

```
<%
    Call CreateSafeCode ()              '调用 CreateSafeCode()过程
    Sub CreateSafeCode ()              '定义 CreateSafeCode()过程
```

```
'AddHeader()方法用于增加带有一个要发送到客户应用程序的特殊的 HTTP 头
Response.AddHeader "Pragma","no-cache"
Response.AddHeader "cache-ctrol","no-cache"
'指定响应的 HTTP 内容类型为"Image/BMP"
Response.ContentType = "Image/BMP"
'生成随机数，因为 Rnd 生成一个小于 1 但大于或等于 0 的数，所以 8999*Rnd +1000 得到的
'随机数为一个四位数
Randomize timer
SafeCode = cint(8999*Rnd+1000)
'将 SafeCode 保存在 SessionCode("SafeCode")中
Session("SafeCode") = SafeCode
Dim Letter(10,20)                        '定义一个二维数组，保存字符数据
'要显示的字符"0"                            '要显示的字符"1"
Letter(0,0) = "0000000000000000"         Letter(1,0) = "0000000000000000"
Letter(0,1) = "0000111110000000"         Letter(1,1) = "0000000111000000"
Letter(0,2) = "0001111111000000"         Letter(1,2) = "0000000111000000"
Letter(0,3) = "0011100011100000"         Letter(1,3) = "0000001110000000"
Letter(0,4) = "0011000001110000"         Letter(1,4) = "0000001100000000"
Letter(0,5) = "0111000000110000"         Letter(1,5) = "0000001100000000"
Letter(0,6) = "0110000000111000"         Letter(1,6) = "0000001100000000"
Letter(0,7) = "0110000000111000"         Letter(1,7) = "0000011100000000"
Letter(0,8) = "1110000000111000"         Letter(1,8) = "0000011100000000"
Letter(0,9) = "1100000000111000"         Letter(1,9) = "0000011100000000"
Letter(0,10) = "1100000000111000"        Letter(1,10) = "0000011000000000"
Letter(0,11) = "1110000000111000"        Letter(1,11) = "0000011000000000"
Letter(0,12) = "1110000000110000"        Letter(1,12) = "0000011000000000"
Letter(0,13) = "1110000000110000"        Letter(1,13) = "0000011000000000"
Letter(0,14) = "0110000000110000"        Letter(1,14) = "0000011000000000"
Letter(0,15) = "0111000001110000"        Letter(1,15) = "0000011000000000"
Letter(0,15) = "0011100001100000"        Letter(1,16) = "0000011000000000"
Letter(0,16) = "0001111111000000"        Letter(1,17) = "0000001000000000"
Letter(0,17) = "0000111110000000"        Letter(1,18) = "0000000000000000"
Letter(0,18) = "0000000000000000"        Letter(1,19) = "0000000000000000"
Letter(0,19) = "0000000000000000"
```

以上面的代码为参考，依次编写显示 3、4、5、6、7、8、9 字符的代码后，编写以下代码：

```
'显示一个 8 位的灰度图
'输出图像文件头
Response.BinaryWrite ChrB(66) & ChrB(77) & ChrB(54) & ChrB(9) &_ChrB(0) & ChrB(0) & ChrB(0) &
ChrB(0) &_ChrB(0) & ChrB(0) & ChrB(54) & ChrB(4) & ChrB(0) & ChrB(0)
'输出图像信息头
Response.BinaryWrite ChrB(40) & ChrB(0) & ChrB(0) & ChrB(0) &_ChrB(64) & ChrB(0) & ChrB(0) &
ChrB(0) & ChrB(20) & ChrB(0) &_ ChrB(0) & ChrB(0) & ChrB(1) & ChrB(0) &ChrB(8) & ChrB(0) &
```

```
ChrB(0) &_ChrB(0) & ChrB(0) & ChrB(0) & ChrB(0) & ChrB(5) &_ ChrB(0) & ChrB(0) &_ChrB(18) &
ChrB(11) & ChrB(0) & ChrB(0) & ChrB(18) & ChrB(11) &_ ChrB(0) & ChrB(0) & ChrB(0) & ChrB(0) &
ChrB(0) & ChrB(0) & ChrB(0) &_ChrB(0) & ChrB(0) & ChrB(0)
'输出图像调色板
for i = 0 to 255
        Response.BinaryWrite ChrB(255−i) & ChrB(255−i) & ChrB(255−i) &_ChrB(0)
Next
        '输出图像数据
        For iTemp1 = 19 to 0 step−1                    '图像的每一行
            For iTemp2 = 1 to Len(SafeCode)      '图像上显示的每一个字
                For iTemp3 = 1 to 16    '每个字的每一个像素
                    '获得 SafeCode 第 iTemp2 个字符，保存在 SafeCodePer 中
                        SafeCodePer = Mid(SafeCode,iTemp2,1)
                    '从字符数据 Letter 数组中找到 SafeCodePer 对应的数组，例如 1 对应
                    '的数组为 Letter(1,0) 到 Letter(1,19),iTemp 指定具体的行
                        SafeCodeLetter = Letter(SafeCodePer,iTemp1)
                    '获得像素值
                        Pixel = Mid(SafeCodeLetter,iTemp3,1)*255
                        Response.BinaryWrite ChrB(pixel)
                Next
            Next
        next
    End Sub
%>
'验证码图片生成结果
'显示验证码的文件 ShowCode.asp：
<html>
    <head>
        <title>验证码生成</title>                    '设置网页标题
    </head>
    <body>
        <img src = checkcode.asp>                    '显示验证码图片
    </body>
</html>
```

运行以上代码后的效果，如图 11-2 所示。

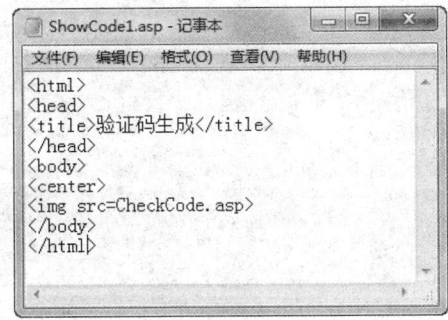

图 11-2　生成验证码

注意：

上面显示的是一幅 8 位灰度图像的验证码图片，该图片较简单，只是将定义的数字显示出来，若要增强验证码的安全性，用户还应在图像中增加干扰元素。

5. 验证码中干扰元素的加入

验证码虽然能够有效防止网络攻击者对用户注册与登录系统的破解，但它并不能完全排除破解的可能性。因此，要在图片中加入干扰元素，增加攻击者的破解难度。在实际应用中，干扰元素主要分为颜色干扰和验证码形状位置的干扰两类。用户可以将以下代码代替文件 checkcode.asp 中的下面两行代码，即可看到效果。

```
Pixel = Mid(SafeCodeLetter,iTemp3,1)*255
Response.BinaryWrite ChrB(Pixel)
```

● 在图片中加入杂点像素：

```
Pixel = Mid(SafeCodeLetter,iTemp3,1)*255
If Rnd*99 + 1<5 Then                    '5 为随机生成杂点的概率，可以修改
    Response.BinaryWrite ChrB(128)      '杂点的颜色为 128
Else
    Response.BinaryWrite ChrB(Pixel)
End If
```

● 背景颜色杂乱：

```
Pixel = Mid(SafeCodeLetter,iTemp3,1)*255
If Pixel = 0 Then
    Pixel = 250*Rnd        '随机生成的背景的颜色
End If
```

● 字符颜色区别：

```
Pixel = Mid(SafeCodeLetter,iTemp3,1)*255
If Pixel = 255 Then
    Pixel = Rnd *255      '随机生成的字符的颜色
End If
Response.BinaryWrite ChrB(Pixel)
```

● 杂点像素位置随机，颜色随机：

```
Pixel = Mid(SafeCodeLetter,iTemp3,1)*255
If Rnd*99 + 1<5 Then                     '5 为随机生成杂点的概率，可以修改
    color = Rnd*255                '随机生成的杂点的颜色
    Response.BinaryWrite ChrB(color)
Else
    Response.BinaryWrite ChrB(Pixel)
End If
```

注意:

还有许多其他的办法，例如字体改变、位置改变、长度改变等。本节将不再一一列举，总之是要做到颜色和形状位置的随机改变。

11.1.2　MD5 数据加密

网络中常见的动态网站都需要用户先注册，并在注册时提供例如电子邮件、账号、密码等信息。访问者在成为网站栏目的注册用户之后，才可以享受网站一些特殊栏目提供的信息或者服务，如免费电子邮件、论坛、聊天等。对于电子商务类网站(如淘宝、京东等)，用户需要购买商品，就一定需要详细而准确地注册，而这些信息，往往是用户很隐秘的信息，比如电话、电子邮件、地址等，因此，注册信息对于用户和网站都是很重要的资源，不能随意透露，更加不能存在安全上的隐患。

若用户要利用 ASP 设计一个需要用户注册的网站，根据现在的常用技术实现方法，可以在数据库中建立一个用于存放用户信息的表，该表中至少包括用户账号字段 UserAccount 和用户密码字段 Password(当然，实际应用中一个用户信息表不可能就只有这些信息，往往会根据网站服务要求，适当增加一些其他信息，以方便网站提供更加完善的服务)。一般情况下，一个用户信息占用这个用户信息表的一行，也就是一个数据记录，当用户登录或者提交资料的时候，程序将用户填写的信息与表中的信息对照，如果用户账号和密码都准确无误，那么说明这个用户是合法用户，通过注册；反之，则是非法用户，不许通过。

然而，这样并没有达到安全的要求。因为保存在数据库中的用户资料没有进行任何的保密措施，对于一些文件型数据库，如 Access 等，如果有人得到该文件，那么所有的资料都会泄露。更加重要的是，如果一个不负责任的网管，不需要任何技术手段，就可以查看网站中的任何资料。所以，为了增加安全性，有必要对数据库中的资料进行加密，这样，即使有人得到整个数据库，如果没有解密算法，也一样不能查看数据库中的用户信息。

目前，有单向加密和双向加密两种加密方式可以供用户选择。双向加密是加密算法中最常用的，它将可以直接理解的明文数据加密为不可直接理解的密文数据，然后，在需要的时候，可以使用一定的算法将这些加密以后的密文解密为原来可以理解的明文。双向加密适合于隐秘通信，例如用户在网上购物时，需要向网站提交信用卡密码，用户当然不希望自己的数据直接在网上明文传送，因为这样很可能被别的用户"窃听"，用户希望自己的信用卡密码是通过加密以后，再在网络传送，因此网站接收到用户的数据以后，通过解密算法就可以得到准确的信用卡账号。

单向加密刚好相反，只能对数据进行加密，也就是说，没有办法对加密以后的数据进行解密。单向加密一般用于数据库中用户信息的加密。当用户创建一个新的账号或者密码时，他的信息不是直接保存到数据库中，而是经过一次加密以后再保存，这样，即使这些信息被泄露，也不能立即理解这些信息的真正含义。

MD5 就是采用单向加密的加密算法。MD5 的全称是 Message-Digest Algorithm 5，在 20 世纪 90 年代初由 MIT 的计算机科学实验室和 RSA Data Security Inc 发明，经 MD2、MD3 和 MD4 发展而来。

现在许多网站上都使用 MD5 对用户保存在数据库中的信息进行加密。这主要是因为 MD5 具有以下几个很重要的特性：

- 任意两段明文数据，使用 MD5 加密以后的密文不相同。
- 任意一段明文数据，经过 MD5 加密以后，其结果永远不变。
- 使用 MD5 加密的数据破解非常不容易。

注意：

现在网上 MD5 的 ASP 加密程序非常多，而且大部分都已经模块化，用户可以把这些程序放到自己的文件夹下，然后直接引用即可，这里将不再具体列出。

11.1.3　表单验证的实现

在 ASP 应用程序中，表单是用来提交用户输入信息的重要元素，例如用户登录或注册时，需要输入用户名和密码。要保证用户输入信息的合法性，就需要设计者在设计 ASP 程序时，对用户提交的表单信息进行验证。实现表单的验证是开发 Web 应用程序过程中，经常会遇到的问题。用户可以通过设定，验证表单的某些项是否填写，适用于何种填写规则以及是否指定填写位数等。表单的验证一般分为客户端验证与服务器验证两种，下面将分别进行介绍。

1. 客户端验证

所谓客户端验证指的是通过编写 JavaScript 或 VBScript 的表单验证函数，在浏览器客户端实现表单验证的效果，此类验证方式一般采用警告框的形式，填制表单的用户可以根据提示的内容快速完成表单内容的填写。客户端验证方式的优点是：能够为用户提供方便、快速的反馈，使应用程序立刻作出响应，给人一种运行本机桌面应用程序的错觉，它能节省用户的时间并减少服务器端的访问次数。其缺点是：使用客户端验证要求用户的浏览器必须支持 JavaScript 或 VBScript 脚本，而且客户端验证的安全性较低：

用户可以参考下面的 Check()过程在 Web 程序中实现客户端验证(代码检查用户是否输入用户名和密码，如果没有输入将显示相应的提示内容)：

```
<script language = "VBScript">                      'language 指定设置编程语言
function Check()
    If document.MyForm.UserName.value =" " Then     '用户名为空
        window.alert("用户名不能为空！")             '给出提示
        return false
```

```
            End If
            If document.MyForm.UserPwd.value =" " Then        '密码为空
                    window.alert("密码不能为空！")
                    return false
            End If
            return true
        End Function
    </script>
```

2. 服务器端验证

所谓服务器端验证指的是表单提交后，使用 ASP 对象 Request 的 Form()方法读取从表单传递过来的数据进行验证，然后将结果返回客户端，这个验证过程是在服务器端进行的。以下代码可以实现服务器端验证：

```
<%
    UserName = Trim(Request.form("UserName"))        '读取从表单传递过来的身份数据
    UserPwd = Request.form("UserPwd")
    if UserName = " " or UserPwd = " " then           '用户名或密码为空
        Errmsg = "请输入用户名和密码"
        '给出提示，并返回前一个页面
        Response.Write "<script>alert(' "&Errmsg&" ');history.back();</script>"
        Response.End
    End If
%>
```

注意：

服务器端验证的兼容性较好，并且能够提供真正应用程序级的安全，是构建安全 Web 应用程序必需的，不管在客户端输入的是什么数据，它可以确保客户端传到服务器的所有数据都是有效的。但是服务器端验证速度比较慢，需要将数据提交到服务器端，然后再返回，使用不方便。因此，在 Web 应用程序开发中，一般是将客户端验证和服务器端验证结合起来，利用二者的优点，尽量提高 Web 应用程序的安全性。

11.1.4　检测表单内容的合法性

用户在设定表单提交规则时，可以根据 ASP 动态网站的需求，要求填写表单的用户输入一定长度的用户名、密码或 E-mail 等。网站对用户名(或密码)长度的检测与电子邮件格式合法性的检查，属于表单内容合法性的检测范畴之内。除此之外，表单内容的合法性检测还包括输入信息是否包含某些字符、是否为数字或是否为字母等。

1. 不允许包含指定字符的检测

用户可以参考以下代码，检测表单内容，并设定不允许表单填写者在填写表单时，提交指定的一部分字符(非法字符):

```
<%
    Function Validate(str)                    'str 为要检测的字符串
        Validate = True                       '初始化
        invalid = " "                         '非法字符为空，也可以写为其他字符
        if  InStr(str,invalid)>0 Then         'str 字符串中存在 invalid 字符
            Validate = False
        End If
    End Function
%>
```

2. 电子邮件格式的合法性检测

用户可以参考以下代码，检测表单提交者提交的 E-mail 格式是否正确:

```
<%
Function IsValidEmail(email)                              '定义过程
    Dim names, name, i, c
    IsValidEmail = TRUE                                   '初始化
    '使用@字符将 email 字符串分成几个子字符串并保存在 names 数组中
    names = Split(email, "@")
    'Ubound()函数返回数组 names 的最大下标，Ubound(names)<>1 表明 email 字符串中存在的@字符
    '并不是一个，所以 email 不是有效的邮件地址格式
    If UBound(names) <> 1 Then
        IsValidEmail = FALSE
        Exit Function                                     '跳出 Function 过程
    End If
    For Each name in names                                '数组 names 中的每一个元素
        If Len(name) <= 0 Then                            '字符串 name 内字符的数目
            IsValidEmail = FALSE
            Exit Function                                 '跳出 Function 过程
        End If
        For i = 1 To Len(name)                            'For 循环
        'Mid(name,i,1) 返回字符串 name 内第 i 个字符，LCase()函数将该字符转换成小写形式
        c = LCase(Mid(name, i, 1))
        'InStr()函数返回某字符串在另一个字符串中第一次出现的位置
        'InStr("abcdefghijklmnopqrstuvwxyz_-.", c) <= 0 表明字符 c 不在字符串
            "abcdefghijklmnopqrstuvwxyz_-."中
        'IsNumeric(c)判断字符 c 是否为数字
        If InStr("abcdefghijklmnopqrstuvwxyz_-.", c) <= 0 _
            AND NOT IsNumeric(c) Then                     '不支持中文格式地址
            IsValidEmail = FALSE
            Exit Function                                 '跳出 Function 过程
        End If
        Next                                              '结束 For to 循环
```

```
            'left(name,1)返回字符串 name 最左边一个字符
            'Right(name,1)返回字符串 name 最右边一个字符
        If Left(name, 1) = "." or Right(name, 1) = "." Then
            IsValidEmail = FALSE
            Exit Function                              '跳出 Function 过程
        End If
        Next                                           '结束 For each 循环
        'email 字符串中@右边部分不包含字符"."
        If InStr(names(1), ".") <= 0 Then
            IsValidEmail = FALSE
            Exit Function
    End If
    'InStrRev()函数返回某字符串在另一个字符串中出现的从结尾计起的位置
    'InStrRev(names(1), ".")得到字符"."在字符串 names(1)中从结尾计起的位置
    i = Len(names(1))–InStrRev(names(1), ".")
    '电子邮件最后一般为 cn 或 com，长度为 2 或 3
    If i <> 2 AND i <> 3 Then
        IsValidEmail = FALSE
        Exit Function
    End If
    If InStr(email, "..") > 0 Then                     'email 中存在字符串".."
        IsValidEmail = FALSE
    End If
  End Function
%>
```

3. 表单内容只能输入字母的检测

用户可以参考以下代码，检测表单内容，并设定表单的一部分相关内容只能输入英文字母：

```
<%
    Function CheckLetter(str)                          'str 为要检测的字符串
        CheckLetter = True                             '初始化
        Letters = "ABCDEFGHIJKLMNOPQRSTUVWXYZ"         '初始化
        for i=1 to len(str)                            'len()函数返回字符串长度
            checkchar = UCase(Mid(str,i,1))
            'Mid(str,i,1) 函数返回字符串 str 第 i 个字符，UCase()函数将该字符转换为大写形式
            If (InStr(Letters,checkchar)<=0) Then 'checkchar 在 Letters 中不存在
                CheckLetter = False
                Exit Function                          '跳出 Function 过程
            End If
        Next        '结束 For 循环
    End Function
%>
```

11.2 用户管理系统简介

本节将介绍使用验证码技术与 MD5 加密技术实现一个相对安全的用户管理系统及与该系统配套的一个用户登录程序。设计一个 ASP 网站的用户管理系统，并且能够实现根据登录用户的身份，赋予用户不同的管理权限的功能。

用户管理系统设置一个默认的"系统管理员"，由网站设计人员添加到数据库中，并赋予其以下权限：

- 管理员登录。
- 密码修改。
- 普通权限用户添加。
- 普通权限用户信息修改。
- 普通权限用户删除。
- 退出登录。

用户管理系统赋予普通用户以下权限：

- 普通用户登录。
- 修改个人密码。
- 退出登录。

另外，用户管理系统还能够检测用户输入信息的合法性。

综上所述，用户管理系统所要实现的功能及各功能相互之间的关系，如图 11-3 所示。

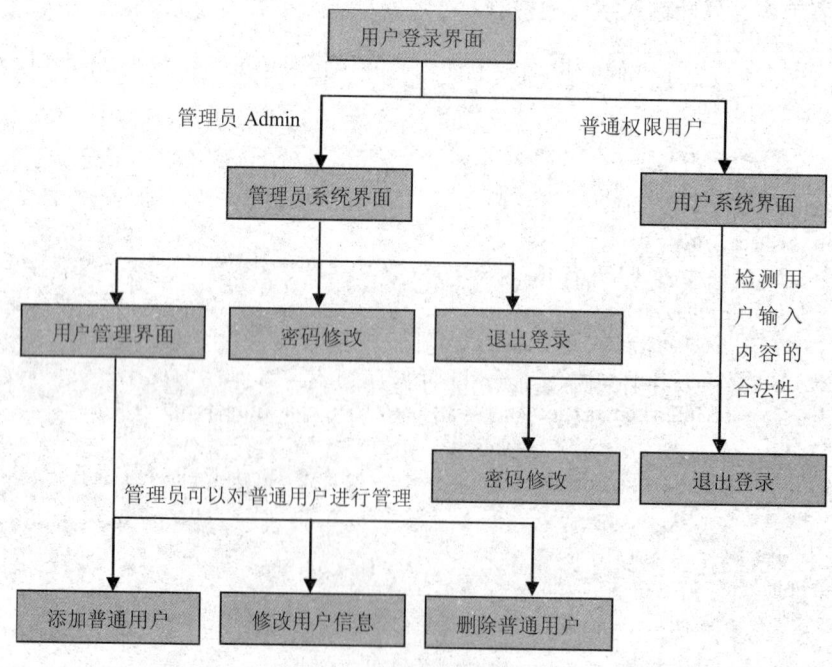

图 11-3   系统功能结构图

11.2.1　数据库设计

本节实例所介绍的用户管理系统采用 Access 数据库。由系统的结构可以看出，本系统只使用一个 Users 数据表即可，如表 11-1 所示。

表 11-1　数据表结构

字　段	字 段 类 型	主 关 键 字	说　明
ID	自动编号	*	编号
UserName	文本	—	用户的登录名称
UserPwd	文本	—	用户的登录密码
Ename	文本	—	用户姓名
E-mail	文本	—	用户的电子邮箱

11.2.2　系统文件简介

通过系统功能结构图可以看出，本节实例将主要由以下文件组成。

- ChkPwd.asp 文件：该文件要求用户输入用户名、密码和验证码，完成用户登录。
- index.asp 文件：该文件为系统主界面文件，根据用户的权限显示不同的操作。
- UserList.asp 文件：该文件为已添加用户显示文件。在该文件中，还可以添加用户、修改或删除已添加用户。
- UserAdd.asp 文件：该文件完成用户的添加。
- UserEdit.asp 文件：该文件完成已添加用户的信息修改。
- UserSave.asp 文件：该文件完成用户添加和用户信息修改时的数据保存工作。
- UserDel.asp 文件：该文件完成用户的删除。
- PwdChange.asp 文件：该文件完成用户密码的修改。
- SavePwd.asp 文件：该文件完成用户新密码在数据库中的保存。
- Logout.asp 文件：该文件为用户退出登录文件。
- 公共文件：包括 conn.asp 文件(完成与数据库的连接)、md5.asp 文件(完成用户密码的加密)以及 procedure.asp 文件(该文件中包含邮件地址格式确认和用户名是否在数据库中已存在这两个过程)。

注意：

在用户管理系统中，除了以上几个主要文件外，还包括 function.asp、safecode.asp、canvas.asp 和 font.asp 文件，这 4 个文件完成用户登录时验证码的生成与显示。

11.3　设计用户管理系统

一个最基本的用户管理系统，包括用户注册模块、用户登录模块、系统主界面、用户管理模块、添加用户模块(管理员)、修改用户模块(管理员)、删除用户模块(管理员)以及退出用户模块等部分。下面将根据本章实例的要求，逐步介绍设计用户管理系统所设计的各模块页面的方法与步骤。

11.3.1　系统主界面

本节实例所介绍的用户管理系统的主界面(Index.asp 文件)，如图 11-4 所示。

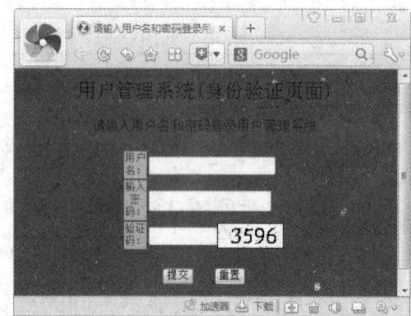
输入用户名和密码

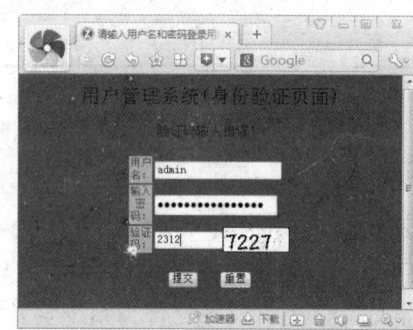
显示输入错误

图 11-4　用户管理系统主界面

Index.asp 文件的代码如下：

```
<!--#include file = "ChkPwd.asp" -->
<h2 align = "center" >用户管理及用户登录系统</h2>            '定义文章题目
<hr>
<center>
<script language = "VBScript" >
    Function newwin(url)                                    '定义 newwin()过程
    '使用 window 的 open()方法打开一个窗口，该窗口指定大小，并且大小可变
    '该窗口没有状态栏。'地址栏、菜单和 '工具栏，窗口中显示的内容由 url 指定
    newwin = window.open (url, " newwin ","toolbar = no,location = no,_
            directories = no,status = no,menubar = no,scrollbars = yes,_
            resizable = yes,width = 400,height = 380")
    newwin.focus()
    return false
End Function
</script>
<%
'如果登录成功，则根据用户名称决定显示内容
```

```
If Session("Passed" ) = True Then
    'Session("UserName")中为当前登录用户的用户名
    response.write("登录成功, "&Session("UserName")&",_欢迎光临<br><br><br><center>")
    if session("UserName") = "Admin" then                        '当前登录用户为 Admin
        Response.write("<a href = UserList.asp>用户管理</a>| _
        <a href = pwdchange.asp?UserId="&Session("Id")&" _
        onclick = " "return newwin(this.href)" ">修改密码_</a>|
        <a href = logout.asp>退出登录</a>")
    else                                                '当前登录用户为普通用户
        response.write("<a href = pwdchange.asp?UserId="&Session("Id")&" _
        onclick = " "return newwin(this.href)" ">修改密码_</a>|
    <a href = logout.asp>退出登录</a>")
    end if
end if
%>
</body>
</html>
```

以上程序代码的运行过程如下所示。

(1) 使用代码<!--#include file = "ChkPwd.asp"-->防止未经登录的用户打开该网页。

(2) 若用户登录成功(即 Session("Passed") = True)，则显示欢迎信息，并根据用户名判断用户的权限，显示不同的用户界面。

11.3.2　用户注册模块

用户注册模块一般由客户端用户填写部分与服务器端表单验证部分两部分组成。本例中，用户注册模块的客户端部分由 register.asp 文件实现，其界面如图 11-5 所示。

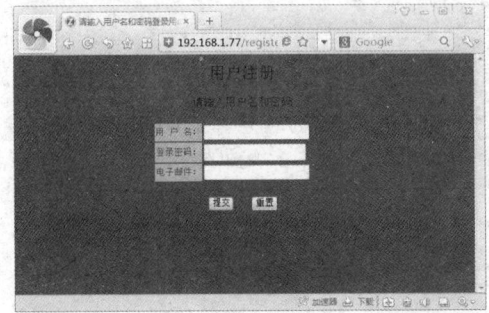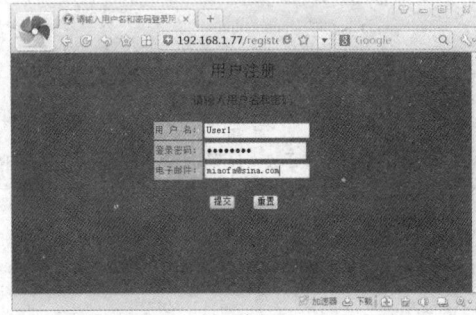

图 11-5　用户注册界面

register.asp 文件界面包含一个表单 MyForm，该表单的定义如下。

(1) 当用户输入信息，单击"提交"按钮后，表单提交的数据将在 verify.asp 文件中进行处理。

(2) 在 verify.asp 文件中，首先判断用户名、密码和电子邮件是否填写，然后判断三者的格式是否正确，如果不正确将返回到注册页面，正确会提示用户输入正确。

verify.asp 文件的表单处理代码如下：

```
<%
UserName = Trim(Request.form("UserName"))           '读取从表单传递来的用户名数据
UserPwd = Request("UserPwd")                        '读取从表单传递来的用户密码数据
Email = Request.Form("Email")
'用户输入的信息至少有一项为空
If UserName = " "or UserPwd = " "or Email = "" then
    '提示用户，并返回到用户注册页面
    Response.Write"<script>alert('未填写完全！');history.back();</script>"
    Response.End
ElseIf Not CheckLetter(UserName)Then                '输入的用户名存在非法字符
    '提示用户，并返回到用户注册页面
    Response.Write"<script>alert('输入的用户名没有全部是大写或小写字母！');_
    history.back();</script>"
    Response.End
ElseIf Not IsNumeric(UserPwd)Then                   '输入的密码为非数字
    Response.Write"<script>alert('输入的密码为非数字！'); history.back();</script>"
    Response.End
ElseIf Not IsValidEmail(Email)Then                  '输入的电子邮件格式不正确
    '提示用户，并返回用户注册页面
    Response.Write"<script>alert('输入的电子邮件地址格式不正确！');history.back();</script>"
    Response.End
Else
    Response.Write"<center>输入正确！"
End If
%>
```

注意：

以上包含两个过程，即 CheckLetter()过程和 IsValidEmail()过程。CheckLetter()过程检查输入的用户名是否全是字母，IsValidEmail()过程检查输入的电子邮件格式是否正确。

11.3.3　用户登录模块

用户登录模块是用户在登录网站时，用户管理系统首先显示的页面。本例中用户登录模块由 ChkPwd.asp 文件实现，其界面如图 11-6 所示。在 ChkPwd.asp 文件中，为了保证用户登录后，不再重复显示登录窗口，设置了一个 Session 变量 Passed。如果 Session(Passed) = True，表示用户已经登录成功；反之，若 Session(Passed) = False，表示用户还没有登录，则显示用户登录窗口。

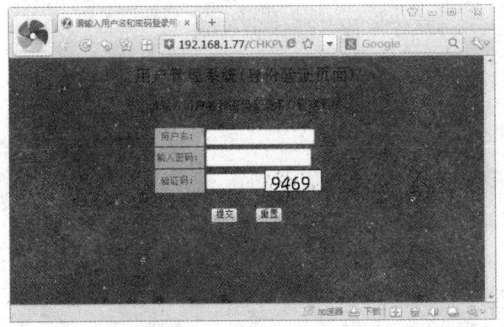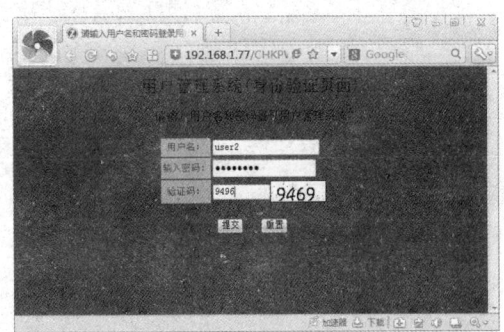

图 11-6　用户登录界面

ChkPwd.asp 文件的界面上包含表单 MyForm，该表单用于输入用户名、密码和验证码，其定义语句如下：

```
'request.servervariable("PATH_INFO")获得该文件的虚拟路径
'ChkFields()过程检查
'用户名、密码和验证码是否输入
<form method = "post" action ="<%=request.servervariables("PATH_INFO")%>"_
name = "MyForm" onsubmit = "return ChkFields()">
```

在用户登录界面表单内，定义输入用户名的文本域名称为 UserName，输入密码的文本域名称为 UserPwd，输入验证码的文本域名称为 confirm。程序运行时，调用 function.asp 文件中的 GetSafeCode()过程生成并在页面上显示验证码图片。由上面的定义语句可以看出，表单被提交后，将首先使用 ChkFields()过程检查用户是否输入完全，然后再将表单数据提交到该文件中处理。

ChkPwd.asp 文件的代码如下：

```
<!--#include file = "conn.asp"-->
<!--#include file = "md5.asp"-->
<!--#include file = "function.asp"-->
<%
    '如果尚未定义 Passed 对象，则将其定位为 false，表示没有通过身份认证
    if IsEmpty(Session("Passed")) then
        Session("Passed") = False
    End if
    '如果 Session("Passed") = False，表示没有通过身份认证
    if Session("Passed") = False then
        '读取从表单传递过来的身份数据
        UserName = Trim(Request.form("UserName"))
        UserPwd = Request.form("UserPwd")
        if UserName = " " or UserPwd = " " then          '用户名或密码没有输入
            Errmsg = "请输入用户名和密码"                  '错误信息
        Else
```

```
'IsNumeric()函数判断是否为数字
If not IsNumeric(Request.Form("confirm")) Then
Response.Write "<script>alert('你输入的验证码为非数字！'); </script>"
Response.End
End If
'判断程序生成的验证码与用户输入的验证码是否一致，如果一致，则执行下面的代码
If (int(Session("SafeCode"))=int(Request.Form("confirm"))) Then
    '创建 RecordSet 对象
    set rs = server.createobject("adodb.recordset")
    '从数据库中查找 UserName 列的值为 UserName 的记录
    sql = "Select * from users where UserName = ' "&UserName&" ' "
    rs.open sql,conn,1,3                              '执行查找操作
    if rs.EOF then                                    '不存在满足条件的记录
      Errmsg = "用户不存在"                            '错误信息
      conn.Close                                      '关闭数据库连接
      Set conn = nothing
    Else
        '用户输入的密码错误
        if md5(UserPwd)<>rs.Fields("UserPwd") then
          Errmsg = "密码不正确"
          conn.Close                                  '关闭数据库连接
          Set conn = nothing
        else                                          '用户登录成功
          Errmsg = " "
          '将 Session 变量 Passed 置为 True，表示用户通过身份认证
          Session("Passed") = True
          '将当前登录的用户名保存在 Session 变量 UserName 中
          Session("UserName") = rs.Fields("UserName")
          '将当前登录用户的 id 保存在 Session 变量 Id 中
          Session("Id") = rs.Fields("Id")
        end if
    end if
    Else
        '程序生成的验证码与用户输入的验证码不一致
        Errmsg = "验证码输入错误！"
    End If
  end if
end if
if Not Session("Passed") then                         '用户没有通过身份认证
%>
<html>
  <head>
      <title>输入用户名和密码</title>                    '设置网页标题
  </head>
```

```
<body>
<script language = "VBScript">
        function ChkFields()                                    '定义过程，检查用户输入情况
            If document.MyForm.UserName.value =" " Then        '用户名没有输入
                window.alert("输入用户名！")                    '给出提示
                return false
            End If
            If document.MyForm.UserPwd.value =" " Then '用户密码没有输入
                window.alert("输入密码！")                      '给出提示
                return false
            End If
            If document.MyForm.confirm.value = " " Then  '验证码没有输入
                window.alert("输入验证码！")                    '给出提示
                return false
            End If
            return true
        End Function
</script>
<p align = "center"><font color = "#0000ff" size = 5 >用户登录模块</font></p>
<p align = "center"><font color = "#800000">
<%=Errmsg%>                                                '显示错误信息
</font></p>
'生成表单，并设置其信息传递的方式(method)、动作(action)、名称(name)和提交处理(onsubmit)
<form method = "post" action ="<%=request.servervariables_
("PATH_INFO")%>" name = "MyForm" onsubmit = "return ChkFields()">
<center>
'生成表格
<table border="0" width="40%">
<tr>
<td width="27%" bgcolor="# ffffff " align="center">
<font size="2">用户名：</font>
</td>
<td width="73%">
'生成文本域，并定义其类型(type)、名称(name)和大小(size)，该文本域用于输入用户名
<input type = "text" name = "UserName" size = 20>
</td>
</tr>
<tr>
<td width="27%" bgcolor=" ffffff " align="center">
<font size="2">密   码：</font>
</td>
<td width="73%">
'生成文本域，并定义其类型(type)、名称(name)和大小(size)，该文本域用于'输入用户登录密码
<input type = "password" name = "UserPwd" size = 20>
```

```
</td>
</tr>
<tr>
<td width="27%" bgcolor="# ffffff " align="center"><font size="2">验证码：</font>
</td>
<td width="73%">
'生成文本域，并定义其类型(type)、名称(name)和大小(size)，该文本域用于输入验证码
<input type = "text" name = "confirm" size = 10>
<%call GetSafeCode()%>
</td>
</tr>
</table>
<p align = "center">
'生成按钮
<input type = "submit" value = "提交" name = "B1">  
<input type = "reset" value = "重置" name = "B2"></p>
</form>
<p align = "center"></p>
</body>
</html>
<%
    response.end
    End if
%>
```

以上程序代码的运行过程如下所示。

(1) 使用代码<!--#include file = "conn.asp"-->连接数据库。

(2) 使用代码<!--#include file = "md5.asp"-->包含文件 md5.asp，定义了 md5()过程。

(3) 使用代码<!--#include file = "function.asp"-->包含文件 function.asp，定义了 GetSafeCode()过程。

(4) 判断 Session(Passed)的值，如果为空，表示第一次登录，则将其设置为 False，表示尚未登录。

(5) 如果 Session(Passed) = False，表示没有登录，因此需要进行身份认证。

(6) 从表单 MyForm 中读取用户名和密码数据到变量 UserName 和 UserPwd 中。若 UserName 和 UserPwd 为空，则使用 HTML 代码生成登录界面，要求用户输入用户名和密码登录。

(7) 如果 UserName 和 UserPwd 不为空，则首先判断用户输入的验证码是否为数字、是否正确。

为了防止未登录的用户进入指定的网页，用户可以在具有权限控制的网页开始部分添加以下代码：

```
<!--#include file = "ChkPwd.asp"-->
```

这样每次打开网页时，都会首先执行 ChkPwd.asp 文件。在 ChkPwd.asp 文件中，会先判断 Session 变量 Passed 的值，如果为 True，则不执行任何操作，直接进入指定的页面。如果为 False，则表示当前用户没有经过身份认证，此时 ChkPwd.asp 将显示登录界面，要求用户登录。

注意：

使用以上方法，用户就不需要在其他的网页中编写判断用户是否登录的代码了。

11.3.4　限制一般用户权限

用户管理系统的作用不仅要通过 ChkPwd.asp 文件防止未登录的网络用户访问网站的特定页面，还需要防止已登录的一般用户访问用户权限以外的网站页面(如管理员页面)。因此，在设计用户管理系统时，用户需要通过设定限制一般用户的权限，具体代码如下：

```
<%
    'Session("UserName")中为用户登录时输入的用户名。用户名不是 Admin

    If Session("UserName") <> "Admin" Then
         '给出提示，并返回到前一个页面
         Response.Write "<script>alert('非系统管理员，没有此权限！'); history.back()</script>"
    Else
    …                                           '用户名是 Admin，则显示相应的网页
    End If
%>
```

注意：

使用以上代码，当登录的用户在 IE 浏览器中打开包含上述代码的文件时，会首先检查 Session("UserName")中的值是否为 Admin，若发现不是，则提示用户"非系统管理员，没有此权限"，然后返回到前一个页面。

11.3.5　用户管理模块

用户管理模块的作用是为管理员提供一个管理用户的界面，本节实例所介绍的用户管理模块界面，如图 11-7 所示。

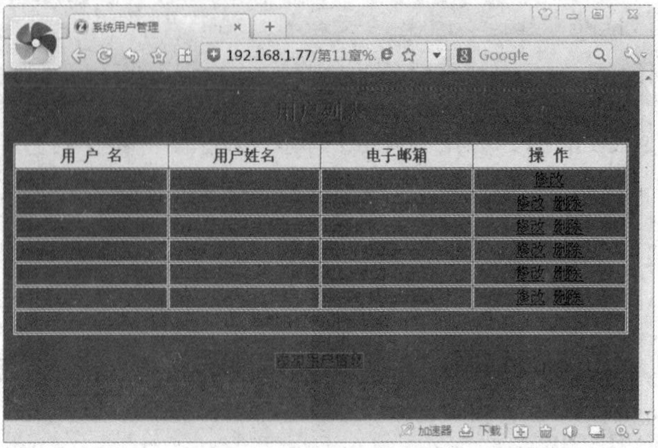

图 11-7　用户管理界面

在用户管理界面中，用户可以通过单击"用户管理"超链接，将打开 UserList.asp 文件。在该文件的用户列表中，列出了数据库中所有的用户记录。每条记录包括用户名、用户姓名、电子邮箱和修改、删除操作。在用户列表的下面，有一个"添加用户信息"超链接。用户管理模块的具体代码如下：

```
<!--#include file= "ChkPwd.asp"-->
<%
    If Session("UserName") <> "Admin" Then '登录的用户不是 Admin,'给出提示，并返回前一页
        Response.Write "<script>alert('您不是系统管理员，没有此权限！'); history.back()</script>"
        Session("Passed") = False
    Else
%>
<html>
<head>
<title>系统用户管理</title>                              '设置网页标题
<script language = "vbscript">
Function newwin(url)                              '定义 newwin()过程
    '使用 window 的 open()方法打开一个窗口，该窗口指定大小，并且大小可变，没有状态栏、
            地址栏、菜单和工具栏，窗口中显示的内容由 url 指定
    newwin = window.open(url,"newwin","toolbar=no,location=no,_
    directories=no,status=no,menubar=no,scrollbars=yes,_
    resizable=yes,width=400,height=380")
    newwin.focus()
    return false
End Function
</script>
</head>

<body link = #000080 vlink = #008080>
<h3></h3>
<h2 align=center>用户列表</h2>
```

```
<table width = 90% align = center cellspacing = 1 cellpadding = 2 border=1_
bordercolor=#808080 bordercolordark=#FFFFFF bordercolorlight=#E1F5FF>
<tr>
<td align=center width=20% bgcolor=#E1F5FF><b>用　户　名</b></td>
<td align=center width=20% bgcolor=#E1F5FF><b>用户姓名</b></td>
<td align=center width=20% bgcolor=#E1F5FF><b>电子邮箱</b></td>
<td align=center width=20% bgcolor=#E1F5FF><b>操　　作</b></td>
</tr>
<%
   '定义 RecordSet 对象
   Set rs = Server.CreateObject("ADODB.RecordSet")
   rs.Open "Select * from Users Order by Id",conn,1,3
   rCount = rs.RecordCount
   '循环显示所有的用户数据，同时画出表格
   Do While Not rs.EOF
%>
<tr>
<td><%=rs("UserName")%></td>                     '用户名
<td><%=rs("Ename")%></td>                        '用户姓名
<td><%=rs("Email")%></td>                        '用户 Email
<td align=center>
'建立到用户修改的超链接
<a href=UserEdit.asp?userid=<%=rs("Id")%>_
onclick="return newwin(this.href)">修改</a>
<%If rs("UserName")<>"Admin" Then%>              '用户名不是"Admin"
'建立到用户删除的超链接
<a href=UserDel.asp?userid=<%=rs("Id")%>_
onclick="return newwin(this.href)">删除</a></td>
<%End If%>
</tr>
<%
   rs.MoveNext                                   '指向下一条记录
   Loop
   If rCount=0 Then                              '没有用户记录
     Response.Write("<tr align=center><td colspan=6_
         <font color=red>目前没有用户记录</font></td></tr>")
   Else                                          '存在用户记录
     Response.Write("<tr align=center><td colspan=6_
         <font color=red>当前共有"&Trim(rCount)&"条用户记录</font></td></tr>")
   End If
%>
</table>
<br>                                             '换行
'添加用户信息的超链接
```

```
<p align=center><a href=UserAdd.asp>添加用户信息</a></p>
</body>
</html>
<%
    End If
%>
```

以上程序代码的运行过程如下所示。

(1) 使用<!--#include file= "ChkPwd.asp"-->防止未经登录的用户打开该网页。

(2) 判断用户是否是系统管理员 Admin，如果不是，将给出提示，并返回到前一页。如果是，显示该页。

(3) 使用 HTML 代码画出表头，包括用户名、用户姓名、电子邮箱和操作。

(4) 读取数据库中所有用户的记录。

(5) 使用 Do While 语句依次读取用户数据，并以表格的形式显示出来。在表格每一行的最后单元格中显示对本行用户记录的操作，包括"修改"和"删除"。如果用户名为 Admin，则只有"修改"操作。

(6) 使用 rs.RecordCount 读取记录数量，并显示在表格的下面。

(7) 建立"添加用户信息"超级链接，链接到 UserAdd.asp 文件。

注意：

在用户管理模块的文件代码中，定义了一个 newwin()过程，它能够生成并打开一个指定样式、指定大小的窗口，并在该窗口中显示指定的界面内容。

11.3.6　添加用户模块

添加用户模块的作用是在用户管理界面 UserList.asp 中提供一个可以允许管理员添加用户的界面(由 UserAdd.asp 文件实现)，本节实例所介绍的添加用户模块界面，如图 11-8 所示。

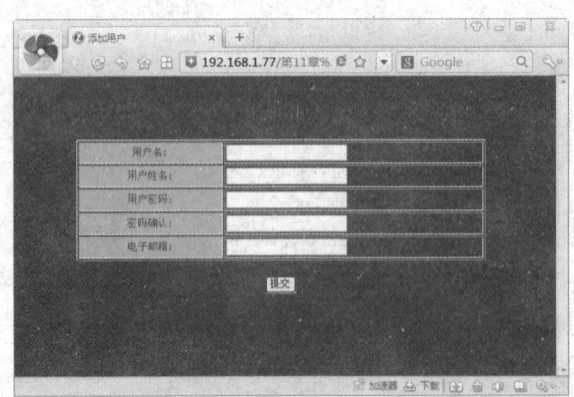

图 11-8　添加用户界面

　　在 UserAdd.asp 文件中，包含表单 myform，用于填写用户信息，该表单的定义语句如下所示：

```
<form method = "post" action = "UserSave.asp " name = "myform" onsubmit = "return ChkFields()">
```

　　在添加用户界面的表单中，定义输入用户名的文本域名称为 UserName，输入用户姓名的文本域名称为 Ename，输入用户密码的文本域名称为 Pwd，输入确认密码的文本域名称为 Pwd1，输入电子邮箱的文本域名称为 Email。另外，在表单 myform 中，还定义了隐藏域 flag，用来标识当前操作是添加用户操作还是修改用户操作。通过以上代码可以看出，当管理员输入用户信息，并单击"提交"按钮后，表单中的数据首先在 ChkFields()过程中检查其合法性，然后将数据提交到服务器端，在 UserSave.asp 文件中处理。ChkFields()过程的代码如下：

```
<script language = "VBScript">
   Function ChkFields()
      if document.myform.UserName.value = " " Then           '用户名没有输入
         window.alert("请输入用户名")                          '给出提示
         myform.UserName.focus()                             '将用户名文本框设为输入焦点
         return false
      End If
      '用户名长度太小
      if document.myform.UserName.value.Length <= 6 Then
         window.alert("请用户名长度必须大于 2! ")              '给出提示
         myform.UserName.focus()                             '将用户名文本框设为输入焦点
         return false
      End If
      if document.myform.Pwd.value.Length <= 6 Then          '密码长度小于 6
         window.alert("新密码长度大于 6")                        '给出提示
         myform.UserName.focus()                             '将用户名文本框设为输入焦点
         return false
      End If
      if document.myform.Pwd.value =" " Then                 '密码没有输入
         window.alert("请输入新密码")                          '给出提示
         myform.UserName.focus()                             '将用户名文本框设为输入焦点
         return false
      End If
      if document.myform.Pwd1.value =" " Then                '确认密码没有输入
         window.alert("请确认新密码")                          '给出提示
         myform.UserName.focus()                             '将用户名文本框设为输入焦点
         return false
      End If
                                                             '两次输入的密码不相同
      if document.myform.Pwd.value <> document.myform.Pwd1.value Then
```

```
        window.alert("两次输入的新密码必须相同") '给出提示
        myform.UserName.focus()                                    '将用户名文本框设为输入焦点
        return false
      End If
      return true
      End Function
</script>
```

在 UserSave.asp 文件中处理用户信息添加的代码如下：

```
Dim sql,UserName,UserPwd,Ename,Email                        '定义变量
'从表单中读取用户名数据，使用 Trim()函数去掉字符串前后的空格后，
将字符串保存到变量 UserName 中
UserName = Trim(Request.Form("UserName"))
'从表单中读取密码数据，使用 Trim()函数去掉字符串前后的空格后，
 将字符串保存到变量 UserPwd 中
UserPwd = Trim(Request.Form("Pwd"))
Ename = Request.Form("Ename")                              '读取用户姓名数据
Email = Request.Form("Email")                              '读取用户电子邮箱数据
'如果 flag 域的值为 new，表示添加数据，否则表示修改数据
If Request.Form("flag") = "new" Then
    '判断此用户是否存在
    Set HVrs = Server.CreateObject("ADODB.RecordSet")
    '从数据库中查询 UserName 列的值为 UserName 的记录
    sql = "Select * from users where UserName = ' "&UserName&" ' "
    '执行查询，并将结果保存在 HVrs 中
    HVrs.Open sql,conn,1,3
If Not HVrs.EOF Then                                       '不存在满足条件的记录
    Response.Write "<script>alert('已经存在此用户名'); history.back();</script>"
    Response.End
Else                                                       '存在满足条件的记录
    If Not IsValidEmail(Email) Then                        '判断邮件地址格式
    Response.Write "<script>alert('邮件地址格式不正确'); history.back();</script>"
    Response.End
    Else
    Set Urs = nothing
    '在数据库 Users 中插入新信息
    Set Urs = Server.CreateObject("ADODB.RecordSet")
    sql = "Select * from Users"
    Urs.Open sql,conn,1,3
    Urs.addnew                                             '插入新记录
    Urs("UserName") = UserName                             '用户名
    Urs("UserPwd") = md5(UserPwd)                          '密码
    Urs("Ename") = Ename                                   '用户姓名
```

```
    Urs("Email") = Email                              '用户 Email
    Urs.update                                        '更新数据库
    Urs.Close                                         '关闭 RecordSet 对象
    Set Urs = nothing
  End If
End If
HVrs.Close                                            '关闭 RecordSet 对象
Set HVrs=nothing
Response.Write "<center>添加成功<br><br><br>"
'建立到用户管理界面的超链接
Response.Write("<a href = UserList.asp>返回</a>")
```

以上程序代码的运行过程如下所示。

(1) 使用 Rquest 对象的 Form()方法读取从表单传递过来的用户数据。

(2) 使用 Request 对象的 Form()方法读取隐藏域 flag 的值。

(3) 如果 flag 的值为 new，表示添加新记录，则首先判断当前的用户名在数据库中是否存在。如果已经存在，则提示用户"已经存在此用户名"，然后返回前一页；如果不存在，则首先判断输入的数据格式是否正确，正确的话就使用 Insert 语句在数据库中插入新记录，否则给出提示。

11.3.7　修改用户模块

修改用户模块的作用是在用户管理模块中，提供给管理员一个修改一般用户信息的界面(由 UserEdit.asp 文件实现)，本节实例所介绍的修改用户模块如图 11-9 所示。

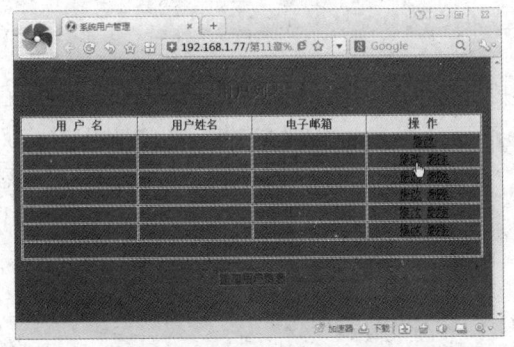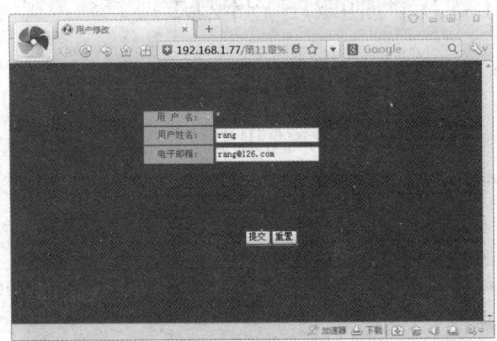

图 11-9　修改用户信息界面

在 UserEdit.asp 文件中，包含表单 myform，用于填写用户数据。该表单的定义语句如下所示：

```
<form method = "post" action = "UserSave.asp" name = "myform" ">
```

在修改用户页面的表单中，定义了输入用户姓名的文本域为 Ename，输入电子邮箱的

文本域为 Email。表单 myform 中还包含隐藏域 UserId，其值为当前修改用户的 id。由以上
代码可以看出，当管理员输入用户修改的信息，并单击"提交"按钮后，表单中的数据将
在 UserSave.asp 文件中处理。在 UserSave.asp 文件中处理用户修改的代码如下：

```
Dim sql,UserId, Ename,Email                         '定义变量
UserId = Request.Form("UserId")                     '从表单中接收用户 id 数据
Ename = Request.Form("Ename")                       '从表单中接收用户姓名数据
Email = Request.Form("Email")                       '从表单中接收用户电子邮箱数据
'创建 RecordSet 对象
Set Urs = Server.CreateObject("ADODB.RecordSet")
'从数据库中查询 id 列的值为 UserId 的记录，并保存在 Urs 中
Urs.Open "Select * from users where id="&UserId,conn,1,3
Urs("Ename") = Ename
Urs("Email") = Emai
Urs.update                                          '更新数据库中的用户信息
Urs.Close                                           '关闭 RecordSet 对象
Set Urs = nothing
Response.Write "<center>修改成功<br><br><br>"       '给出提示
Response.Write "<a href = userlist.asp>返回</a>"    '建立超链接
```

以上程序代码的运行过程如下所示。

(1) 使用 Rquest 对象的 Form()方法读取从表单传递过来的用户数据。

(2) 使用 Request 对象的 Form()方法读取隐藏域 flag 的值。

(3) 如果 flag 的值不是 new，表示修改用户信息，则使用 Update 语句修改数据库中的
记录。

11.3.8　删除用户模块

删除用户模块的作用是在用户管理界面中，提供管理员一个删除一般用户的界面(由
UserDel.asp 实现)，在用户管理模块 UserList.asp 页面中，如果系统管理员想删除某条用户
记录，可以单击该用户对应的"删除"超链接，将打开 UserDel.asp 文件，从数据库中删除
该用户的记录。

删除用户模块 UserDel.asp 文件的代码如下：

```
<!--#include file= "ChkPwd.asp"-->
<%
  If Session("UserName") <> "Admin" Then            '登录的用户不是 Admin
  '给出提示，并返回前一页
     Response.Write "<script>alert('您不是系统管理员，没有此权限！');history.back()</script>"
  Else
%>
<html>
  <head>
    <title>删除用户信息</title>                      '设置网页标题
```

```
    </head>
    <body>
    <%
      Dim Uid
      Uid=Request.QueryString("UserId")                    '读取 UserId 参数的值
      '生成 RecordSet 对象
      Set Drs = Server.CreateObject("ADODB.RecordSet")
      '执行删除操作，删除数据库中 Id 列的值为 Uid 的记录
      Drs.Open "Delete from Users where Id = "&Uid,conn,1,3
      Response.Write ("<center><h2>成功删除</h2>")          '给出提示，删除成功
      '建立到用户管理界面的超链接
      Response.Write "<a href = UserList.asp>返回</a>"
    %>
    </body>
</html>
<%
  End If
%>
```

以上程序代码的运行过程如下所示。

(1) 使用代码<!--#include file= "ChkPwd.asp"-->防止未经登录的用户打开该网页。

(2) 判断登录用户是否是系统管理员 Admin，如果不是，则给出警告，并返回到前一页。

(3) 如果是，则使用 Request 对象的 QueryString()方法读取 UserId 的值。

(4) 在数据库中执行 Delete 语句，删除指定的用户记录。

(5) 在页面上显示"成功删除"的信息，并生成一个到用户管理界面 UserList.asp 文件的超链接。

11.3.9　修改密码模块

修改密码模块的作用是为管理员与普通用户提供一个修改自己的用户登录密码的界面(由 PwdChange.asp 文件实现)，本节实例所介绍的修改密码模块界面如图 11-10 所示。

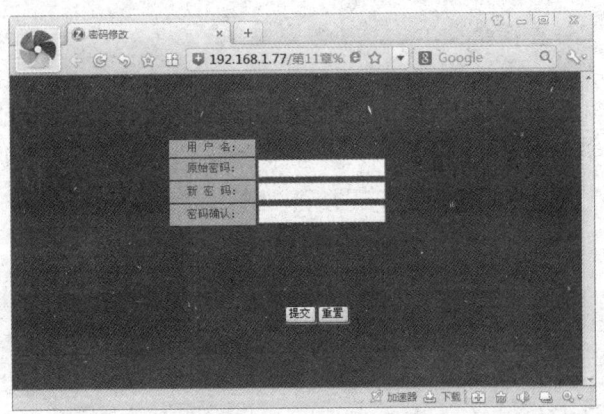

图 11-10　修改密码模块

修改密码模块界面中，定义了表单 PwdChgForm。表单 PwdChgForm 内定义输入原始密码的文本域的名称为 OriPwd，输入新密码的文本域的名称为 Pwd，输入确认密码的文本域的名称为 Pwd1。表单 PwdChgForm 的具体定义代码如下：

```
<form method="POST" name="PwdChgForm" action="SavePwd.asp?UserId=<%=UserId%>"-
    onsubmit="return ChkField()">
```

通过以上代码可以看出，当用户输入密码信息并单击"提交"按钮后，首先在 ChkField()过程中检查用户密码输入的合法性，然后在 SavePwd.asp 文件中处理从表单传递过来的数据。ChkField()过程的代码如下：

```
<script language="vbscript">
Function ChkFields()                                  '定义过程
    '用户输入的新密码长度小于 6
    If Document.PwdChgForm.Pwd.value.length<6 Then
        alert("新密码长度必须大于等于 6！ ")         '弹出警告框
        myform.Pwd.focus()                            '界面上的新密码文本框设为焦点
        return false
    End If
    '用户没有输入确认密码
    If Document.PwdChgForm.Pwd1.value=" " Then
        alert("请确认新密码！ ")                       '弹出警告框
        myform.Pwd.focus()                            '界面上的新密码文本框设为焦点
        return false
    End If
    '用户输入的新密码和确认密码不一致
    If Document.PwdChgForm.Pwd.value<>Document.myform.Pwd1.value Then
        alert("两次输入的新密码必须相等！ ")          '弹出警告框
        return false
    End If
    return true
End Function
</script>
```

在 ChkField()过程中，首先检查用户输入的新密码长度，如果密码长度小于 6，则弹出警告框，并返回到密码修改界面重新输入；如果密码长度满足条件，则检查用户是否输入确认密码，最后检查用户两次输入的密码是否一致。

SavePwd.asp 文件中处理表单数据的代码如下：

```
<%
    '使用 Request 对象的 QueryString()方法获得 UserId 的值
    UserId = Request.QueryString("UserId")
    '使用 Request 对象的 Form()方法读取从表单传递过来的值
    OriPwd = Request.Form("OriPwd")
```

```
    Pwd = Request.Form("Pwd")
    '判断是否存在此用户
    Set rs = Server.CreateObject("ADODB.RecordSet")        '建立 RecordSet 对象
    '从数据库中读取 id 列的值为 UserId 的记录
    rs.Open "Select * from Users where id="&UserId,conn,1,3
    If rs.EOF Then                                          '满足条件的记录不存在
        Response.Write("<hr><center>不存在此用户名！</h2><br><br><br>")
        '生成关闭窗口的按钮
        Response.Write("<input type = button name = close onclick = window.close() value = 关闭>")
    ElseIf (rs("UserPwd")<>md5(OriPwd)) Then               '用户输入密码错误
         Response.Write("<hr><center>密码错误！</h2><br><br><br>")
        '生成关闭窗口的按钮
        Response.Write("<input type = button name = close onclick = window.close() value = 关闭>")
    Else                                                   '存在满足条件的记录
    '更新数据库中的密码
        sql = "Update Users set UserPwd= ' "&md5(Trim(Pwd))&" ' where Id = "&UserId
        Set rs = Server.CreateObject("ADODB.RecordSet")
        rs.Open sql,conn,1,3
        Response.Write("<hr><center>更改密码成功！</h2><br><br><br>")
        Response.Write("<input type = button name = close onclick = window.close() value = 关闭>")
    End If
%>
```

以上程序代码的运行过程如下所示。

(1) 使用代码<!--#include file= "ChkPwd.asp"-->防止未登录的用户打开该网页。

(2) 使用 Request 对象的 QueryString()方法从网页链接地址中读取 UserId 的值，从表单中读取原始密码 OriPwd 和新密码 Pwd 的值。

(3) 判断数据库中是否存在用户 id 为 UserId 的记录。

(4) 如果存在满足条件的记录，则判断用户输入的原始密码是否正确。

(5) 如果正确，则更新数据库，修改用户密码。

(6) 提示用户"更改密码正确"，并生成一个关闭窗口的按钮。

11.3.10　退出登录模块

退出登录模块用于在 Index.asp 文件中，单击"退出登录"超链接，将打开 logout.asp 文件并退出用户登录状态。在 logout.asp 文件中退出登录的具体代码如下：

```
<%
    '将 Session("Passed")的值置为 False，表明当前没有用户登录
    Session("Passed") = false
    Session("UserName")=" "              '清空 Session("UserName")中的值
    Session("Id") = " "                  '清空 Session("Id")中的值
    Response.Redirect "index.asp"        '页面转到 index.asp 文件
%>
```

11.4 习　　题

11.4.1　问答题

1. 简述生成网页验证码的实现流程。
2. 简述 MD5 数据加密的原理。

11.4.2　操作题

1. 创建本章实例所用的 Access 数据库。
2. 修改本章实例效果，使管理员账户可以修改普通用户账户密码。

第12章　ASP综合开发实例
——博客网站

教学目标

通过本章的实例讲解，读者应掌握利用 ASP 技术制作一个博客网站的方法。

教学重点与难点

- 博客网站的总体设计
- 数据库的设计
- 文件架构的设计

博客(音译)，英文名为 Blog，为 Web Log 的混成词。它是互联网上个人信息交流的中心，是一种由个人管理、不定期张贴新的文章的网站。博客可以让每个人零成本、零维护地创建自己的网络媒体，并随时将自己的思想、知识，以文字、图像、链接的形式更新在网络中。本章将介绍如何开发一个博客网站的方法。

12.1　功 能 描 述

博客网站是一个 ASP 与数据库技术结合的典型应用程序，由前台用户操作和后台博主管理模块组成，规划系统功能模块如下。

- 前台用户操作：该模块包含文章、相册、登录、搜索、推荐、评论、统计等功能。
- 后台博主管理：该模块包括文章信息管理、相册信息管理、管理员资料管理等功能。

博客网站的前台功能结构如图 12-1 所示。后台功能结构如图 12-2 所示。

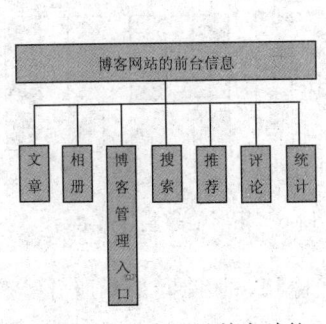

图 12-1　博客网站前台功能

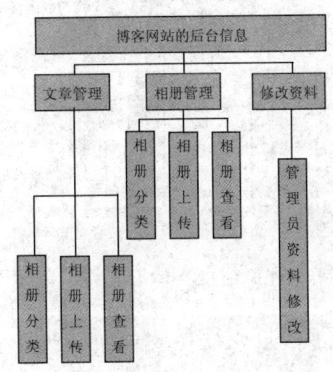

图 12-2　博客网站后台功能

12.2　数据库设计

数据库设计阶段是在系统功能结构图的基础上进行的，设计出能够满足用户需求的各种实体以及它们之间的关系，将为后面的逻辑结构打下基础。

12.2.1　数据库 E-R 图分析

根据网站设计结果，得到文章信息实体、文章分类信息实体、文章评论信息实体、相册信息实体、相册分类信息实体和管理员信息实体。下面将分别介绍主要信息实体的 E-R 图(实体-联系图)。

- 文章信息实体包括文章 ID、文章所属分类 ID、文章标题、文章内容、作者名称和发表时间。文章信息实体的 E-R 图，如图 12-3 所示。
- 文章分类信息实体包括文章分类 ID、文章分类名称和添加时间。文章信息实体的 E-R 图，如图 12-4 所示。

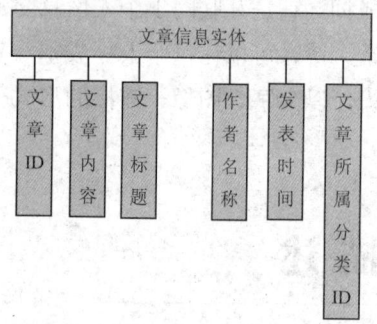

图 12-3　文章信息实体 E-R 图

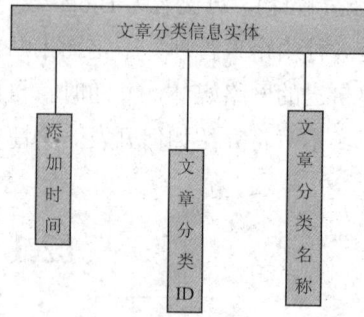

图 12-4　文章分类信息实体 E-R 图

- 文章评论信息实体包括评论 ID、文章 ID、评论人昵称、评论内容和发表时间。文章评论信息实体的 E-R 图，如图 12-5 所示。
- 相册信息实体包括相册 ID、相册分类 ID、图片名称、图片标识、图片信息和添加时间。相册信息实体的 E-R 图，如图 12-6 所示。

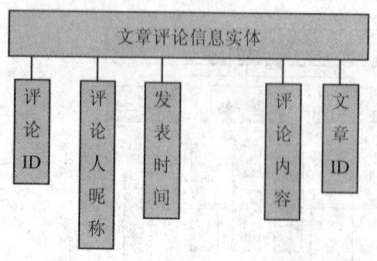

图 12-5　文章评论信息实体 E-R 图

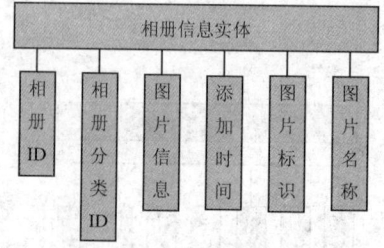

图 12-6　相册信息实体 E-R 图

- 相册分类信息实体包括相册分类 ID、相册分类名称和添加时间。相册分类信息实体的 E-R 图，如图 12-7 所示。

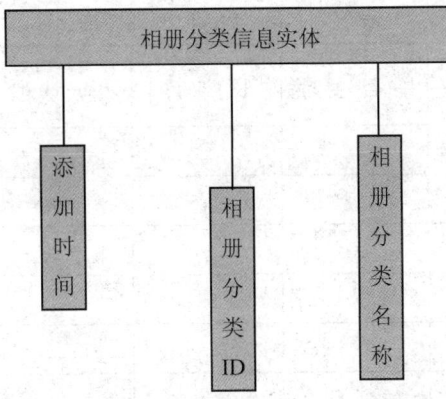

图 12-7 相册分类信息实体 E-R 图

12.2.2 数据表概要说明

根据前面的介绍，可以创建与实体相对应的数据表。为了使用户对本系统数据库的结构有一个直观的了解，下面将给出数据库中包含的数据表的结构图，如图 12-8 所示。

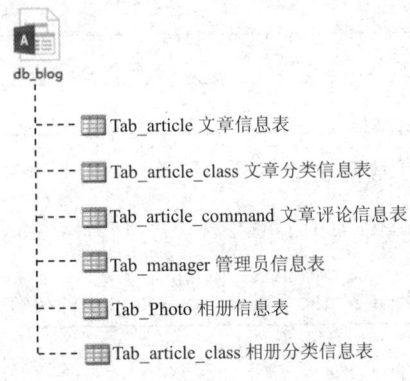

db_blog
- Tab_article 文章信息表
- Tab_article_class 文章分类信息表
- Tab_article_command 文章评论信息表
- Tab_manager 管理员信息表
- Tab_Photo 相册信息表
- Tab_article_class 相册分类信息表

图 12-8 数据表结构

12.2.3 主要数据表的结构

数据库在整个管理系统中占据非常重要的地位，数据库结构设计的好坏直接影响着系统的效率和实现效果。本系统采用的是 Access 2013 数据库，数据库名称为 db_blog。下面将介绍该数据库中主要数据表的结构。

1. tab_article 数据表

tab_article 数据表主要用于保存添加的文章信息，其结构如表 12-1 所示。

表 12-1 tab_article 表的结构

字 段 名 称	数 据 类 型	是 否 主 键	长　　度	默 认 值	是否允许空字符串	字 段 描 述
Id	自动编号	是	—	—		唯一标识
Aclass	数字	—	4	0	—	所属类别 ID
Atitle	文本	—	50	—	否	文章标题
Acontent	备注				否	文章内容
Aauthor	文本		50		否	作者名称
Adate	日期/时间	—	8	Now()	—	添加时间

2. tab_article_class 数据表

tab_article_class 数据表主要用于保存文章的分类信息，其结构如表 12-2 所示。

表 12-2 tab_article_class 表的结构

字 段 名 称	数 据 类 型	是 否 主 键	长　　度	默 认 值	是否允许空字符串	字 段 描 述
Id	自动编号	是	—	—	—	唯一标识
Acname	文本	—	50		否	文章分类名称
Adate	日期/时间	—	8	Now()	-	添加时间

3. tab_article_command 数据表

tab_article_command 数据表主要用于保存对文章进行评论的信息，其结构如表 12-3 所示。

表 12-3 tab_article_command 表的结构

字 段 名 称	数 据 类 型	是 否 主 键	长　　度	默 认 值	是否允许空字符串	字 段 描 述
Id	自动编号	是	—	—		唯一标识
Cid	数字	—	4	0	—	文章 ID 编号
Cname	文本		50	—	否	昵称
Ccontent	文本		200		否	评论内容
Cdate	日期/时间		8	Now()		添加时间

4. tab_photo 数据表

tab_photo 数据表主要用于保存上传的相册信息内容，其结构如表 12-4 所示。

表 12-4　tab_photo 表的结构

字 段 名 称	数 据 类 型	是否主键	长　　度	默 认 值	是否允许空字符串	字 段 描 述
Id	自动编号	是	—	—	—	唯一标识
Pclass	数字	—	4	0	—	相册分类 ID
Pname	文本	—	50	—	否	图片名称
Ppic	文本	—	50	—	否	图片信息
Pdate	日期/时间	—	8	Now()	—	添加时间

5. tab_photo_class 数据表

tab_photo_class 该数据表主要用于保存相册的分类信息，其结构如表 12-5 所示。

表 12-5　tab_photo_Class 表的结构

字 段 名 称	数 据 类 型	是否主键	长　　度	默 认 值	是否允许空字符串	字 段 描 述
Id	自动编号	是	—	—	—	唯一标识
Pcname	数字	—	50	0	否	相册分类名称
Pdate	日期/时间	—	8	Now()	—	添加时间

12.3　文件架构设计

在网站构建的前期，可以把网站中可能用到的文件夹先创建出来(例如，创建一个名为
images 的文件夹，用于保存网站中使用的图片)，这样可以规范网站的整体架构，使网站易
于开发、管理和维护。本例博客网站，所设计的文件夹结构如图 12-9 所示。

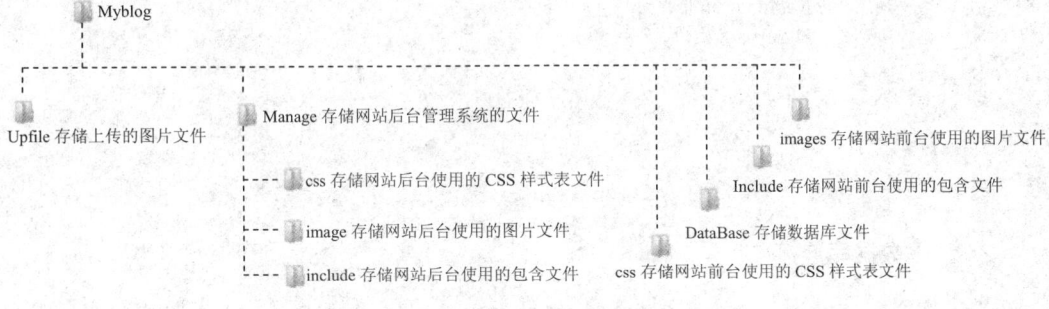

图 12-9　文件夹架构图

12.4　公共文件的编写

公共文件指的是将网站中多个页面都使用到的代码编写到一个单独的文件中，在使用
时只要用#include 指令包含此文件即可。

12.4.1　防止 SQL 注入和创建数据库连接

为了防止 SQL 注入漏洞,可以将其相关代码与创建数据库连接的代码放置在同一个文件中(如 conn.asp 文件)。这样,可以保证网站中绝大部分文件都可以引用该公共文件,从而保证网站的安全。

1. 防止 SQL 注入

当应用程序使用输入内容来构造动态 SQL 语句访问数据库时,会产生 SQL 注入攻击。SQL 注入成功后,就会出现攻击者可以随意在数据库中执行命令的漏洞。所以,在程序代码中把一些 SQL 命令或者 SQL 关键字进行屏蔽,可以防止 SQL 注入漏洞的产生。

将防止 SQL 注入漏洞的程序代码写入到数据库连接文件中,保证网站中的每个页面都调用此程序。程序逻辑是首先将需要屏蔽的命令、关键字、符号等用符号"|"分隔并存储在变量中,再使用 Split 和 Ubound 脚本函数将页面接收到的字符串数据与其做比较,如果接收到的字符串数据包含屏蔽的数据信息,则将页面转入到指定页面,不允许访问者进行其他操作。代码如下:

```
<%
Dim SQL_Injdata
SQL_Injdata="'| ; |and|exec|insert|select|delete|update|count|*|%|chr|mid|master|truncate|char|declare"
    '定义需要屏蔽的命令、关键字、符号等
SQL_inj=split(SQL_Injdata, "|")                    '定义由"|"分隔的一维数组
If Request.QueryString<>""then
    For Each SQL_Get in Request.QueryString         '遍历 QueryString 数据集合中的数据
    For SQL_Date=0 To Ubound(SQL_inj)               '如果搜索到屏蔽的数据,则跳转到网站首页
     If instr(Request.QueryString(SQL_Get),sql_Inj(sql_Data))>0 Then
         Respinse.Redirect("index.asp")
     end if
    next
    Next
End If
%>
```

2. 创建数据库连接

为了提高程序的运行效率,保证网站浏览者能够以较快的速度打开并浏览网页,用户可以通过 OLE DB 方法连接 Access 数据库。OLE 是一种面向对象的技术,利用该技术可以开发可重用软件组件。使用 OLE DB 不仅可以访问数据库中的数据,还可以访问 Excel、文本文件、邮件服务器中的数据等。使用 OLE DB 访问 Access 数据库的代码如下:

```
<%
Dim conn,connstr
Set conn=Server.CreateObject("ADODB.Connection")
```

```
connstr="Provider=Microsoft.Jet.OLEDB.4.0;User ID=admin;Password=;
Data Source="&Server.MapPath("DataBase/db_blog.mdb")&";"
conn.open connstr
%>
```

12.4.2　统计访问量

在网站中通过一个计数器可以统计网站的访问量，从而能够准确地掌握网站的访问情况。实现网站计数器的方法有很多，例如可以使用 FileSystemObject 对象对文本文件进行操作。设计思路如下：

(1) 在判断指定的 Cookies 变量 visitor 为空的前提下，创建 FileSystemObject 对象并以只读方式打开文本文件 count.txt，读取其中的数据赋予指定的变量。

(2) 以写文件的方式打开文本文件 count.txt，将访问量增加 1 后写入到文件中。

(3) 给 Cookies 变量 visitor 赋值，并设置此变量的有效期为 1 天。

代码如下：

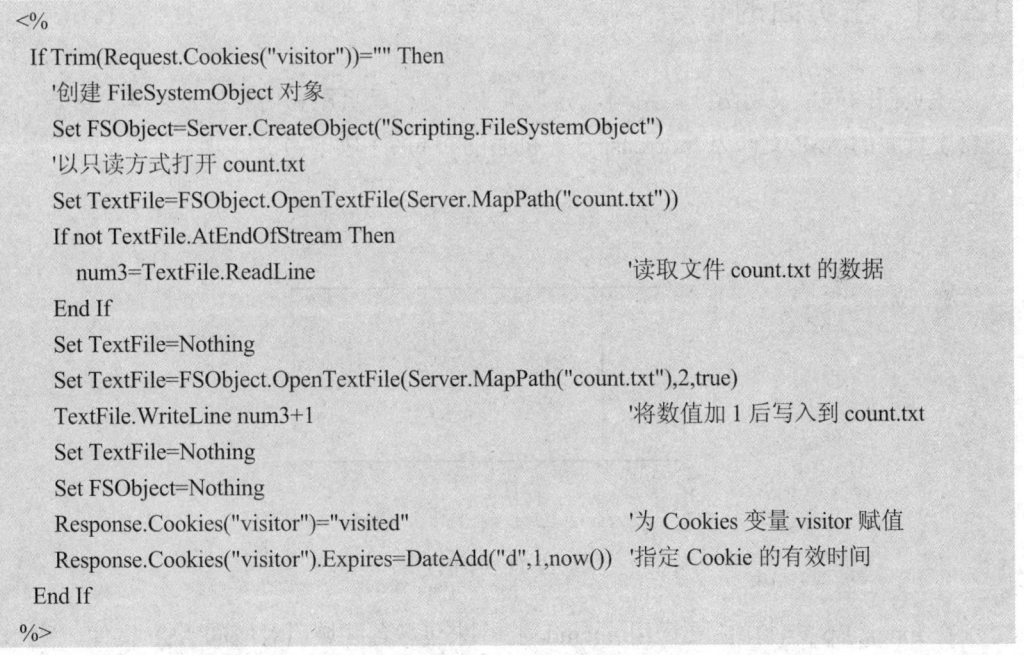

```
<%
  If Trim(Request.Cookies("visitor"))="" Then
    '创建 FileSystemObject 对象
    Set FSObject=Server.CreateObject("Scripting.FileSystemObject")
    '以只读方式打开 count.txt
    Set TextFile=FSObject.OpenTextFile(Server.MapPath("count.txt"))
    If not TextFile.AtEndOfStream Then
      num3=TextFile.ReadLine                              '读取文件 count.txt 的数据
    End If
    Set TextFile=Nothing
    Set TextFile=FSObject.OpenTextFile(Server.MapPath("count.txt"),2,true)
    TextFile.WriteLine num3+1                             '将数值加 1 后写入到 count.txt
    Set TextFile=Nothing
    Set FSObject=Nothing
    Response.Cookies("visitor")="visited"                 '为 Cookies 变量 visitor 赋值
    Response.Cookies("visitor").Expires=DateAdd("d",1,now())  '指定 Cookie 的有效时间
  End If
%>
```

用户可将以上代码编写在 conn.asp 文件中，以保证有效地统计网站访问量。

12.5　网站前台主页面设计

网站前台主页面是网站面向 Internet 提供给浏览者的第一视觉界面。该页面不仅需要有合理的整体布局，还应通过各种功能模块体现网站的主题内容，使访问者可以在最短时

间内了解网站。本章实例所制作的前台主页面效果如图 12-10 所示。

图 12-10　网站前台主页面

12.5.1　主页面的布局

主页面的框架采用两分栏结构，分为页头、侧栏、页尾和内容显示区 4 个区域。实现前台主页面的 ASP 文件为 Index.asp，该页面的布局结构如图 12-11 所示。

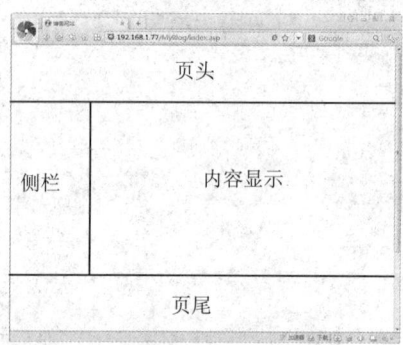

图 12-11　页面布局

在 Index.asp 文件中主要采用#include 指令来包含各区域所对应的 ASP 文件。例如，页头对应文件为 top.asp，侧栏对应文件为 left.asp。在内容显示区，则定义浮动框架标记 <iframe>用于显示其他文件内容。

12.5.2　主页面的实现

根据图 12-11 所示的页面布局，可以在 Index.asp 页面中创建一个 3 行 2 列的表格，然后在相应的单元格中使用#include 指令包含相应的 ASP 页面，并在左侧单元格中定义

<iframe>标记，具体代码如下：

```
<table width="778" border="0" align="center" cellpadding="0" cellspacing="0">
  <tr>
  <!-- 包含页头文件-->
  <td colspan="2"><!--#include file="top.asp"--></td>
  </tr>

  <tr>
  <!-- 包含侧栏文件-->
  <td width="210" align="center" valign="top"><!--#include file="left.asp"--></td>
  <td width="568" align="center" valign="top"><iframe name="mainFrame" src="web_index.asp"
  width="560" height="650" frameborder="0" marginheight="0" marginwidth="0" scrolling="auto">
  </iframe></td>
  </tr>

  <tr>
  <td height="40" colspan="2" align="center" valign="middle">Copyright　2022 &copy; 博客网站</td>
  </tr>
</table>
```

12.6　文章展示模块的设计

　　文章展示模块的主要功能是浏览网站发表的文章列表，浏览者可以查看文章的详细内容，包括文章作者、发表时间等，并能够针对文章发表评论。本系统制作的文章展示模块主要包括前台主页面文章展示、文章分类列表展示、文章详细内容展示等部分，如图 12-12 所示。

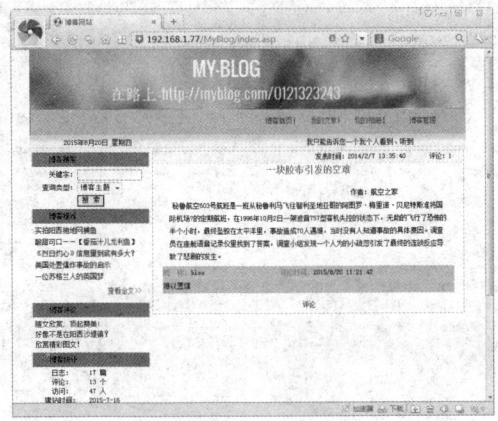

图 12-12　文章展示页面

12.6.1　主页面文章展示的实现过程

在网站前台主页面中展示最新的两篇文章信息，包括文章标题、文章部分内容、发表时间以及评论数量，单击"阅读全文"超链接可以查看文章的全部内容，如图 12-12 所示。

在 web_index.asp 页面中，用户可以首先查询文章信息列表中最新的两条记录，然后在依次展示文章内容的同时查询文章评论信息表以获取文章对应的评论数量，其代码如下：

```asp
<%
    Set rs=Server.CreateObject("ADODB.Recordset")
    '查询最新的两条记录信息
    sqlstr="select top 2 id,Atitle,Adate,Aclass,Acontent from tab_article order by id desc"
    rs.open sqlstr,conn,1,1
    If rs.eof Then
        Response.Write("<tr><td height=20 colspan=2 align=center>暂无收藏！</td></tr>")
        Response.End()
    Else
        while not rs.eof
        Set rs_commend=conn.Execute("select count(id) as num from tab_article_commend where
            Cid="&rs("id")&"")'获取评论数量
%>
<tr>
<td height="20" colspan="2"><table width="100%" border="0" cellpadding="2" cellspacing="1">
    <tr>
    <td height="30" align="left" valign="middle"><img src="images/tpic.gif" width="10" height="10" />
        <%=rs("Atitle")%></td>
    </tr>
    <tr>
    <td width="41%" align="left" valign="middle"><p align="left" style="width:240px
    ; line-height:20px;"><%Response.Write Left(rs("Acontent"),45) & "......"%></p></td>
    </tr>
    <tr>
    <td align="left" valign="middle"><p align="center" style="width:200px; line-height:20px;">
        <a href="web_blog_view.asp?id=<%=rs("id")%>&amp;num=<%=rs_commend("num")%>">阅读全
        文</a></p></td>
    </tr>
    <tr>
    <td align="right" valign="middle"><p align="left" style="width:300px; line-height:20px;">发表时间：
        <%=rs("Adate")%> | 评论：<%=rs_commend("num")%></p></td>
    </tr>
</table></td>
</tr>
<%
    Set rsc=Nothing
```

```
        rs.movenext
      wend
    End If
    rs.close
    Set rs=Nothing
%>
```

12.6.2　文章列表展示的实现过程

　　文章列表展示主要包括显示根据选择的文章分类或者通过 Blog 搜索查找到的文章列表内容。当用户在网站导航栏处单击"我的文章"超链接，将显示按照发表时间倒序排序的博客文章列表，在该页面中单击具体的分类链接，可以查看分类文章列表。当用户在前台主页面的 Blog 搜索栏中输入查询内容，则显示与之相匹配的文章列表。

　　文章列表页面 web_blog_list.asp 首先获取传递的参数值，根据参数值确定显示文章列表的条件从而执行相应的 SQL 查询语句，其关键代码如下：

```
<%
  '获取传递的参数，根据参数值确定 SQL 查询语句
  classid=Request.QueryString("classid")                    '获取文章分类 ID
  classname=Request.QueryString("classname")                '获取文章分类名称
  If classname<>"" Then megstr="<font color=#FF0000>"&classname&"</font>"&" 之"
  btype=Request.Form("btype")                               '获取查询条件
  keyword=Request.Form("keyword")                           '获取查询关键字
%>
…
Set rs=Server.CreateObject("ADODB.Recordset")              '创建 Recordest 对象
sqlstr="select top 14 id,Atitle,Adate,Aclass from tab_article where 1=1"    '按分类查询
If IsNumeric(classid) and classid<>"" Then sqlstr=sqlstr&" and Aclass="&classid&""
'按查询条件搜索
If keyword<>"" Then
  Select case btype
    case "1"
      sqlstr=sqlstr&" and Atitle like '%"&keyword&"%'"
    case "2"
      sqlstr=sqlstr&" and Acontent like '%"&keyword&"%'"
    case "3"
      sqlstr=sqlstr&" and Aauthor like '%"&keyword&"%'"
  End Select
End If
sqlstr=sqlstr&" order by id desc"
rs.open sqlstr,conn,1,1                                     '打开记录集
If rs.eof Then
%>
```

```
  <tr>
    <td height="20" colspan="2" align="center">您查询的记录暂无收藏！</td>
  </tr>
  <%End IF%>
  <%
    while not rs.eof
    Set rs_commend=conn.Execute("select count(id) as num from tab_article_commend where
      Cid="&rs("id")&"")'获取评论数量%>
  <tr>
    <td width="23%" height="20">  [<%=formatDateTime(rs("Adate"),2)%>]</td>
    <td width="77%" height="20"><a href="web_blog_view.asp?id=<%=rs("id")%>
    &amp;num=<%=rs_commend("num")%>"><%=rs("Atitle")%></a></td>
  </tr>
  <%
    Set rsc=Nothing
    rs.movenext                                        '记录集指针向下移动
    wend
    rs.close                                           '关闭记录集
    Set rs=Nothing
  %>
```

12.6.3　文章详细显示的实现过程

文章详细显示包括显示文章的详细内容、文章作者以及文章发表时间，并展示文章对应的评论内容。在文章详细显示页面中，单击"评论"超链接，浏览者可以填写信息发表评论。下面介绍文章详细显示的实现过程。

1．查询并显示文章信息

页面 web_blog_view.asp 根据接收到的参数查询文章信息表，并展示文章内容，同时查询评论信息表展示文章对应的评论信息，其关键代码如下：

```
<%
  '显示文章的详细内容,包括文章标题、文章作者、发表时间以及文章内容
  id=Request.QueryString("id")                        '文章 id
  num=Request.QueryString("num")                      '评论数量
  If Not IsNumeric(id) Then
  Else
  Set rs=conn.Execute("select id,Atitle,Acontent,Aauthor,Adate from tab_article where id="&id&"")
%>
<tr align="left" bgcolor="FFFCE8">
  <td align="right">发表时间：<%=rs("Adate")%>       评论：
    <%=num%>    </td>
</tr>
```

```
<tr>
  <td align="center" height="1" background="images/xuxian.gif"></td>
</tr>
<tr>
  <td align="center" valign="bottom" class="font1"><h4><%=rs("Atitle")%></h4></td>
</tr>
<tr>
  <td align="right" valign="top"><div style="width:200px;" align="left">作者：
    <%=rs("Aauthor")%></div></td>
</tr>
<tr>
  <td align="center"><p align="left" style="width:500px;line-height:22px;
    text-indent:5px"><%=rs("Acontent")%></p></td>
</tr>
<tr>
<td>
<%
  '显示对此篇文章发表的详细评论内容
  Set rsc=Server.CreateObject("ADODB.Recordset")
  sqlstr="select top 25 * from tab_article_commend where Cid="&id&" order by id desc"
  rsc.open sqlstr,conn,1,1
  while not rsc.eof
%>
    <table width="95%"  border="0" align="center" cellpadding="0" cellspacing="1"
      bgcolor="#CACACA">
  <tr bgcolor="#FFFFFF">
      <td width="40%" height="22" bgcolor="#CACACA"><font class="font1">昵  称：
        </font><%=rsc("Cname")%></td>
      <td width="60%" height="22" bgcolor="#CACACA"><font class="font1">评论时间：
        </font><%=rsc("Cdate")%></td>
  </tr>
  <tr bgcolor="#FFFFFF">
      <td height="22" colspan="2" bgcolor="#CACACA"><%=rsc("Ccontent")%></td>
  </tr>
</table>
<div style="line-height:5px;"> </div>
<%
  rsc.movenext
  wend
  rsc.close
  Set rsc=Nothing
%>
```

2. 显示用于提交评论的表单

在单击"评论"超链接时，显示用于提交评论信息的表单，其关键代码如下：

```
<%'-----发表评论-----%>
   <tr id="xuxian" style="display:none">
   <td align="center" height="1" background="images/xuxian.gif"></td>
   </tr>
   <tr id="commend_show" style="display:none">
   <td>
      <table width="100%" border="0" cellspacing="0" cellpadding="0">
      <form action="" method="post" name="form1" id="form1">
      <tr>
      <td width="13%" height="22" align="right" class="font2">昵    称：</td>
      <td width="87%" height="22"><input name="评论人昵称"type="text" class="textbox"
      id="评论人昵称" /></td>
      </tr>
        <tr>
        <td height="22" align="right" class="font2">评论内容：</td>
        <td height="22"><textarea name="评论内容" cols="60" rows="3" id="评论内容"
onkeydown="CountStrByte(this.form.评论内容,this.form.total,this.form.used,this.form.remain);"
onkeyup="CountStrByte(this.form.评论内容,this.form.total,this.form.used,this.form.remain);"></textarea>
        <br />
        提示(最多允许
        <input name="total" type="text" disabled="disabled" class="textbox" id="total"  value="200"
           size="3" />个字节 已用字节：
        <input name="used" type="text" disabled="disabled" class="textbox" id="used"  value="0"
           size="3" />剩余字节：
        <input name="remain" type="text" disabled="disabled" class="textbox" id="remain"
             value="200" size="3" />
          ) </td>
        </tr>
        <tr>
        <td height="22" align="right" class="font2">验证密码：</td>
        <td height="22"><%Session("verify")=randStr(4)%>
          <input name="验证密码" type="text" class="textbox" id="验证密码" size="6" />
          <font color="#FF0000"><%=Session("verify")%></font>
          <input name="verify2" type="hidden" id="verify2" value="<%=Session("verify")%>" />
        </td>
        </tr>
        <tr>
        <td height="22"> </td>
        <td height="22">
          <input name="add" type="submit" class="button" id="add" onclick="return
             Mycheck(this.form)" value="提 交" />
```

```
                <input name="Submit2" type="reset" class="button" value="重 置" />
                <input name="id" type="hidden" id="id" value="<%=id%>" />
                <input name="num" type="hidden" id="num" value="<%=num%>" />
                </td>
            </tr>
        </form>
      </table></td>
    </tr>
<%
    Set rs=Nothing
    End IF
%>
```

以下是表单验证代码：

```
<script language="javascript">
function Mycheck(form){
    for(i=0;i<form.length;i++){
        if(form.elements[i].value==""){
            alert(form.elements[i].name + "不能为空!");return false;}
        if(form.elements[5].value!=form.elements[6].value){
            alert("验证码错误!");return false;}
    }
}
function show_tr(){
    if(xuxian.style.display=="none"){
        xuxian.style.display="block";
        commend_show.style.display="block";
    }
    else {
        xuxian.style.display="none";
        commend_show.style.display="none";
    }
}
</script>
```

3. 添加信息至文章评论信息表

当用户填写昵称、评论内容以及验证密码后，程序会将相应的信息添加至文章评论信息表中，其代码如下：

```
<%
Session("verify")=""
'添加新的评论信息
Sub add()
```

```
id=Request.Form("id")
num=Request.Form("num")
str1=Str_filter(Request.Form("评论人昵称"))
str2=Str_filter(Request.Form("评论内容"))
If str1<>"" and str2<>"" Then
        Set rs=Server.CreateObject("ADODB.Recordset")
        sqlstr="select * from tab_article_commend"
        rs.open sqlstr,conn,1,3
        rs.addnew
        rs("Cid")=id
        rs("Cname")=str1
        rs("Ccontent")=str2
        rs.update
        rs.close
        Set rs=Nothing
        Response.Redirect("web_blog_view.asp?id="&id&"&num="&num+1&"")
Else
        Response.Write("<script>alert('填写的信息不完整!');history.back();</script>")
End IF
End Sub
If Not Isempty(Request("add")) Then call add()
%>
```

12.7　相册展示模块的设计

本系统的相册展示模块主要用于分类展示上传的相册图片信息，即列出相册的分类以及某一分类中包含的图片，如图 12-13 所示。

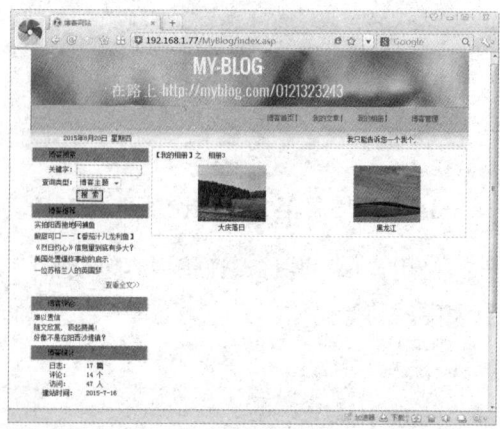

图 12-13　相册展示页面

12.7.1　相册分类展示的实现过程

相册分类展示页面(Web_photo.asp)指的是显示数据库中的相册分类信息。相册分类页面读取相册分类信息数据表以及相册信息数据表中与分类对应的第一个图片信息，并以表格形式显示分类对应的第一张图片信息以及分类名称，如果分类没有图片信息，则以默认图片代替。Web_photo.asp 页面中，关键部分代码如下：

```
<%
    n=1
    Set rs=Server.CreateObject("ADODB.Recordset")
    sqlstr="select id,Pcname from tab_photo_class"
    rs.open sqlstr,conn,1,1
    while not rs.eof
    Set rsc=conn.Execute("select top 1 Ppic from tab_photo where Pclass="&rs("id")&"")
%>
     <td>
        <table border="0" align="center" cellpadding="0" cellspacing="0">
         <tr>
        <td align="center">
          <a href="web_photo_list.asp?classid=<%=rs("id")%>&amp;classname=<%=rs("Pcname")%>">
            <%If Not rsc.eof Then%>
            <img src="upfile/<%=rsc("Ppic")%>" height="100" width="120" border="0" />
            <%Else%>
            <img src="upfile/instead.jpg" height="100" width="120" border="0" />
            <%End If%></a>
     </td>
     </tr>
     <tr>
        <td height="22" align="center">
         <a href="web_photo_list.asp?classid=<%=rs("id")%>&amp;classname=<%=rs("Pcname")%>">
         <%=rs("Pcname")%></a></td>
      </tr>
   </table>
 </td>
<%If n mod 3=0 Then%>
</tr>
<tr>
<%End If%>
<%
  Set rsc=Nothing
  n=n+1
  rs.movenext
  wend
```

```
    rs.close
    Set rs=Nothing
%>
```

12.7.2　相册图片显示的实现过程

相册图片显示页面(web_photo_list.asp)指的是按照选择分类显示该分类的全部图片信息，包括图片以及图片名称。由于相册图片是上传到服务器的，因此读取时使用 HTML 语言的<image>标记，指定图片路径即可显示图片信息。web_photo_list.asp 页面的关键代码如下：

```
<%
classid=Request.QueryString("classid")
    n=1
    Set rs=Server.CreateObject("ADODB.Recordset")
    sqlstr="select id,Pname,Ppic from tab_photo where Pclass="&classid&""
    rs.open sqlstr,conn,1,1
    while not rs.eof
%>
<td>
        <table border="0" align="center" cellpadding="0" cellspacing="0">
         <tr>
           <td align="center">
           <img src="upfile/<%=rs("Ppic")%>" height="100" width="120" border="0" /></td>
         </tr>
         <tr>
           <td height="22" align="center"><%=rs("Pname")%></td>
         </tr>
        </table>
</td>
<%If n mod 3=0 Then%>
</tr>
<tr>
<%End If%>
<%
    n=n+1
    rs.movenext
    wend
    rs.close
    Set rs=Nothing
%>
```

12.8　博主登录模块的设计

　　本系统的博主登录模块通过在前台主页面导航处单击"博客管理"超链接打开，其界面如图 12-14 所示。

　　当用户没有在博主登录模块中输入用户名和密码，或者输入了错误的用户名或密码时，页面将打开相应的提示信息。当用户输入正确的博主登录用户名和密码后，网页将允许用户进入博客后台系统。博主登录模块的操作流程如图 12-15 所示。

　　注意：

　　在博主登录页面中，除了要求用户输入用户名和密码以外，还要求输入随机生成的验证码。这样可以提高博客网站的安全性，不仅可以防止其他非博主用户非法登录博主后台管理系统，还定义了浏览器缓存该登录页面的有效期限。

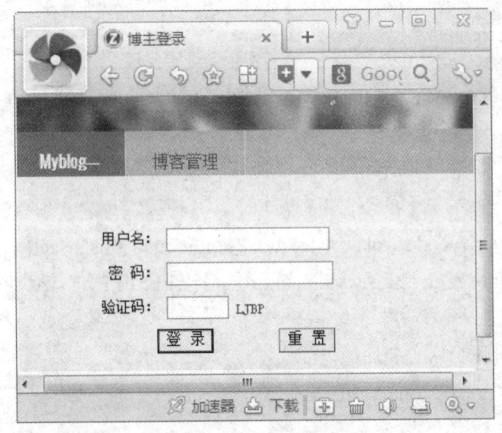

图 12-14　博主登录页面

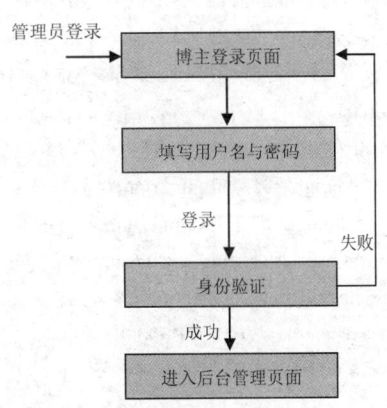

图 12-15　博主登录模块流程

12.8.1　设置页面缓存有效期限

　　通过 Response 对象的 Expires 属性和 CacheControl 属性不允许浏览器缓存页面，以提高网站的安全性，其代码如下：

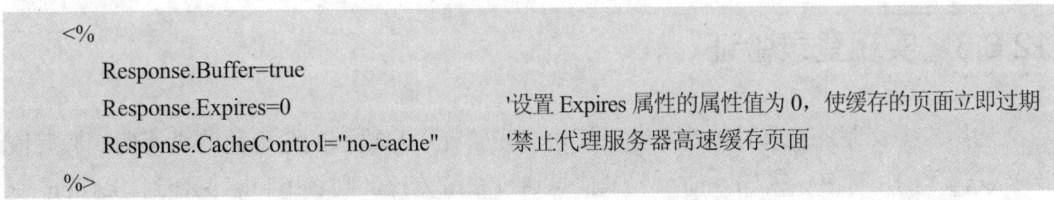

```
<%
    Response.Buffer=true
    Response.Expires=0                  '设置 Expires 属性的属性值为 0，使缓存的页面立即过期
    Response.CacheControl="no-cache"    '禁止代理服务器高速缓存页面
%>
```

　　将以上代码放在 login.asp 页面的开头。

12.8.2　设计表单

在页面中建立表单，该表单用于输入登录用户名、密码和验证码，其代码如下：

```html
<form name="form1" method="post" action="">
  <tr>
     <td height="22" colspan="2" align="center"> </td>
  </tr>
  <tr>
     <td height="22" align="right">用户名：</td>
     <td height="22">
     <input name="txt_name" type="text" class="textbox" id="txt_name" size="18"
     maxlength="50"></td>
  </tr>
  <tr>
     <td height="22" align="right">密　码：</td>
<td height="22">
<input name="txt_passwd" type="password" class="textbox" id="txt_passwd" size="19" maxlength="50"></td>
  </tr>
  <tr>
<td height="22" align="right">验证码：</td>
     <td height="22"><input name="verifycode" id="verifycode" class="textbox" onFocus="this.select(); "
onMouseOver="this.style.background='#E1F4EE';" onMouseOut="this.style.background='#FFFFFF'" size="6"
maxlength="4">
     <span style="color: #FF0000"><%=session("verifycode")%></span>
     <input type="hidden" name="verifycode2" value="<%=session("verifycode")%>"></td>
  </tr>
  <tr>
     <td height="22" colspan="2" align="center">
     <input name="login" type="submit" id="login" value="登　录" class="button" onClick="return
     Mycheck()">
     <input type="reset" name="Submit2" value="重　置" class="button"></td>
  </tr>
</form>
```

12.8.3　实现登录验证

当用户提交登录表单时，博主登录模块将先验证用户输入的验证码是否正确，然后依次验证输入的用户名、密码。如果登录信息通过系统验证，则将用户名保存到 Session 变量中，并允许用户登录到后台首页，其代码如下：

```asp
<!--#include file="include/conn.asp"-->
```

```
<%
session("verifycode")=randStr(4)
If Not Isempty(Request("login")) Then
  txt_name=Str_filter(Request.Form("txt_name"))
  txt_passwd=Str_filter(Request.Form("txt_passwd"))
  verifycode=Str_filter(Request.Form("verifycode"))
  verifycode2=Str_filter(Request.Form("verifycode2"))
  If verifycode <> verifycode2 then
      Response.write"<SCRIPT language='JavaScript'>alert('您输入的验证码不正确!');
        location.href='login.asp'</SCRIPT>"
      Response.End()
  Else
      Session("verifycode")=""
  End IF
  If txt_name<>"" Then
      Set rs=Server.CreateObject("ADODB.Recordset")
      sqlstr="select Mname,Mpasswd from tab_manager where Mname='"&txt_name&"'"
      rs.open sqlstr,conn,1,1
      If rs.eof Then
        Response.Write("<script lanuage='javascript'>alert('用户名不正确,请核实后重新输入!');
          location.href='login.asp';</script>")
      Else
        If rs("Mpasswd")<>txt_passwd Then
        Response.Write("<script lanuage='javascript'>alert('密码不正确,请确认后重新输入!');
          location.href='login.asp';</script>")
        Else
            Session("Mname")=rs("Mname")
            Response.Redirect("index.asp")
        End If
      End If
  Else
      errstr="请输入用户名!"
  End If
End If
%>
```

12.9　文章管理模块的设计

　　本系统的文章管理模块包括文章分类的管理，文章评论的管理，文章信息的添加、查询、修改和删除等操作。博主进入后台主页面后，单击页面左侧导航栏上的"文章分类"超链接，可以对文章分类进行添加、修改和删除操作，如图 12-16 所示。添加文章分类后，单击导航栏上的"文章添加"超链接，可以添加新的文章，如图 12-17 所示。

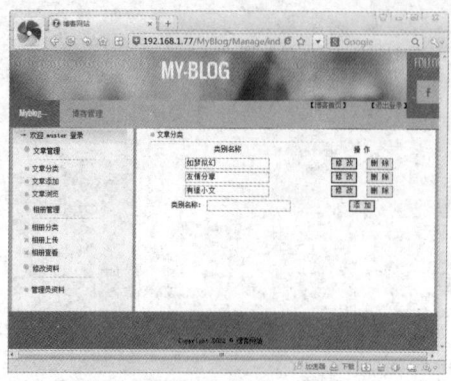
图 12-16　文章分类页面

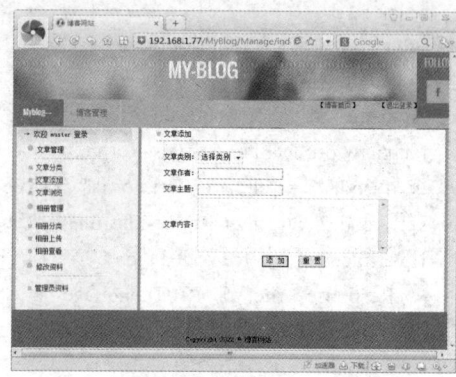
图 12-17　文章添加页面

在网站后台主页面中，单击页面左侧导航栏上的"文章浏览"超链接，在打开的页面中可以执行查询或者删除文章的操作，除此之外，在该页面中还提供"修改"文章以及"评论"的超链接，如图 12-18 所示。

在图 12-18 所示的页面中单击文章对应的"评论"链接可以查看文章评论，如图 12-19 所示。

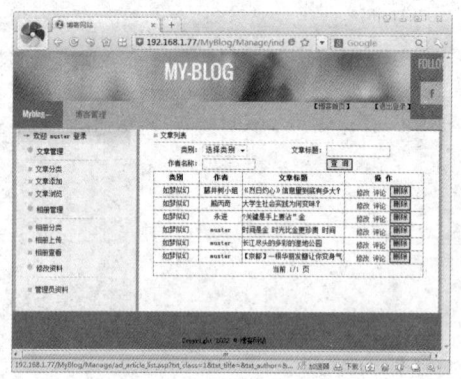
图 12-18　文章列表浏览页面

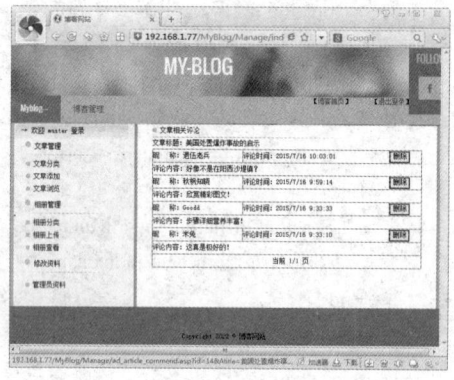
图 12-19　文章评论浏览页面

12.9.1　文章分类管理的实现过程

文章分类管理指的是实现文章分类名称的添加、修改及删除操作的页面。本节将介绍文章分类管理的实现过程。

在文章分类管理页面 ad_artcicle_class.asp 页面中建立两个表单：一个用于展示现有的文章分类信息；另一个用于添加文章分类，其代码如下：

```
<table width="90%"  border="0" align="center" cellpadding="0" cellspacing="0">
  <tr>
    <td height="22"><img src="images/dian.gif" width="7" height="7"> 文章分类</td>
  </tr>
```

```
  <tr>
    <td height="1"><img src="images/xian.gif" width="366" height="1"></td>
  </tr>
</table>
<table width="90%" border="0" align="center" cellpadding="0" cellspacing="2">
  <tr align="center">
  <td height="22">类别名称</td>
  <td height="22">操 作</td>
  </tr>
<%
    Set rs=Server.CreateObject("ADODB.Recordset")
    sqlstr="select id,Acname from tab_article_class"
    rs.open sqlstr,conn,1,1
    while not rs.eof
%>
  <form name="form2<%=rs("id")%>" method="post" action="">
    <tr align="center">
    <td height="22"><input name="类别名称" type="text" id="类别名称" value="
<%=rs("Acname")%>" class="textbox"></td>
    <td height="22"><input name="id" type="hidden" id="id" value="<%=rs("id")%>">
      <input name="edit" type="submit" id="edit" value="修 改" class="button" onClick="return
      Mycheck(this.form)">
       
      <input name="delete" type="submit" id="delete" value="删 除" onClick="return
      confirm('确定要删除吗?')" class="button"></td>
    </tr>
    </form>
    <%
      rs.movenext
      wend
      rs.close
      set rs=nothing
      %>
</table>
<table width="90%" border="0" align="center" cellpadding="2" cellspacing="0">
<form name="form1" method="post" action="">
    <tr>
      <td width="106" height="22" align="right">类别名称：</td>
      <td width="261" height="22"><input name="类别名称" type="text" id="类别名称 3"
      class="textbox"></td>
      <td width="133" height="22"><input name="add" type="submit" id="add" value="添 加"
      class="button" onClick="return Mycheck(this.form)"></td>
    </tr>
  </form>
```

```
</table>
```

定义 3 个过程，分别使用 insert into、Update 和 Delete 语句实现添加、修改和删除文章类别名称的功能，其关键代码如下：

```
<!--#include file="include/conn.asp"-->
<!--#include file="checklogin.asp"-->
<%
'添加新记录
Sub add()
    str1=Str_filter(Request.Form("类别名称"))
    sqlstr="insert into tab_article_class(Acname) values('"&str1&"')"
    conn.Execute(sqlstr)
    Response.Redirect("ad_article_class.asp")
End Sub
'修改记录
Sub edit()
    str1=Str_filter(Request.Form("类别名称"))
    id=Request.Form("id")
    sqlstr="update tab_article_class set Acname='"&str1&"' where id="&id&""
    conn.Execute(sqlstr)
    Response.Redirect("ad_article_class.asp")
End Sub
'删除记录
Sub del()
    id=Request.Form("id")
    sqlstr="delete from tab_article where Aclass="&id&""
    conn.Execute(sqlstr)
    sqlstr="delete from tab_article_class where id="&id&""
    conn.Execute(sqlstr)
    Response.Redirect("ad_article_class.asp")
End Sub
'执行子过程
If Not Isempty(Request("add")) Then call add()
If Not Isempty(Request("edit")) Then call edit()
If Not Isempty(Request("delete")) Then call del()
%>
```

12.9.2　文章添加页面的实现过程

文章添加指的是将文章的相关信息，包括分类、作者、主题和内容添加到数据库中，添加的文章信息将展示在网站前台页面中。下面将介绍文章添加的实现过程。

在 ad_artcle.asp 页面中建立表单，用于输入文章信息，代码如下：

```
<table width="90%" border="0" align="center" cellpadding="0" cellspacing="0">
  <form name="form2" method="post" action="">
    <tr>
      <td height="28" align="right">文章类别：</td>
      <td height="28"><select name="文章类别" id="文章类别">
        <option selected>选择类别</option>
        <%
                Set rsc=Server.CreateObject("ADODB.Recordset")
                sqlstr="select id,Acname from tab_article_class"
                rsc.open sqlstr,conn,1,1
                while not rsc.eof
        %>
        <option value="<%=rsc("id")%>" <%if rsc("id")=cint(rs("Aclass")) then Response.Write
          ("selected") end if%>><%=rsc("Acname")%></option>
        <%
                rsc.movenext
                wend
                rsc.close
                Set rsc=Nothing
        %>
        </select></td>
    </tr>
    <tr>
        <td height="28" align="right">文章作者：</td>
        <td height="28"><input name="文章作者" type="text" class="textbox" id="文章作者"
          value="<%=rs("Aauthor")%>"></td>
    </tr>
    <tr>
        <td height="28" align="right">文章主题：</td>
        <td height="28"><input name="文章主题" type="text" id="文章主题" class="textbox"
          value="<%=rs("Atitle")%>"></td>
    </tr>
    <tr>
      <td height="22" align="right">文章内容：</td>
      <td height="22"><textarea name="文章内容" cols="45" rows="6" id="文章内容">
        <%=rs("Acontent")%></textarea></td>
    </tr>
    <tr>
      <td height="28" colspan="2" align="center">
        <input name="id" type="hidden" id="id" value="<%=rs("id")%>">
        <input name="edit" type="submit" class="button" id="edit" value="修 改" onClick="return
          Mycheck(this.form)">
        <input type="button" name="Submit22" value="返 回" class="button"
          onClick="javascript:window.location.href='ad_article_list.asp'">
```

```
            </td>
          </tr>
        </form>
      </table>
```

定义用于添加数据的子程序，将获取到的表单信息使用 Recordest 对象的 AddNew 方法添加到数据中，其关键代码如下：

```
<!--#include file="include/conn.asp"-->
<!--#include file="checklogin.asp"-->
<%
'添加新记录
Sub add()
    str1=Str_filter(Request.Form("文章类别"))
    str2=Str_filter(Request.Form("文章作者"))
    str3=Str_filter(Request.Form("文章主题"))
    str4=Str_filter(Request.Form("文章内容"))
    If str1<>"" and str2<>"" and str3<>"" and str4<>"" Then
        Set rs=Server.CreateObject("ADODB.Recordset")
        sqlstr="select * from tab_article"
        rs.open sqlstr,conn,1,3
        rs.addnew
        rs("Aclass")=str1
        rs("Aauthor")=str2
        rs("Atitle")=str3
        rs("Acontent")=str4
        rs.update
        rs.close
        Set rs=Nothing
        Response.Redirect("ad_article_list.asp")
    Else
        Response.Write("<script>alert('您填写的信息不完整!');history.back();</script>")
    End If
End Sub
….
If Not Isempty(Request("add")) Then call add()
If Not Isempty(Request("edit")) Then call edit()
%>
```

12.9.3　文章查询和删除的实现过程

文章浏览的主要功能是以分页形式显示所有文章信息，可以按照条件查询文章，可以删除指定文章，而且提供了修改文章以及查看文章评论的入口。

1．查询文章

在页面 ad_article_list.asp 中建立用于查询的表单，在该表单中插入列表/菜单、文本框，以选择或输入查询条件，如文章类别、文章标题、作者名称等，代码如下：

```
<table width="90%" border="0" align="center" cellpadding="0" cellspacing="2">
  <form name="form1" method="get" action="">
    <tr>
      <td height="22" align="right">类别：</td>
      <td><select name="txt_class" id="select">
        <option selected>选择类别</option>
      <%
        Set rs=Server.CreateObject("ADODB.Recordset")
        sqlstr="select id,Acname from tab_article_class"
        rs.open sqlstr,conn,1,1
        while not rs.eof
      %>
      <option value="<%=rs("id")%>"><%=rs("Acname")%></option>
      <%
        rs.movenext
        wend
        rs.close
        Set rs=Nothing
      %>
      </select></td>
      <td height="22" align="right">文章标题：</td>
      <td><input name="txt_title" type="text" class="textbox" id="txt_title" size="15"></td>
      <td height="22"> </td>
    </tr>
    <tr>
      <td height="22" align="right">作者名称：</td>
      <td><input name="txt_author" type="text" class="textbox" id="txt_author" size="12"></td>
      <td height="22" align="right"> </td>
      <td><input name="query" type="submit" class="button" id="query" value="查 询"></td>
      <td height="22"> </td>
    </tr>
  </form>
</table>
```

页面根据获得的查询参数，例如文章的类别、标题或作者等，来确定 SQL 查询语句，并以分页形式显示查询到的文章信息，其关键程序代码如下：

```
<table width="90%" border="0" align="center" cellpadding="0" cellspacing="1" bgcolor="#FF6600">
  <tr align="center">
    <th width="86" bgcolor="#FFFFFF">类别</th>
```

```asp
<th width="77" height="22" bgcolor="#FFFFFF">作者</th>
<th width="191" height="22" bgcolor="#FFFFFF">文章标题</th>
<th width="146" height="22" bgcolor="#FFFFFF">操  作</th>
</tr>
<%
txt_class=Request("txt_class")
txt_title=Request("txt_title")
txt_author=Request("txt_author")
Set rs=Server.CreateObject("ADODB.Recordset")
sqlstr="select * from tab_article where 1=1"
If txt_class<>"" and txt_class<>"选择类别" Then sqlstr=sqlstr&" and Aclass="&txt_class&""
If txt_title<>"" Then sqlstr=sqlstr&" and Atitle like '%"&txt_title&"%'"
If txt_author<>"" Then sqlstr=sqlstr&" and Aauthor like '%"&txt_author&"%'"
sqlstr=sqlstr&" order by id desc"
rs.open sqlstr,conn,1,1
If Not (rs.eof and rs.bof) Then
    rs.pagesize=8                              '定义每页显示的记录数
    pages=clng(Request("pages"))               '获得当前页数
    If pages<1 Then pages=1
    If pages>rs.recordcount Then pages=rs.recordcount
    showpage rs,pages                          '执行分页子程序 showpage
    Sub showpage(rs,pages)                     '分页子程序 showpage(rs,pages)
        rs.absolutepage=pages                  '指定指针所在的当前位置
        For i=1 to rs.pagesize                 '循环显示记录集中的记录
%>
        <form name="form1" method="post" action="">
          <tr align="center">
          <td align="center" bgcolor="#FFFFFF">
          <%Set rsc=conn.Execute("select Acname from tab_article_class where id="&rs("Aclass")&"")
          Response.Write(rsc("Acname"))
          Set rsc=Nothing
        %></td>
          <td height="22" align="center" bgcolor="#FFFFFF"><%=rs("Aauthor")%></td>
          <td height="22" align="left" bgcolor="#FFFFFF"><%=Left(rs("Atitle"),15)%></td>
        <td height="22" bgcolor="#FFFFFF"><input name="id" type="hidden" id="id"
        value="<%=rs("id")%>">
          <a href="ad_article.asp?id=<%=rs("id")%>&action=view">修改</a>
          <a href="ad_article_commend.asp?id=<%=rs("id")%>&Atitle=<%=rs("Atitle")%>">评论</a>
          <input name="delete" type="submit" id="delete" value="删除" onClick="return confirm
          ('确定要删除吗?')" class="button"></td>
      </tr>   </form>
<%
rs.movenext                                    '指针向下移动
If rs.eof Then exit for
```

```
      Next
      End Sub
    End If
    %>
      <tr align="center">
        <form name="form" action="?" method="get">
          <td height="22" colspan="4" bgcolor="#FFFFFF"><%
        if pages<>1 then
        response.Write("  <a
href="&path&"?pages=1&txt_class="&txt_class&"&txt_title="&txt_title&"&txt_author="&txt_author&"> 首 页
</a>")
                response.Write("  <a
href="&path&"?pages="&(pages-1)&"&txt_class="&txt_class&"&txt_title="&txt_title&"&txt_author="&txt_au
thor&">上一页</a>")
            end if
        response.Write("   当前　<font  color='#FF0000'>"&pages&"/"&rs.pagecount&"</font>
页")
            if pages<>rs.pagecount then
                response.Write("  <a
href="&path&"?pages="&(pages+1)&"&txt_class="&txt_class&"&txt_title="&txt_title&"&txt_author="&txt_au
thor&">下一页</a>")
                response.Write("  <a
href="&path&"?pages="&rs.pagecount&"&txt_class="&txt_class&"&txt_title="&txt_title&"&txt_author="&txt
_author&">末页</a>")
            end if
        rs.close
        Set rs=Nothing
        %>
          </td>
        </form>
      </tr>
    </table>
```

2. 删除文章

在页面 ad_article_list.asp 中单击"删除"按钮可以删除选定的文章，并同时删除与文章对应的所有评论，其代码如下：

```
<%
If Not Isempty(Request("delete")) Then
    id=Request.Form("id")
    sqlstr="delete from tab_article_commend where Cid="&id&""
    conn.Execute(sqlstr)
    sqlstr="delete from tab_article where id="&id&""
    conn.Execute(sqlstr)
```

```
        Response.Redirect("ad_article_list.asp")
    End If
%>
```

12.10　相册管理模块的设计

　　相册管理模块的主要功能包括对相册的分类管理以及上传、浏览和删除照片。进入后台主页面后，单击左侧导航栏中的"相册分类"超链接，可以对相册分类进行添加、修改和删除操作，如图 12-20 所示。

　　单击页面左侧导航栏中的"相册查看"超链接，可以执行查询或者查询图片信息的操作，在该页面中还提供"修改"图片信息的链接，如图 12-21 所示。

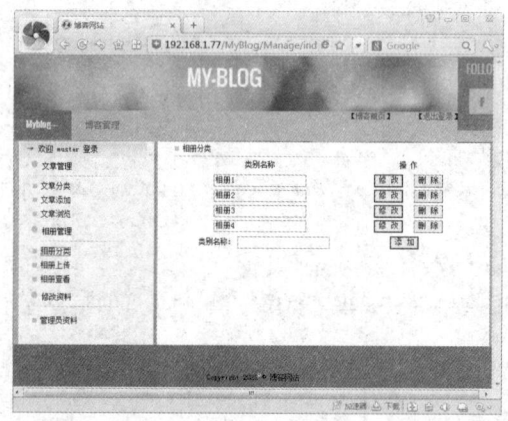

图 12-20　相册分类页面

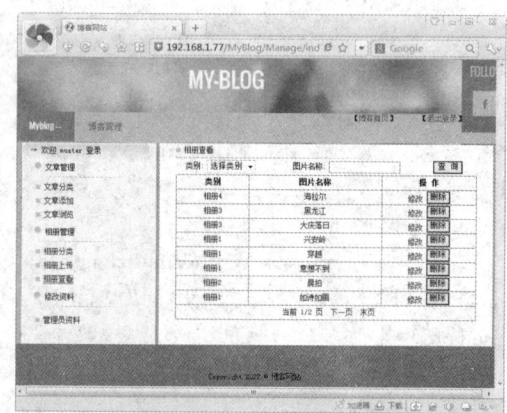

图 12-21　相册查看页面

　　添加相册分类后，单击网页左侧导航栏中的"相册上传"超链接，在打开的页面中选择相册的类别，输入图片名称，然后单击"浏览"按钮选择上传图片路径，如图 12-22 所示，最后单击"上传"按钮，实现上传图片到服务器的功能。

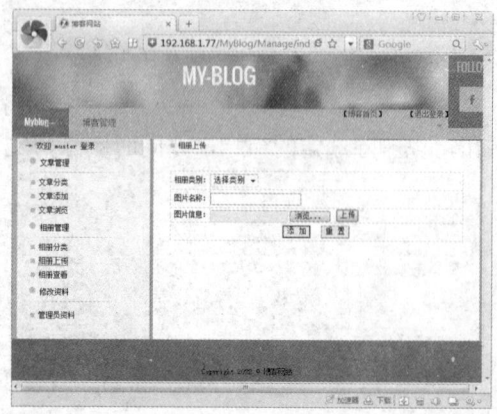

图 12-22　相册上传

12.10.1　上传图片的实现过程

上传图片的实现原理是首先获取到图片的二进制数据，然后将其添加到数据库中，再利用 Stream 对象加载数据库中的图片信息将其保存到指定的服务器路径下。下面将介绍上传图片的实现过程。

在页面 ad_photo.asp 中建立表单，在表单中插入列表/菜单、文本框以选择相册类别和输入图片名称，并定义<iframe>标记用于包含上传图片的表单，其代码如下：

```
<table width="90%" border="0" align="center" cellpadding="0" cellspacing="1" bgcolor="#E3E3E3">
  <form name="form1" method="post" action="">
    <tr>
      <td width="121" height="28" align="right" bgcolor="#FFFFFF">相册类别：</td>
      <td width="566" height="28" bgcolor="#FFFFFF"><select name="相册类别" id="select">
      <option selected>选择类别</option>
      <%
        Set rs=Server.CreateObject("ADODB.Recordset")
        sqlstr="select id,Pcname from tab_photo_class"
        rs.open sqlstr,conn,1,1
        while not rs.eof
      %>
      <option value="<%=rs("id")%>"><%=rs("Pcname")%></option>
      <%
        rs.movenext
        wend
        rs.close
        Set rs=Nothing
      %>
      </select></td>
    </tr>
    <tr>
      <td height="28" align="right" bgcolor="#FFFFFF">图片名称：</td>
      <td height="28" bgcolor="#FFFFFF">
<input name="图片名称" type="text" id="图片名称" class="textbox"></td>
    </tr>
    <tr>
      <td height="22" align="right" bgcolor="#FFFFFF">图片信息：</td>
      <td height="22" bgcolor="#FFFFFF"><div align="left">
        <iframe src="UpFile.asp" width="300" height="22" scrolling="no" MARGINHEIGHT="0"
          MARGINWIDTH="0" align="middle" frameborder="0"></iframe>
      </div></td>
    </tr>
    <tr>
      <td height="28" colspan="2" align="center" bgcolor="#FFFFFF"><input name="add" type=
```

```
    "submit" class="button" id="add" value="添 加" onClick="return Mycheck(this.form)">
     
        <input type="reset" name="Submit2" value="重 置" class="button"></td>
    </tr>
  </form>
</table>
```

在页面 Upfile.asp 中建立表单，在表单中插入文件域和按钮，用于上传图片，代码如下：

```
<table width="400" border="0" cellspacing="0" cellpadding="0" align="center">
  <form name="formup" method="post" action="UpLoad.asp" enctype="multipart/form-data">
    <tr align="center" valign="middle">
      <td align="left" id="upid" height="20" width="400" bgcolor="#FFFFFF">
        <input name="file1" type="file" class="tx1" style="width:200" value="" size="40">
        <input type="submit" name="Submit" value="上传">
      </td>
    </tr>
  </form>
</table>
```

当用户在页面中选择了上传图片，并单击"上传"按钮后，在程序处理页面 UpLoad.asp 中将根据文件格式提取图片数据，并将其保存在 Session 变量中。同时，获取上传的图片路径，将保存在 Session 变量中，其关键代码如下：

```
<%
'限制文件的大小
imgsize=request.TotalBytes
If imgsize/1024>3000 Then
    Response.write "<script language='javascript'>alert('您上传的文件大小超出规定的范围，请重新
        上传！');window.location.href='Upfile.asp';</script>"
    response.End()
End If

imgData=request.BinaryRead(imgsize)
Hcrlf=chrB(13)&chrB(10)
Divider=leftB(imgdata,clng(instrB(imgData,Hcrlf))-1)
dstart=instrB(imgData,chrB(13)&chrB(10)&chrB(13)&chrB(10))+4
Dend=instrB(dstart+1,imgdata,divider)-dstart
Mydata=MidB(imgdata,dstart,dend)
Session("pic")=Mydata

'获取客户端文件路径
datastart=InstrB(imgData,Hcrlf)+59
dataend=InstrB(datastart,imgData,Hcrlf) -2
datalen=dataend-datastart+1
filepath=MidB(imgData,datastart,datalen)
```

```
    filepath=toStr(filepath)
    Session("filepath")=filepath

'将二进制数据转换为字符串
Function toStr(Byt)
    Dim blow
    toStr = ""
    For i = 1 To LenB(Byt)
     blow = MidB(Byt, i, 1)
     If AscB(blow) > 127 Then
        toStr = toStr & Chr(AscW(MidB(Byt, i + 1, 1) & blow))
        i = i + 1
     Else
        toStr = toStr & Chr(AscB(blow))
     End If
     Next
End Function
%>
```

当完成输入图片信息并完成上传图片的操作后，在 ad_photo.asp 页面中单击"添加"按钮即可将图片相关信息保存到数据库中，并将图片上传到服务器中，其代码如下：

```
<!--#include file="include/conn.asp"-->
<!--#include file="checklogin.asp"-->
<%
'根据日期和时间获取文件名称
Function GetFileName(dDate)
   '根据传递的时间字符串，以及 Year()、Month()、Day()、Hour()、Minute()和 Second()函数定义返
      回的字符串格式
    GetFileName = RIGHT("0000"+Trim(Year(dDate)),4)+RIGHT("00"+Trim(Month(dDate)),2)+
       RIGHT("00"+Trim(Day(dDate)),2)+RIGHT("00" + Trim(Hour(dDate)),2)+
         RIGHT("00"+Trim(Minute(dDate)),2)+RIGHT("00"+Trim(Second(dDate)),2)
End Function
'定义用于获取文件扩展名的函数
Function GetExt(filepath)
        Dim arr                        '定义变量
        arr=split(filepath,".")        '使用 split()函数以小数点为分隔符，返回一维数组
        nums=Ubound(arr)               '获取数组元素个数
        If nums=0 Then                 '如果 nums 值为 0，则说明没有文件扩展名
        GetExt="无"
        Else                           '如果 nums 值不为 0，则将数组指定元素赋予 GetExt
         GetExt="."&arr(nums)
         End If
End Function
'添加新记录
```

```
Sub add()
    str1=Str_filter(Request.Form("相册类别"))
    str2=Str_filter(Request.Form("图片名称"))
    str3=Session("pic")
    filepath=Session("filepath")
    filename=GetFileName(now())&GetExt(filepath)
    If str1<>"" and str2<>"" and str3<>"" Then
        Set rs=Server.CreateObject("ADODB.Recordset")
        sqlstr="select * from tab_photo"
        rs.open sqlstr,conn,1,3
        rs.addnew
        rs("Pclass")=str1
        rs("Pname")=str2
        rs("Ppic")=filename
        rs("Pinfo").appendchunk str3
        Session("pic")=""
        Session("filepath")=""
        rs.update
        '获取上传后记录的 ID 编号
        temp=rs.bookmark
        rs.bookmark=temp
        fileID=rs("id")
        rs.close
        '将数据库中的文件保存到服务器
        sqlstr="select * from tab_photo where id="&fileID&""
        rs.open sqlstr,conn,1,3
        Dim objStream
        Set objStream=Server.CreateObject("ADODB.Stream")
        objStream.Type=1
        objStream.Open
        objStream.Write rs("Pinfo").GetChunk(8000000)
        objStream.SaveToFile Server.MapPath("../upfile")&"/"&filename,2
        objStream.Close
        Set objStream=Nothing
        rs.close
        Set rs=Nothing
        Response.Redirect("ad_photo_list.asp")
    Else
        Response.Write("<script>alert('您填写的信息不完整!');history.back();</script>")
    End If
End Sub
'修改记录
Sub edit()
    id=Request.Form("id")
```

```
        str1=Str_filter(Request.Form("相册类别"))
        str2=Str_filter(Request.Form("图片名称"))
    If str1<>"" and str2<>"" Then
            Set rs=Server.CreateObject("ADODB.Recordset")
            sqlstr="select * from tab_photo where id="&id&""
            rs.open sqlstr,conn,1,3
            rs("Pclass")=str1
            rs("Pname")=str2
            rs.update
            rs.close
            Set rs=Nothing
            Response.Redirect("ad_photo_list.asp")
    Else
        Response.Write("<script>alert('您填写的信息不完整!');history.back();</script>")
    End If
End Sub
If Not Isempty(Request("add")) Then call add()
If Not Isempty(Request("edit")) Then call edit()
%>
```

12.10.2　浏览图片的实现过程

浏览图片包括查看所有的图片信息以及浏览查询到的图片信息。下面将介绍浏览图片的实现过程。

在页面 ad_photo_list.asp 中建立用于查询的表单，在该表单中插入列表/菜单、文本框，以选择或输入查询条件，其代码如下：

```
</table><table width="90%" border="0" align="center" cellpadding="2" cellspacing="0">
  <form name="form1" method="get" action="">
    <tr>
      <td height="22" align="right">类别: </td>
      <td><select name="txt_class" id="select">
        <option selected>选择类别</option>
        <%
            Set rs=Server.CreateObject("ADODB.Recordset")
            sqlstr="select id,Pcname from tab_photo_class"
            rs.open sqlstr,conn,1,1
            while not rs.eof
        %>
        <option value="<%=rs("id")%>"><%=rs("Pcname")%></option>
        <%
            rs.movenext
            wend
```

```
                rs.close
                Set rs=Nothing
                %>
            </select>
        </td>
            <td height="22" align="right">图片名称: </td>
            <td><input name="txt_title" type="text" class="textbox" id="txt_title" size="15"></td>
            <td height="22"><input name="query" type="submit" class="button" id="query" value="查询"></td>
        </tr>
    </form>
</table>
```

页面根据获得的查询参数，例如相册的类别、名称等，确定 SQL 查询语句，并以分页形式显示查询到的文章信息，其关键代码如下：

```
<table width="90%" border="0" align="center" cellpadding="0" cellspacing="1" bgcolor="#FF6600">
    <tr align="center">
        <th width="134" bgcolor="#FFFFFF">类别</th>
        <th width="246" height="22" bgcolor="#FFFFFF">图片名称</th>
        <th width="170" height="22" bgcolor="#FFFFFF">操  作</th>
    </tr>
<%
    txt_class=Request("txt_class")
    txt_title=Request("txt_title")
    Set rs=Server.CreateObject("ADODB.Recordset")
    sqlstr="select * from tab_photo where 1=1"
    If txt_class<>"" and txt_class<>"选择类别" Then sqlstr=sqlstr&" and Pclass="&txt_class&""
    If txt_title<>"" Then sqlstr=sqlstr&" and Pname like '%"&txt_title&"%'"
    sqlstr=sqlstr&" order by id desc"
    rs.open sqlstr,conn,1,1
    If Not (rs.eof and rs.bof) Then
            rs.pagesize=8                              '定义每页显示的记录数
            pages=clng(Request("pages"))               '获得当前页数
    If pages<1 Then pages=1
    If pages>rs.recordcount Then pages=rs.recordcount
    showpage rs,pages                                  '执行分页子程序 showpage
    Sub showpage(rs,pages)                             '分页子程序 showpage(rs,pages)
        rs.absolutepage=pages                          '指定指针所在的当前位置
        For i=1 to rs.pagesize                         '循环显示记录集中的记录
        %>
            <form name="form1<%=rs("id")%>" method="post" action="">
            <tr align="center">
            <td align="center" bgcolor="#FFFFFF">
              <%Set rsc=conn.Execute("select Pcname from tab_photo_class where
                 id="&rs("Pclass")&"")
```

```
                    If Not rsc.eof or Not rsc.bof Then
                Response.Write(rsc("Pcname"))
                    End If
                    Set rsc=Nothing
                        %>
            </td>
            <td height="22" align="center" bgcolor="#FFFFFF"><%=Left(rs("Pname"),15)%></td>
            <td height="22" bgcolor="#FFFFFF">
                <input name="id" type="hidden" id="id" value="<%=rs("id")%>">
                <a href="ad_photo.asp?id=<%=rs("id")%>&action=view">修改</a>
                <input name="delete" type="submit" id="delete" value="删除"
                onClick="return confirm('确定要删除吗?')" class="button"></td>
        </tr>
        </form>
        %
        rs.movenext                                    '指针向下移动
        If rs.eof Then exit for
        Next
        End Sub
    End If
    %>
    <tr align="center">
    <form name="form" action="?" method="get">
    <td height="22" colspan="3" bgcolor="#FFFFFF">
    <%
        if pages<>1 then
        response.Write("  <a href="&path&"?pages=1&txt_class="&txt_class&"&
            txt_title="&txt_title&">首页</a>")
        response.Write("  <a href="&path&"?pages="&(pages-1)&"&txt_class="&txt_class&"
            &txt_title="&txt_title&">上一页</a>")
        end if
            response.Write("  当前 <font color='#FF0000'>"&pages&"/"&rs.pagecount&"</font> 页")
        if pages<>rs.pagecount then
            response.Write("  <a href="&path&"?pages="&(pages+1)&"&txt_class="&txt_class&"
                &txt_title="&txt_title&">下一页</a>")
            response.Write("  <a href="&path&"?pages="&rs.pagecount&"&txt_class=
                "&txt_class&"&txt_title="&txt_title&">末页</a>")
        end if
            rs.close
            Set rs=Nothing
        %>
```

12.10.3　删除图片的实现过程

　　删除图片包括删除存储在服务器上的图片文件以及数据库中对应的图片记录。在页面 ad_photo_list.asp 中单击"删除"按钮，即可删除对应的图片信息。在页面中首先创建 FileSystemObject 对象并使用 Delete()方法删除指定路径和名称的源文件，然后再执行 Delete 语句删除数据库中的记录，其代码如下：

```
<!--#include file="include/conn.asp"-->
<!--#include file="checklogin.asp"-->
<%
If Not Isempty(Request("delete")) Then
    id=Request.Form("id")
    Set rs=conn.Execute("select Ppic from tab_photo where id="&id&"")
    pic=rs("Ppic")
    Set rs=Nothing
    pic="../upfile/"&pic
    Set FSObject=Server.CreateObject("Scripting.FileSystemObject")
    If FSObject.FileExists(Server.MapPath(pic)) Then
        Set FileObject=FSObject.GetFile(Server.MapPath(pic))
        FileObject.Delete True
    End If
    sqlstr="delete from tab_photo where id="&id&""
    conn.Execute(sqlstr)
    Response.Redirect("ad_photo_list.asp")
End If
%>
```

12.11　发 布 网 站

　　完成博客网站的开发后，用户可以将网站发布。通常，发布网站需要经过域名注册、空间申请、解析域名和上传网站等几个步骤。

12.11.1　注册网站域名

　　域名用于代替 IP 地址，方便网站访问者记忆网站的名称，例如 www.sina.com 是新浪网的域名，www.sohu.com 是搜狐网的域名。域名需要在指定的网站上购买，例如新网(www.xinnet.com)、商务中国(www.bizcn.com)等，如图 12-23 所示。

图 12-23　域名注册网站

购买与注册域名的常规步骤如下：

(1) 打开并登录域名服务网站。

(2) 注册网站会员。

(3) 进入域名查询页面，查询需要注册的域名是否已经被注册。

(4) 若用户计划注册的域名未被注册，则进入注册页面并填写相关资料。

(5) 资料填写完成后，购买域名并付款。

(6) 等待网站回应，开通域名。

12.11.2　申请网站空间

网站空间可以使用虚拟主机或租借服务器。目前，企业建立网站一般都采用虚拟主机，这样既可以节省购买设备和租用专线的费用，又不必雇佣专门的管理人员来维护网站服务器。申请网站空间常规步骤如下：

(1) 登录虚拟空间服务商网站，如图 12-24 所示。

(2) 根据网站提示，注册网站会员，如图 12-25 所示。

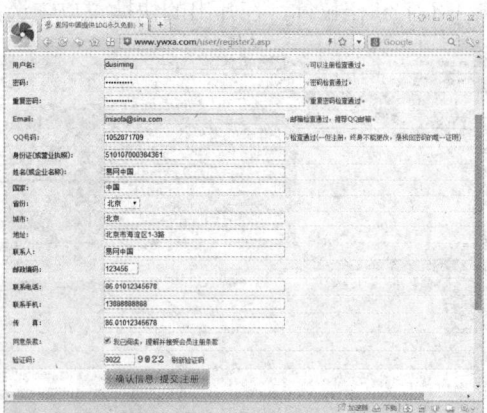

图 12-24　登录虚拟空间服务商网站　　　　　　图 12-25　注册网站会员

(3) 选择虚拟空间的类型，例如空间支持的语言、数据库、空间大小和流量限制等，如图 12-26 所示。

(4) 进入缴费页面，选择缴费方式，如图 12-27 所示。

图 12-26　选择空间类型

图 12-27　缴费页面

(5) 成功付费后，一般空间将在 24 小时之内开通。

12.11.3　将域名解析到服务器

域名和空间购买成功后，用户需要将域名地址指向虚拟服务器的 IP。进入域名网站的管理页面，添加主机记录，一般要先输入主机名(注意不包括域名,如解析 www.myblog.com，只需要输入 www 即可)，然后填写 IP 地址，并单击"确定"按钮即可。

12.11.4　使用 FTP 软件上传网站

上传网站需要使用 FTP 软件，例如 CuteFTP。下面将介绍使用该软件上传网站的方法。

(1) 启动 CuteFTP 软件，选择"站点管理器"选项卡，如图 12-28 所示。

(2) 右击鼠标，在弹出的快捷菜单中选择"新建"|"FTP 站点"命令，如图 12-29 所示。

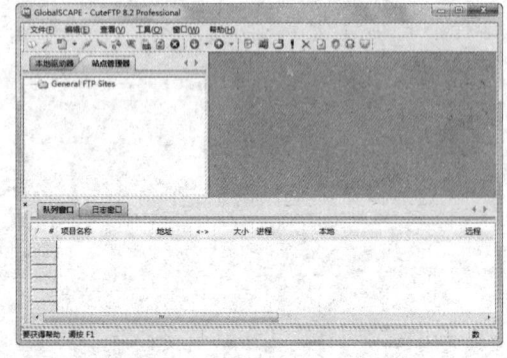

图 12-28　"站点管理器"选项卡

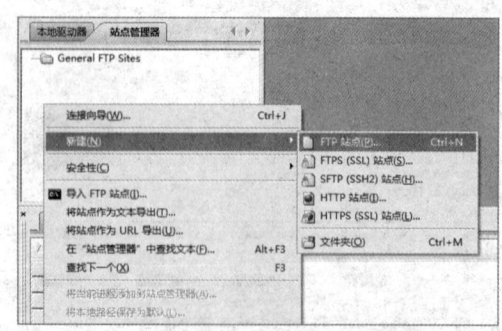

图 12-29　新建 FTP 站点

（3）打开"站点属性"对话框，在"标签"文本框中输入网站名称，在"主机地址"文本框中输入主机 IP 地址，在"用户名"文本框中输入 FTP 用户名，在"密码"文本框中输入 FTP 密码，如图 12-30 所示。

（4）单击"连接"按钮，即可打开 FTP 站点，如图 12-31 所示。

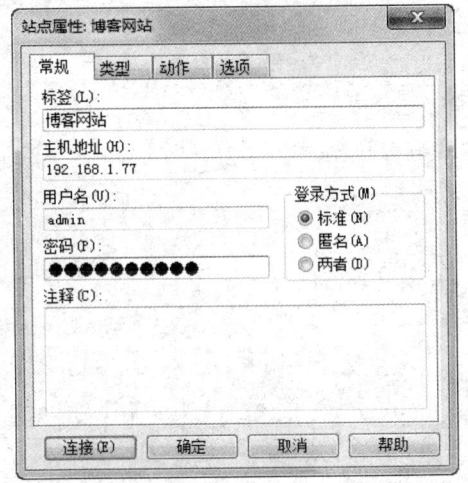

图 12-30　"站点属性"对话框

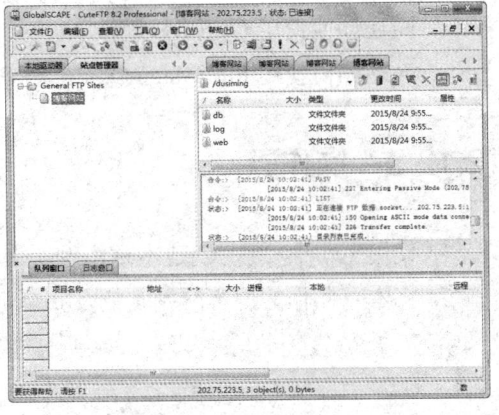

图 12-31　连接 FTP 站点

（5）打开 FTP 站点后，选择"本地驱动器"选项卡，然后选中并右击站点文件，在弹出的快捷菜单中选择"上传"命令，即可开始上传站点，如图 12-32 所示。

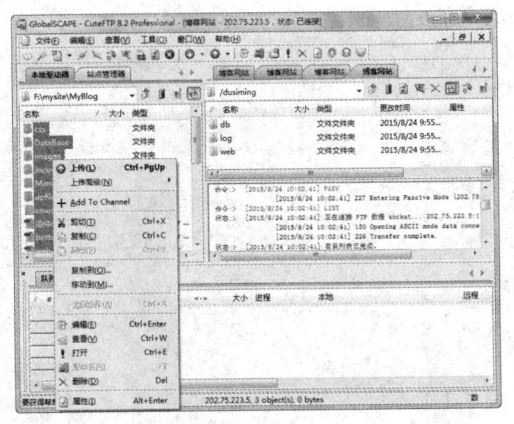

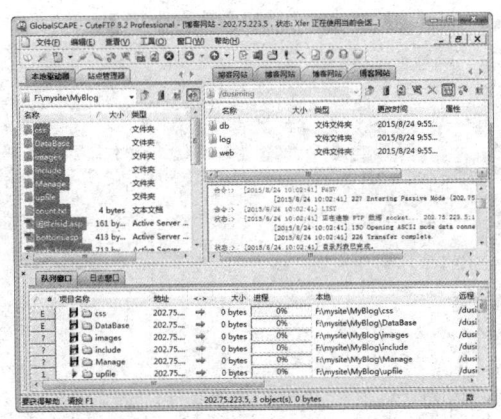

图 12-32　上传网站

（6）指定的网站上传成功后，将在 CuteFTP 软件的主窗口上部分显示网站上传完成提示。此时，其他用户即可在客户端浏览器通过输入网站的域名或者 IP 地址访问网站。

注意：

在网站上传的过程中，CuteFTP 软件的主窗口右侧部分显示正在传送的文件，左侧部分显示正在传送的文件所在文件夹的所有文件，下侧部分显示文件传送的状态。

12.12　习　　题

12.12.1　问答题

1. 简述如何使用 OLE DB 连接 Access 数据库。
2. 简述如何使用 FileSystemObject 对象统计网站访问量。

12.12.2　操作题

1. 使用 Access 2013 创建本章实例所用的数据库。
2. 将本章制作的博客网站实例发布至 Internet。